건설재료시험기능사
실기

박종삼 편저

도서출판 금 호

머 리 말

　건설 기술은 문명의 발상과 함께 시작한 학문으로 자연과 더불어 국토개발과 도시발전을 추구하는 분야이다.

　건설 분야 중에서 품질관리는 건설공사의 성패를 결정짓는 중요한 사항으로 과거 고도 성장과정을 거치면서 공기 단축이 우선시 되면서 철저한 품질관리가 미흡하였으나, 현대의 건설공사는 대형화, 첨단화하고 있고 그에 따라 품질의 고급화, 시공의 정밀화로 발전하게 되었다.

　건설 품질관리 중에서도 무엇보다도 요구되는 것은 건설재료에 대한 지식과 재료시험에 있다고 할 수가 있다. 그중에서 콘크리트 재료에 관한 사항, 흙에 관한 사항이 많은 부분을 차지할 것이다.

　따라서, 건설공사 품질을 확보하기 위하여 계획단계, 시공단계, 유지관리 단계에 이르기까지 담당할 건설재료시험 기술자 양성이 우선 되어야 할 것이다.

　본서는 그런 취지에서 건설재료시험 기능사 자격시험의 2차 필답형과 작업형을 준비하는 수험자를 위한 것으로 그동안 오랜 현장 경험을 바탕으로 수험생과 현직에 종사하는 건설기술인에게 더욱 쉽게 이해하여 활용할 수 있도록 중점을 두어 집필하였으며, 콘크리트 표준시방서 개정과 KS 기준의 변경으로 수험자가 혼란이 없도록 체계화하고, 이해도를 높이도록 문제에 대한 해설에 역점을 두었습니다.

　그동안 현장에서 얻은 여러 가지 지식과 정보를 모아 정성을 다하여 본서가 완성되었으나, 내용이 미비한 점과 잘못된 부분은 수정 보완하도록 약속드리며, 본서 출판에 애써주신 성 대준 사장님께 감사드립니다.

저자 씀

차 례 Contents

■ 실기편

출제기준(실기)

직무 분야	건설	중직무 분야	토목	자격 종목	건설재료시험기능사	적용 기간	2026.1.1.～2027.12.31.

○직무내용 : 건설공사를 수행함에 있어서 필요한 각종 재료에 대해 여러 가지 항목에 걸쳐 시험을 실시하고 적합성을 판별하는 직무이다.

○수행준거 : 1. 토질에 대한 기초적인 이론 지식을 바탕으로 토질시험을 수행하고 결과를 판정할 수 있다.
　　　　　 2. 건설재료 및 각종 콘크리트에 대한 기초적인 이론 지식을 바탕으로 관련 시험을 수행하고 결과를 판정할 수 있다.

검정방법	복합형	시험시간	필답형 : 1시간, 작업형 : 2시간 정도

실기과목명	주요항목	세부항목	세세항목
토질 및 건설재료 시험	1. 토질, 시멘트, 골재, 콘크리트 등 건설재료시 험에 관한 사항	1. 토성시험하기	1. 토성시험을 할 수 있어야 한다.
		2. 노상토지지력비 시험하기	1. 노상토지지력비 시험을 할 수 있어야 한다.
		3. 다짐 및 현장 밀도시험하기	1. 흙의 다짐 시험을 할 수 있어야 한다. 2. 흙의 현장밀도 시험을 할 수 있어야 한다.
		4. 흙의 전단시험 하기	1. 직접전단시험을 할 수 있어야 한다. 2. 일축압축시험을 할 수 있어야 한다. 3. 삼축압축시험을 할 수 있어야 한다. 4. 기타 전단시험을 할 수 있어야 한다.
		5. 압밀시험하기	1. 압밀의 원리를 이해하고 적용할 수 있어야 한다. 2. 압밀시험을 할 수 있어야 한다. 3. 압밀침하량을 산정할 수 있어야 한다.
		6. 골재시험하기	1. 잔골재 관련 시험을 할 수 있어야 한다. 2. 굵은골재 관련 시험을 할 수 있어야 한다.
		7. 시멘트 및 콘크 리트 시험하기	1. 시멘트 관련 시험을 할 수 있어야 한다. 2. 콘크리트 관련 시험을 할 수 있어야 한다.
		8. 아스팔트 시험 하기	1. 아스팔트 관련 시험을 할 수 있어야 한다.
		9. 강재시험하기	1. 강재 관련 시험을 할 수 있어야 한다.

건설재료시험 기능사 실기

실기편

건설재료시험 기능사 필답형

제 1 장

토성 시험 활용

제1장 흙의 기본적 성질

1.1 흙의 기본적 성질

1 흙의 기본적 성질

1) 흙의 생성

지각이라 부르는 지구의 표면은 크게 화성암, 퇴적암, 변성암 등 3개의 암석으로 구성되어 있다. 지표에 분포하는 암석은 기온의 변화, 바람, 비, 동결 등을 받으면서 균열이 생기고 점차 붕괴되어, 더욱더 부서져 모래와 같은 작은 입자가 된다. 이러한 현상을 풍화 작용이라 한다.

① 잔류토

풍화 작용을 받아 세립화한 풍화 생성물이 그 위치에 멈춰 이동하지 않고 모암을 덮고 있는 상태의 흙

② 퇴적토

풍화 생성물이 물, 바람, 빙하 등의 작용으로 운반되어 해저, 하저, 호소 등에 퇴적되어 생긴 흙

2) 흙의 구조

흙의 구조	특 징
단립 구조	자갈이나 모래와 같이, 비교적 큰 입자의 흙이 모여 서로 접촉해 중력에 의해 눌려져 있는 구조
벌집 구조	매우 가는 모래나 실트, 점토 등 작은 흙이 정지한 물속에서 가라앉아 퇴적할 때 생기는 구조. 벌집 모양 구조, 간극비가 크고 충격과 진동에 약하다.
면모 구조	콜로이드 같은 미세립자가 물속에서 이루어진 것으로 간극비가 크고 압축성이 커서 기초 지반 흙으로 부적당한 구조이다.
분산 구조	현탁액 속에서 점토 입자가 가라앉을 때 입자간의 거리가 먼 상태로 개개의 입자로 평행하게 가라앉은 구조

2 흙의 삼상 관계

1) 흙의 구성

자연 상태의 흙은 흙 입자, 물, 공기의 3가지 성분으로 구성되어 있으며, 이 중 물과 공기가 차지하는 부분을 간극(공극)이라 한다.

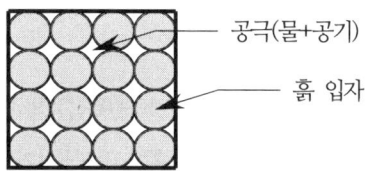

2) 흙의 삼상 구조

흙의 삼상도

흙을 구성하고 있는 흙 입자, 물, 공기를 주상도(기둥모양)로 표시하면 다음과 같은 그림이 그려진다.

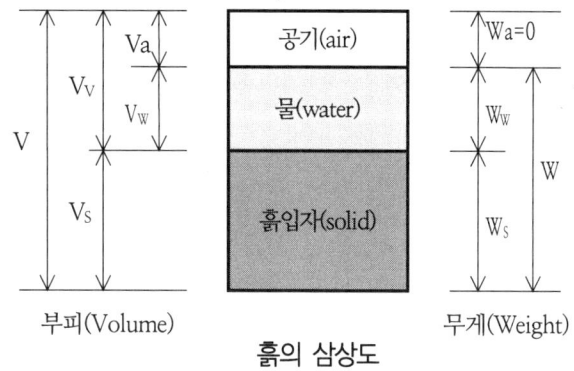

흙의 삼상도

- V(Volume) : 흙의 전체 부피 ($V = V_S + V_V = V_S + V_W + V_a$)
- V_S : 흙 입자만의 부피 (첨자 "s"는 solid의 앞 자임)
- V_V : 공극의 부피 (첨자 "v"는 void의 앞 자임)
- V_W : 물만의 부피 (첨자 "w"는 water의 앞 자임)
- V_a : 공기의 부피 (첨자 "a"는 air의 앞 자임)
- W(Weight) : 흙 전체 무게 ($W = W_S + W_W$)
- W_S : 흙 입자만의 무게 (첨자 "s"는 solid의 앞 자임)
- W_W : 물만의 무게 (첨자 "w"는 water의 앞 자임)
- W_a : 공기의 무게이나 공기는 무게가 0이므로 $W_a = 0$임
  (첨자 "a"는 air의 앞 자임)

부피(Volume)와의 관계

1 공극비 : e

흙 속에 있는 공극의 크기를 나타냄. 간극(공극)의 부피(V_V)와 흙 입자만의 부피의 비. 느슨한 흙은 공극비가 크고, 조밀한 흙은 공극비가 작다.

$$e = \frac{공극의\ 부피}{흙\ 입자만의\ 부피} = \frac{V_V}{V_S}$$

2 공극률 : n

공극의 부피와 흙의 전체 부피의 비를 백분율(%)로 나타낸다.

$$n = \frac{공극의\ 부피}{흙\ 전체의\ 부피} \times 100 = \frac{V_V}{V} \times 100\ (\%)$$

3 공극비(e)와 공극률(n)의 관계

$$e = \frac{n}{100-n}\ ,\ n = \frac{e}{1+e} \times 100\ (\%)$$

≪알아두기≫
☞ 공극비(e)와 공극률(n)의 관계식 유도 (삼상도 참고)

$$e = \frac{V_V}{V_S} = \frac{V_V}{V-V_V} = \frac{V_V/V}{V/V - V_V/V} = \frac{n/100}{1-n/100} = \frac{n}{100-n}$$

(분자 분모를 V로 나눈다)

$$n = \frac{V_V}{V} \times 100 = \left\{ \frac{V_V/V_S}{(V_S+V_V)/V_S} \right\} \times 100 = \frac{e}{1+e} \times 100\ (\%)$$

($\because V = V_S + V_V$, 분자 분모를 V_S 로 나눈다)

4 포화도 (Saturation) : S

흙 입자만을 제외한 부분은 공극으로 공극은 물과 공기로 채워지게 된다. 포화도는 공극 속의 물 부피(V_W)와 공극 부피와의 비를 백분율(%)로 나타낸다.

$$S = \frac{공극\ 속의\ 물의\ 부피}{공극의\ 부피} \times 100 = \frac{V_W}{V_V} \times 100\ (\%)$$

≪알아두기≫

함수상태	포화도	내 용
포화상태	S=100%	공극을 완전히 물로 채워짐, 수중 또는 지하수위 아래 흙
건조상태	S=0%	공극에 물이 하나도 없고 공기만 있음.
습윤상태	0<S<100	지하수위 위에 있는 흙

무게(Weight)와의 관계

5 흙의 함수비(ω)와 함수률(ω')

① 함수비 : 공극 부분에 함유된 물의 양으로 물의 무게(W_W)와 흙 입자만의 무게의 비를 백분율(%)로 나타낸다.

$$\text{함수비}(\omega) = \frac{\text{물의 무게}}{\text{흙 입자만의 무게}} \times 100 = \frac{W_W}{W_S} \times 100 \ (\%)$$

② 함수율 : 흙 전체 무게에 대한 물의 무게의 비율을 백분율로 나타냄

$$\text{함수율}(\omega') = \frac{W_W}{W} \times 100 \ (\%)$$

③ 함수비와 함수율 관계

$$\omega = \frac{100\,\omega'}{100 - \omega'}, \qquad \omega' = \frac{100\,\omega}{100 + \omega}$$

④ 흙 입자만의 무게와 물의 무게와의 관계

$$W_S = \frac{100W}{100 + \omega}, \qquad W_W = \frac{\omega W}{100 + \omega}$$

6 흙 입자의 비중(Gravity) : G_S

비중은 물 부피와 그와 동일한 부피의 무게비로 나타내며, 보통 흙의 비중이라 하면 증류수 15℃의 것에 대한 값을 표준으로 한다.

$$G_S = \frac{\text{흙 입자만의 단위 무게}}{\text{물의 단위 무게}} = \frac{\gamma_s}{\gamma_w} = \frac{W_S}{V_S} \times \frac{1}{\gamma_w}$$

여기서, 흙 입자만의 단위 무게$(\gamma_s) = \frac{\text{흙 입자만의 무게}}{\text{흙 입자만의 부피}} = \frac{W_S}{V_S}$

물의 단위 무게 : γ_w

7 간극비(e), 포화도(S), 함수비(ω), 비중(G_S)과의 관계

$$S \cdot e = G_S \cdot \omega$$

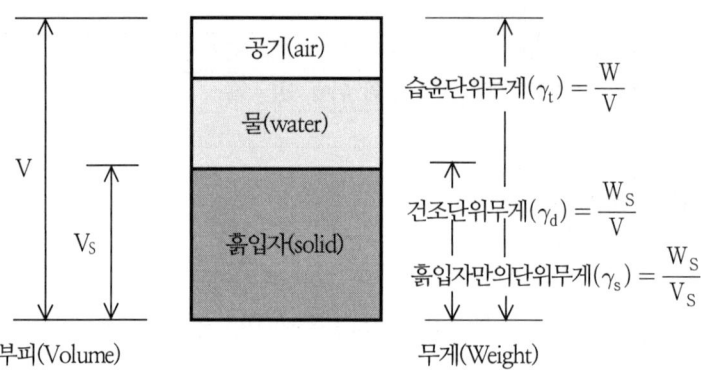

흙의 단위 무게

흙의 단위 무게에 대한 주상도

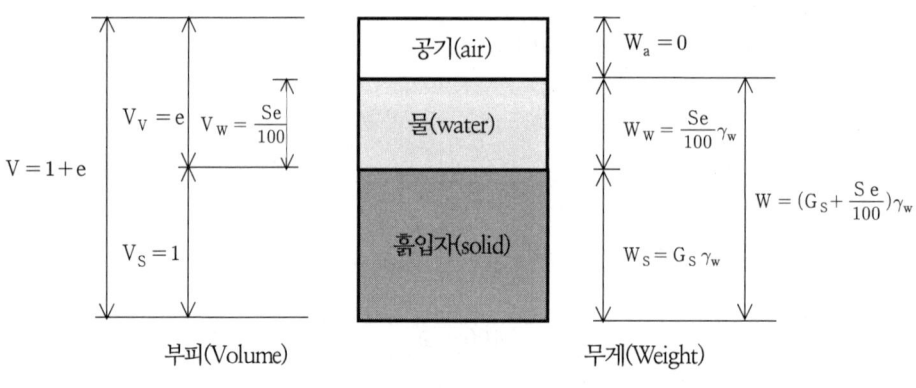

흙만의 부피(V_s)를 1로 한 주상도

$$단위\ 무게(\gamma) = \frac{무게}{부피} = \frac{W}{V}$$

8 습윤 단위 무게(γ_t)

흙이 공기 중에 습윤 상태로 있을 때 단위 부피에 대한 무게로 나타낸다.

$$습윤\ 단위\ 무게(\gamma_t) = \frac{W}{V} = \frac{W_S + W_W}{V_S + V_V} = \frac{G_S + \dfrac{S\,e}{100}}{1 + e} \times \gamma_w$$

9 건조 단위 무게(γ_d)

단위 부피에 대한 흙 입자만의 무게로 나타낸다. 즉 습윤 단위 무게에서 건조된 상태이므로 포화도(S)가 0% 이므로 S 대신에 0을 대입한다.

$$건조 \ 단위 \ 무게(\gamma_d) = \frac{W_S}{V} = \frac{G_S}{1+e}\gamma_w \ , \ 또는 \ \gamma_d = \frac{\gamma_t}{1+\frac{\omega}{100}}$$

10 포화 단위 무게(γ_{sat})

흙 속의 공극이 물로 가득 차 있는 상태로 습윤 단위 무게에서 포화 상태이므로 포화도(S)가 100% 이므로 S 대신에 100을 대입한다.

$$포화 \ 단위 \ 무게(\gamma_{sat}) = \frac{G_S+e}{1+e}\gamma_w$$

11 수중 단위 무게(γ_{sub})

흙이 물속에 완전히 잠겨 있는 상태의 무게로 물속에 있는 부분의 부피가 배제하는 물의 무게와 같은 크기의 연직 상향의 힘을 받는다. 수중 단위 무게는 포화 단위 무게에서 물의 단위 무게를 **뺀**다.

$$수중 \ 단위 \ 무게(\gamma_{sub}) = \frac{G_S+e}{1+e}\gamma_w - \gamma_w = \frac{G_S-1}{1+e}\gamma_w$$

12 단위 무게 대소 관계

가장 무거운 것은 포화 단위 무게이고, 가장 작은 것은 수중 단위 무게이다.

$$\gamma_{sat} > \gamma_t > \gamma_d > \gamma_{sub}$$

13 공극비, 포화도, 함수비, 단위 무게, 비중과의 관계

$$e = \frac{\gamma_w}{\gamma_d} \times G_S - 1$$

14 상대 밀도 (D_r)

사질토의 느슨하고 조밀한 정도를 나타낸다.

$$Dr = \frac{e_{max}-e}{e_{max}-e_{min}} \times 100 = \frac{\gamma_d - \gamma_{dmin}}{\gamma_{dmax}-\gamma_{dmin}} \times \frac{\gamma_{dmax}}{\gamma_d} \times 100 \ (\%)$$

사질토의 상대 밀도 판정

상 태	상대 밀도(%)	상 태	상대 밀도(%)
매우 느슨	0~20	조 밀	60~80
느 슨	20~40	매우 조밀	80~100
중 간	40~60		

3 흙의 연경도

접착성이 있는 흙은 함수량이 차차 감소하여 액성 → 소성 → 반고체 → 고체의 상태로 변화하는데 함수량에 의하여 나타나는 이들 각각의 성질을 흙의 연경도라 하고 각각의 변화 한계를 애터버그 한계(또는 컨시스턴시 한계)라 한다. 함수비가 감소하면 부피도 감소한다.

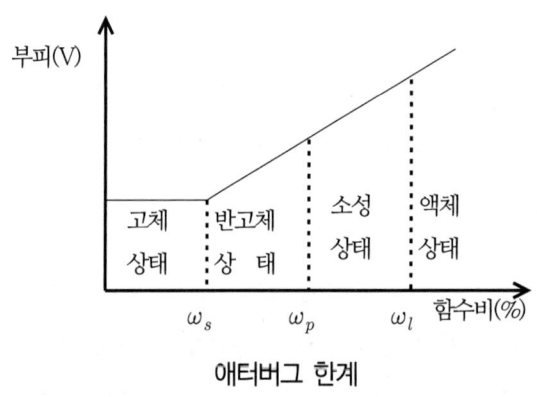

애터버그 한계

1) 액성한계(ω_{L})

액성한계 측정 접시에 흙을 넣어 홈파기 날로 갈라서 1cm의 낙하고에서 25회 타격시 유동된 흙이 1.5cm 달라붙을 때의 함수비

① 소성 상태를 나타내는 최대 함수비

② 액체 상태를 나타내는 최소 함수비

③ 자중으로 인하여 유동할 때 최소 함수비

액성한계 시험은 1cm의 낙하고에서 타격하여 횟수가 25회 미만에서 2개, 25회 이상에서 2개를 얻어 유동 곡선을 작도한 후 낙하 횟수 25회에 해당하는 함수비를 구하여 액성한계 값으로 한다.

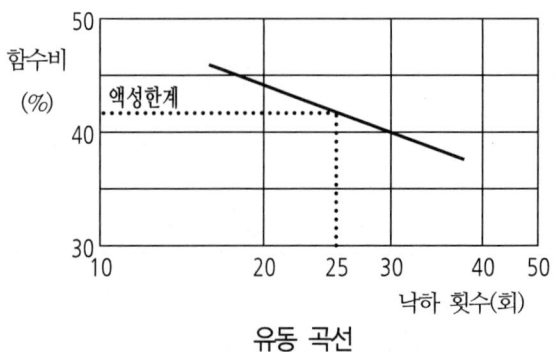

유동 곡선

2) 소성한계(ω_P)

소성판(판유리) 위에서 흙을 부드럽게 비벼서 지름이 3mm 정도에서 균열이 생겨 부슬부슬해질 때 조각난 부분의 함수비를 소성한계라 한다.

① 반고체 상태를 나타내는 최대 함수비

② 소성 상태를 나타내는 최소 함수비

≪알아두기≫
☞ 비소성(non-plastic, NP)
   액성한계와 소성한계 시험이 불가능한 흙(뭉쳐도 뭉쳐지지·않는 흙, 모래)

3) 수축한계(ω_s)

흙의 함수량을 어떤 양 이하로 줄여도 그 흙의 체적이 줄지 않고 함수량을 그 이상으로 하면 체적이 증대하는 한계의 함수비로 실험할 때 수은을 사용한다.

① 고체 상태에서 반고체 상태로 변하는 경계 함수비

② 고체 상태를 나타내는 최대 함수비

③ 반고체 상태를 나타내는 최소 함수비

$$\omega_s = \omega - \left\{ \frac{(V - V_s)\gamma_w}{W_s} \times 100 \right\} = \left(\frac{1}{R} - \frac{1}{G_s} \right) \times 100 \, (\%)$$

흙 입자 비중의 근사치

$$G_S = \frac{1}{\dfrac{1}{R} - \dfrac{\omega_s}{100}}$$

여기서, $R = \dfrac{W_S}{V_S \cdot \gamma_w}$

w : 함수비,　　V_s : 노건조 시료의 체적

R : 수축비,　　V : 습윤 시료의 체적

W_s : 노건조 시료의 중량

4) 컨시스턴시 한계의 이용

1 소성지수(plasticity index : I_P)

흙의 소성을 갖는 함수비로, 모래는 $I_P = 0$, 실트는 $I_P = 10\%$, 점토$I_P = 50\%$ 정도로 보고 있다. 소성지수가 크다는 것은 흙이 소성상태로 존재하는 범위가 크다는 뜻

$$I_P = \omega_L - \omega_P$$

2 액성지수(liquidity index : I_L)

I_L이 0에 가까울수록 안전하고 1에 가까울수록 불안전한 흙

$$I_L = \frac{\omega_n - \omega_p}{I_p} = \frac{\omega_n - \omega_P}{\omega_L - \omega_P} \qquad \omega_n : \text{자연 함수비}$$

3 수축지수(shrinkage index : I_S)

수축지수가 크다는 것은 흙이 반고체 상태로 존재하는 범위가 크다는 뜻.

$$I_s = \omega_P - \omega_s$$

4 연경지수(consistency index : I_C)

액성한계와 자연 함수비와의 차에 대한 소성지수와의 비, 연경지수 값이 0에 가까울수록 자연 함수비는 액성한계에 가깝고 흙이 연한 상태가 되며, 1에 가까울수록 단단한 흙

$$I_C = \frac{\omega_L - \omega_n}{I_p} = \frac{\omega_L - \omega_n}{\omega_L - \omega_P}$$

5 연경지수와 액성지수와의 관계

$$I_C + I_L = 1$$

6 유동지수(flow index : I_f)

유동곡선의 기울기로서 유동곡선 상에서 2점의 좌표를 $(N_1, \ w_1)$, (N_2, w_2)라 하면

$$I_f = \frac{\omega_1 - \omega_2}{\log N_2 - \log N_1} = \frac{w_1 - w_2}{\log \dfrac{N_2}{N_1}}$$

7 터프니스지수(toughness index : I_t)

소성지수와 유동지수와의 비를 터프니스지수라 하며, 이것은 소성한계에 있는 흙의 전단강도를 나타내는 지수이다.

$$I_t = \frac{I_P}{I_f}$$

8 압축지수의 추정

$$C_C{}' = 0.007(\omega_L - 10)$$
$$C_C = 1.3 C_C{}' = 0.009(\omega_L - 10)$$

여기서, $C_C{}' = $ 흐트러진 시료의 압축지수

$C_C = $ 흐트러지지 않은 시료의 압축지수

9 흙의 활성도(Activity : A_C)

$$A_C = \frac{I_P}{2\mu \text{ 이하의 점토 함유율}(\%)}$$

• 활성도는 점토지반 흙의 팽창성, 점토 광물이 무엇인가를 판단

• $A_C < 0.75$(비활성), $0.75 < A_C < 1.25$(보통), $A_C > 1.25$(활성)

1.2 흙의 분류

1 흙의 입도

흙 입자의 크기는 입경으로 나타내는데, 흙의 입경은 0.001mm~75mm 범위를 말하며, 여러 가지 크기의 입자들이 어떤 비율로 섞여 있는가를 나타내는 것을 입도라 한다.

1) 흙의 입도 분석

시 험	대상입경	설 명
조립분 체가름 시험	2mm 체 잔류시료	시료를 물로 씻어 2mm 체로 체가름 한 다음 잔류한 시료를 노건조 후 체 분석하여 입경 가적 곡선을 그린다.
침강 분석 시험	2mm 체 통과시료	시료를 증류수와 혼합하여 현탁액을 만들어 메스실린더에 넣은 다음 비중계를 띄워 흙 입자가 물 속을 침강할 때 입자가 큰 것은 침강 속도가 빠르다.(스토크스법칙 응용)
세립분 체가름 시험	0.075mm 체	침강 분석 후 0.075mm 체를 사용하여 물로 세척한 다음 잔류 시료를 건조 후 체가름 시험

≪알아두기≫
☞ 스토크스 법칙 ⇒ 침강 분석 시험에 이용
완전히 구로 가정한 흙 입자가 물 속에 침강되는 경우에 있어서 흙 입자의 침강 속도는 스토크스 법칙으로 구한다. 입자가 굵을수록 침강 속도가 빠르고, 작은 것은 느리다.

2) 입경 가적 곡선

1 입경 가적 곡선 그리는 방법

체가름 시험에서 구한 입자 지름에 대한 통과 무게 백분율을 세로축에 표시하고, 가로축에 입자 지름을 표시하여 입경 가적 곡선을 그린다.

2 입경 가적 곡선으로 입도 상태 판정 방법

① 일반적으로 좋은 입도 분포는 여러 가지 크기의 흙 입자들이 골고루 섞여 있는 상태를 말한다.

② ㉮ 그래프의 흙은 가는 입자를 많이 포함하고 있다.

③ ㉰ 그래프는 굵은 입자만으로 이루어진 흙으로 입도 분포가 나쁘다.

④ ㉯ 그래프는 기울기가 완만하게 이루어져 크고 작은 입자가 골고루 섞여 있는
상태로 입도 분포가 좋다.

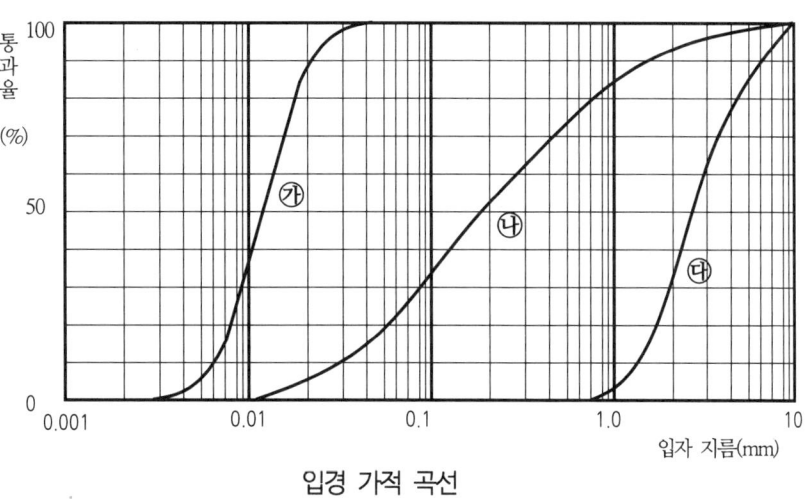

입경 가적 곡선

3 유효 입경, 균등 계수, 곡률 계수

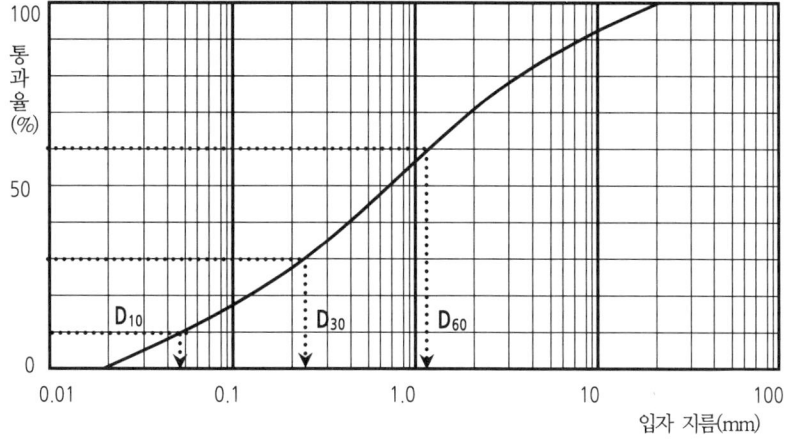

① 유효 입경(D_{10}) : 통과 무게 백분율 10%에 해당하는 흙 입자 지름

② 균등 계수(C_U) : 유효 입경(D_{10})에 대한 통과 무게 백분율 60%에 대응하는
입자 지름(D_{60})의 비

$$C_U = \frac{D_{60}}{D_{10}}$$

③ 곡률 계수(C_g) : 입경 가적 곡선이 구불구불한 정도

$$C_g = \frac{(D_{30})^2}{D_{10} \cdot D_{60}}$$

≪알아두기≫

☞ D_{10}, D_{30}, D_{60}의 의미

　　D : 흙 입자 지름 (diameter)

　　첨자 10, 30, 60 : 통과 무게 백분율이 10%, 30%, 60%라는 뜻임

☞ 균등 계수(C_U), 곡률 계수(C_g)는 입경 가적 곡선의 형태를 나타내며, 입도가 좋고 나쁨을 나타냄.

☞ 곡률 계수가 1< C_g <3, 균등 계수가 자갈의 경우 C_U > 4, 모래의 경우 C_U > 6 이면 입도 분포가 좋다. 한 가지라도 만족하지 않으면 입도 분포가 나쁘다.

☞ D_{10}, D_{60} 사이의 간격이 좁은 경우 입경 가적 곡선이 경사가 급하고(세로 방향으로 서있는 경우)입도가 균등하여 입도 분포가 좋지 않다.

　　반대로 간격이 넓으면 입경 가적 곡선이 완만하여 크고 작은 알갱이가 골고루 섞여 있어 입도 분포가 좋다.

2 통일 분류 방법

통일 분류 방법은 제 2차 세계 대전 당시 미공병단의 비행장 활주로를 건설하기 위하여 카사그랜드(Casagrande)가 고안한 분류법으로, 세계적으로 가장 많이 사용되고 있는 분류법이다. 통일 분류 방법은 흙의 종류를 나타내는 제 1문자와 속성을 나타내는 제 2문자를 이용하여 흙을 분류한다.

1) 조립토와 세립토 분류

0.075mm 체의 통과량이 50% 이하이면 조립토, 50% 이상이면 세립토로 분류

2) 조립토 분류 : 통일 분류법

통일 분류법에 사용되는 기호

토질의 종류		제1문자	토질의 속성	제2문자	
조립토	자갈 (gravel)	G	세립분 5% 이하, 입도 분포가 양호(well-graded)	W	조립토
	모래 (sand)	S	세립분 5% 이하 입도 분포가 불량(poor-graded)	P	
세립토	실트 (silt)	M	세립분을 12% 이상 함유하고, A선의 아래에 위치하여 소성지수가 4 이하임.	M	
	점토 (clay)	C	세립분을 12% 이상 함유하고 A선 위에 위치하여 소성지수가 7 이상	C	
	유기질실트 및 점토	O	압축성이 낮음, $w_L \leqq 50$ (low-compressibility)	L	

토질의 종류		제1문자	토질의 속성	제2문자	
유기 질토	이탄 (peat)	P_t	압축성 높음 $w_L \geqq 50$ (high compressibiliy)	H	세 립 토

제 1문자는 0.075mm 체의 통과량이 50%를 초과하면 세립토(M, C, O), 50%를 초과하지 않으면 조립토(G, S)라고 표시하며, 조립토는 조립분(0.075mm 체 잔류분)에 대해서 4.75mm 체의 통과량이 50% 이상이면 모래(S), 50% 이하이면 자갈(G)이라고 분류한다. 세립토는 입자 지름에 의해 분류할 수 없으므로 소성도를 이용하여 점토(C), 실트(M), 유기질토(O)를 분류한다.

제 2 문자는 조립토에서는 균등 계수와 곡률 계수에 의해 입도를 판단하여 입도가 좋으면 W, 나쁘면 P로 표시하거나 0.075mm 체 통과량과 소성지수에 의해 M 또는 C로 표시하며, 세립토는 액성한계가 50% 이상이면 고압축성(H), 50% 이하이면 저압축성(L)으로 표시한다.

3) 세립토 분류

통일 분류 방법에서 세립토를 분류하기 위한 방법으로 흙이 0.075mm 체 통과량이 50 % 이상인 흙을 분류하는데, 소성도를 이용하여 분류한다.

① 세립토를 액성한계 시험과 소성한계 시험을 하여 액성한계와 소성지수를 구하여 소성도 위에 도시한다.

② 제 1문자 결정

문 자	내 용	표 시(분류)
제 1문자	소성도 위에 표시한 점이 A선 위에 있으면	C
	소성도 위에 표시한 점이 A선 아래에 있으면	M 또는 O
제 2 문자	액성한계가 50% 이상이면	H
	액성한계가 50% 이하이면	L
소성도에서 액성한계가 50% 이하이며, 소성지수가 4~7 범위에 있으면(빗금 부분)		CL-ML
유기질이 매우 많은 흙은 냄새, 색깔 등 관찰		P_t

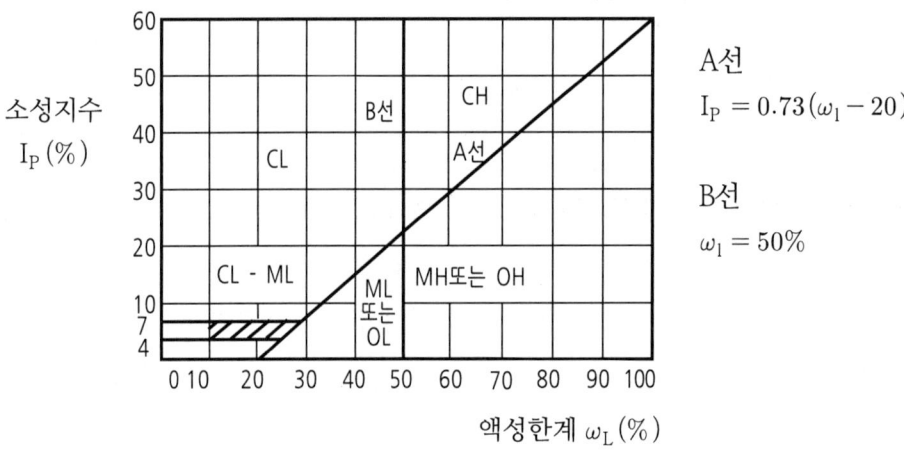

소 성 도

3 삼각 분류 방법

1) 삼각 분류 방법에서 흙의 분류는 모래, 실트(Silt), 점토 세 가지만 가지고 분류한다.

2) 자갈이란 지름 2mm 이상이고, 모래는 0.05~2mm, 실트는 0.005~0.05mm 그리고 점토는 0.005mm 이하이다.

3) 흙에는 자갈분이 있는데 이것은 모래, 실트 및 점토로 배분, 분류하여 각각 모래, 실트 및 점토의 함유 백분율을 구하여 100%로 만들어 삼각 좌표 분류도에 의하여 분류한다.

4 AASHTO 분류 방법

이 분류법은 원래 미국 공로국에서 사용하다가 개정한 것으로 현재는 개정 PRA분류법 또는 AASHTO 분류법이라고 한다.

이 분류법은 입도, 연경도, 군지수(GI)에 의하여 흙을 A-1부터 A-7의 7군으로 나누어 구별하는데, A-3까지는 조립의 흙이고, A-4 및 A-5는 실트질 흙, A-6 및 A-7은 점토질 흙이다.

$$GI = 0.2a + 0.005ac + 0.01bd$$

여기서 a : No 200체 통과량에서 35를 뺀 값(0~40의 정수) 단, No 200체 통과량이 75%를 넘으면 75로 본다.

　　　b : No 200체 통과량에서 15를 뺀 값(0~40의 정수) 단, No 200체 통과량이 55%를 넘으면 55로 본다.

　　　c : 액성한계에서 40을 뺀 값(0~20의 정수) 단, $\omega_L > 60\%$ 이면 $\omega_L = 60\%$ 로 본다.

　　　d : 소성지수에서 10을 뺀 값(0~20의 정수). 단, $I_P > 30$ 이면 $I_P = 30$ 으로 본다.

1.3 함수비 시험 (KSF 2306)

1) 함수비

110±5℃의 노 건조에 의해 잃게 되는 젖은 흙 속의 수분 무게와 흙의 노 건조 무게에 대한 비. 백분률로 나타낸다.

2) 함수비 측정이 요구되는 시험

액성한계 시험, 소성한계 시험, 수축한계 시험, 다짐 시험

3) 관련 지식

① 저울은 같은 저울로 단다. (저울의 오차 최소)

② 습윤시료무게 측정은 즉시 측정한다.

③ 건조기, 데시케이터에서 시료를 넣거나 꺼낼 때는 도가니 집게를 사용한다.

4) 시험 기구

용기, 저울, 데시케이터 (실리카겔, 염화칼슘 등의 흡수제를 넣은 것)

5) 시료 : 함수비 측정에 필요한 최소 무게

시료의 최대 입자 지름(mm)	시료의 최소 무게
75	5~30(kgf)
37.5	1~5(kgf)
19	150~300(gf)
4.75	30~100(gf)
2.0	10~30(gf)
0.425	5~10(gf)

6) 시험 방법

① 용기 무게(W_C)를 측정한다.

② 습윤시료를 용기에 넣고 전 무게(W_a)를 측정한다. : 습윤토 무게+용기 무게

③ 시료를 용기별로 항온건조로에 넣고, 110±5℃에서 일정 무게가 될 때까지 (일반적으로 18~24시간 정도) 노 건조 한다.

④ 노 건조 시료를 용기별로 데시케이터에 옮기고, 거의 실온이 될 때까지 식힌 후 전 무게 (W_b)를 단다. : 건조토 무게+용기 무게

7) 결과 계산

- 함수비$(\omega) = \dfrac{물의\ 무게}{흙\ 입자만의\ 무게} = \dfrac{W_W}{W_S} \times 100\ (\%)$

1.4 흙의 밀도(비중) 시험 (KSF 2308)

1) 흙의 밀도(비중)

물의 단위 중량에 대한 흙 입자의 단위 중량과의 비로 정의된다. 따라서 흙의 비중은 그 흙을 조성하는 광물질의 단위 중량과 관계되므로, 철분과 같은 성분을 포함하고 있으면 비중의 값은 커진다.

2) 시험 목적

흙 입자의 비중은 흙의 기본 성질인 공극과 포화도를 아는데 필요할 뿐만 아니라 흙의 다짐의 정도와 유기질 흙에 있어서 유기물 함량을 구하는데 이용되며 이 때문에 흙 입자의 비중 시험을 한다.

3) 관련 지식

① 비중병은 부피 팽창이 적은 것을 사용한다.

② 기포를 제거하기 위해 끓일 때는 내용물이 넘치지 않도록 한다. 끓어 넘칠 경우에는 온도를 내리거나 감압하는 것이 좋다. 또 다른 방지법으로는 유리봉 등을 교차시켜 비중병에 넣는 것이 좋다.

③ 끓이는 시간은 일반적인 흙에서 10분 이상, 유기질토에서 약 40분, 화산재 흙에서는 2시간 이상 필요하다.

④ 4.75mm 체를 통과한 시료를 사용한다.

⑤ 노 건조 시료를 사용하는 경우는 증류수를 가하여 12시간 담근 후 시험을 실시한다.

⑥ 비중병을 끓이는 이유는 공기를 제거하여 정확한 비중을 측정하기 위함이다.

⑦ 스토퍼를 사용하는 이유는 비중병에 증류수를 넣을 때 메니스커스 현상에 의한 오차를 적게 하기 위함이다.

4) 시험 기구

피크노미터, 저울(감도 0.001g), 온도계, 항온 건조로(110±5℃ 유지할 수 있는 것), 데시케이터, 흙 입자 분리 기구, 파쇄 기구, 끓이는 기구, 증류수

5) 시험 방법

① 준비한 시료를 비중병에 넣는다.

② 증류수를 비중병 용량의 2/3 정도까지 채운다. 이때 비중병 내부의 상부에 붙은 시료도 흘려 넣는다.

③ 알코올 램프로 비중병을 가열하여 10분 이상 끓인다.

④ 끓이는 도중에 기포가 빠져나가는 것을 돕기 위해 가끔씩 비중병을 흔들어준다.

⑤ 가열한 시료를 실온이 될 때까지 식힌다.

⑥ 비중병 전체에 증류수를 가하여 스토퍼를 닫아서 가득 채운다.

⑦ (시료+증류수+비중병)의 무게를 잰다.

⑧ 스토퍼를 빼내고 내용물의 온도 T를 측정한다.

⑨ 비중병의 내용물이 유실되지 않도록 증발접시 또는 비이커에 꺼내 담는다.

⑩ 꺼낸 내용물 전량을 110±5℃에서 일정한 무게가 될 때까지 건조시킨다.

⑪ 노건조 시료를 데시케이터 내에서 실온이 될 때까지 식힌다.

⑫ 노건조 중량을 측정하여 흙 입자 중량을 구한다.

6) 결과의 계산

① W_a의 결정

- $W_a = \dfrac{T\,℃에서의\ 물의\ 비중}{T\,'℃에서의\ 물의\ 비중} \times (W_a{}' - W_f) + W_f$

여기서, W_f : 비중병 무게 (g)

$W_a{}'$: $T\,'℃$에서 비중병과 증류수 무게 (g)

$T\,℃$: 임의의 온도

② 온도 $T\,'℃$의 물에 대한 $T\,℃$의 흙 입자 비중

- $G_T(T\,℃/T\,'℃) = \dfrac{W_S}{W_S + (W_a - W_b)}$

여기서, W_S : 비중병에 넣은 노 건조토의 중량 (g)

W_a : $T\,℃$에서의 (비중병 + 증류수)의 환산 중량 (g)

W_b : $T\,℃$에서의 (비중병 + 노건조토(또는 습윤토) + 증류수)의 중량 (g)

$T\,℃$: W_b를 측정할 때 내용물의 온도

③ 특히 기준이 되는 온도가 지정되지 않을 때의 흙 입자 비중

- $G_S(T/15℃) = K \cdot G_T(T\,℃/T\,'℃)$

1.5 흙의 액성한계 시험 및 소성한계 시험 (KSF 2303)

1 액성한계 시험

1) **액성한계** : 흙이 소성 상태에서 액체 상태로 바뀔 때의 함수비

2) **시험 목적**

액·소성한계시험은 흙을 공학적으로 분류하기 위해서 시행되며 액성한계는 세립토의 판별, 분류 및 공학적 성질을 판단하는데 그 목적이 있다.

3) **시험 기구**

액성한계 측정기, 홈파기 날 및 게이지, 함수비 측정기구

4) **시험 방법**

① 액성한계 시험용으로 공기 건조 시료를 0.425mm 체로 쳐서 통과한 시료 약 200g을 준비한다.

② 시료를 유리판 위에 놓고 충분히 반죽한다.

③ 수분이 증발되지 않도록 해서 10여 시간 방치한다.

④ 황동접시와 경질고무 받침대 사이를 낙하 높이가 10±0.1mm로 조절한다.

⑤ 반죽한 흙을 황동 접시에 담아 최대 두께가 약 1cm 되도록 잘 고른다.

⑥ 접시의 대칭축을 따라 홈파기 날을 수직으로 세워 홈을 파서 접시 속의 흙을 양쪽으로 가른다.

⑦ 액성한계 측정기의 손잡이를 1초 동안에 2회의 속도로 회전시켜 흙을 담은 접시를 판에 떨어뜨린다.

⑧ 홈의 밑 부분에 있는 흙이 약 1.5cm 정도 합류할 때의 낙하 횟수를 구한다.

⑨ 양쪽 흙이 합쳐진 부분에서 흙을 따내서 함수비를 구한다.

⑩ 낙하 횟수 10~25회의 것 2개, 25~35회의 것 2개가 얻어지도록 한다.

2 소성한계 시험

1) **소성한계** : 흙이 소성상태에서 반고체 상태로 바뀔 때의 함수비

2) **시험 기구** : 불투명 유리판, 둥근 봉,

3) **시험 방법**

① 소성한계 시험용으로 공기 건조 시료를 0.425mm 체로 쳐서 통과한 시료 약 20g으로 한다.

② 반죽한 시료 덩어리를 손바닥과 불투명 유리판 사이에서 굴리면서 끈 모양으로 하고 끈의

굵기를 지름 3mm의 둥근 봉에 맞춘다. 이 흙 끈이 지름 3mm가 되었을 때 다시 덩어리로 만들고 이 조작을 반복한다.

③ 위 조작으로 흙의 끈이 지름 3mm가 된 단계에서 끈이 끊어졌을 때 그 조각조각 난 부분의 흙을 모아서 재빨리 함수비를 구한다.

3 결과 계산

1) 액성한계

① 반 로그 그래프용지의 로그 눈금에 낙하 횟수, 산술 눈금에 함수비를 잡고 측정값을 플롯한다.

② 측정값에 가장 적합한 직선을 구하고 이것을 유동곡선으로 한다.

③ 유동곡선에서 낙하 횟수 25회에 상당하는 함수비를 액성한계(ω_l)로 한다.

④ 소성한계를 구할 수 없거나 소성한계가 액성한계와 같다든지 또는 소성한계가 액성한계보다 크게 구해지는 경우는 비소성(NP)으로 표시한다.

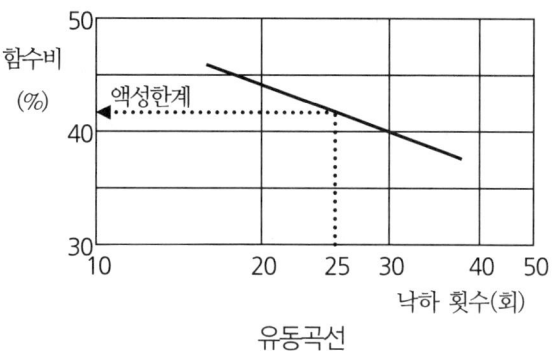

유동곡선

2) 소성한계

소성지수는 다음 식에 의하여 구한다. 다만, 액성한계 혹은 소성한계를 구할 수 없을 때, 또는 액성한계와 소성한계의 차가 없을 때는 NP로 한다.

$$I_P = \omega_1 - \omega_p$$

1.6 흙의 수축한계 시험

1) 수축한계

흙의 함수량을 어떤 양 이하로 줄여도 그 흙의 체적이 줄지 않고 함수량을 그 이상으로 하면 체적이 증대하는 한계의 함수비

2) 시험 장치 및 기구

수축 접시(지름 4.5mm, 길이 13mm 정도), 유리판, 유리 용기(안지름 약 50mm, 길이 약 25mm), 수은(50mL), 수은접시(지름 150mm 정도)

3) 안전 및 유의 사항

① 시료는 물을 가해서 약 1일 동안 습기 상자 내에 방치한다.

② 시료의 함수량은 액성 한계를 넘어서지 않는 것이 좋다.

③ 바셀린 또는 그리스는 시료가 증발 접시에 붙는 것을 방지하는 데 있어서 필요한 범위 내에서 될 수 있는 한 엷게 바른다.

④ 증발 접시를 두드릴 때 시료에서 기포가 안 나올 때까지 몇 회라도 두드린다.

⑤ 시료를 수은에 넣을 때에 넘지 않도록 천천히 넣어서 기포가 남지 않도록 한다.

4) 시험 방법

① 0.425mm 체 통과 시료 약 30g을 유리판 위에서 증류수를 가하면서 반죽 상태로 반죽한다.

② 수축 접시의 내면에 바셀린이나 그리스를 얇게 발라 흙이 부착되지 않도록 한다.

③ 수축 접시의 무게를 측정한다.

④ 수축 접시 용적의 약 1/3 정도로 반죽한 시료를 접시 중앙에 넣고 수매의 여과지로 된 쿠션면에 접시를 두들겨 흙을 자연스럽게 유동시킨다. 이때 기포가 표면에 나오면서 흙이 잘 다짐되도록 접시를 두드리면서 수축 접시 상부까지 시료가 넘치도록 한다.

⑤ 넘치는 흙을 곧은 날로 절취하고 접시 외측의 흙도 떨어낸다.

⑥ (습윤토+수축접시)의 무게를 측정하고, 시료가 검은색에서 밝은 색이 될 때까지 공기 건조한다.

⑦ 밝은 색이 되면 110±5℃에서 일정량이 될 때까지 건조시켜 건조토의 무게를 구한다.

⑧ 습윤토의 체적을 측정한다. 이때, 수은을 수축 접시에 넘치도록 넣고 유리판으로 접시

상부를 눌러 수은을 제거하고, 남은 수은을 메스실린더에 옮겨 용적을 측정하면, 이것이 습윤토의 체적이다.

⑨ 유리 그릇에 수은을 넘치도록 채우고, 다리 달린 유리판을 유리 용기 윗면에 꼭 눌러 여분의 수은을 제거하고, 그릇 바깥에 묻은 수은도 씻어 낸다.

⑩ 수은이 들어 있는 유리 그릇을 증발 접시 속에 옮기고 ⑦에서 건조시킨 공시체를 수은 표면에 놓은 다음 다리 달린 유리판으로 공시체를 수은 속으로 밀어 넣으면서 유리 용기의 상면에 꼭 접촉시킨다.

⑪ 배제된 수은의 체적을 메스실린더로 측정하면 이것이 건조토의 체적이 된다.

5) 결과의 계산

① 수축한계

수축한계는 체적 수축 시험에서 얻어진 자료로부터 다음 식에 따라 계산한다.

- 수축한계$(w_s) = w - \left\{ \dfrac{(V - V_s)\gamma_w}{W_s} \times 100\% \right\} = \left(\dfrac{1}{R} - \dfrac{1}{G_s} \right) \times 100\ \%$

② 수축비

수축비 R은 수축 한계 이상의 부분에 있어서 체적 변화와 이에 대응하는 함수량의 변화 $w - w_s$와의 비이며 건조한 최후의 상태에 있어서의 단위 무게와 같으며, 다음 식으로 표시된다.

- 수축비$(R) = \dfrac{C}{\omega - \omega_s} = \dfrac{W_s}{V_s \cdot r_w}$

③ 비중(근사값)

비중은 체적 변화 시험에서 얻어진 자료로부터 다음 식에 따라 계산한다.

- $G_S = \dfrac{1}{\dfrac{1}{R} - \dfrac{\omega_s}{100}}$

여기서, $R = \dfrac{W_S}{V_S \cdot \gamma_w}$

  ω : 함수비, V_S : 노건조 시료의 체적

  R : 수축비, V : 습윤 시료의 체적

  W_S : 노건조 시료의 중량

1.7 흙의 입도 시험

1) 기계 기구

저울, 체 진동기, 초시계, 시험용 체(75mm, 53mm, 37.5mm, 26.5mm, 19mm, 9.5mm, 4.75 mm, 2mm) 솔, 고무망치, 온도계, 함수비 측정기구

2) 시료

① 2mm 체 잔류분을 2mm 체 위에서 물로 씻어 2mm 체 통과분의 흙 입자를 충분히 씻어 낸다.

② 체에 잔류한 시료의 전량을 110±5℃에서 일정 질량이 될 때까지 노 건조하고 그 질량을 W_{os} 로 한다.

3) 2mm 체 잔류분 체가름 시험 방법

① 노 건조 시료 전량을 75mm, 53mm, 37.5mm, 26.5mm, 19mm, 및 4.75mm 체를 사용하여 체가름 한다. 체가름은 상하 및 수평 방향에 진동을 준다. 1분간 각 체를 통과하는 것이 전 시료 질량의 0.1% 이하로 될 때까지 작업을 한다.

② 각 체에 잔류한 시료 무게를 측정한다.

③ 입자 지름에 대한 통과 무게 백분율을 구한다.

4) 2mm 체 통과 시료는 비중계에 의한 침강 분석 시험

5) 결과의 계산

① 전 시료의 노 건조 무게 : $W_S = \dfrac{100W}{100 + \omega}$

② 잔유율 : $P_r = \dfrac{W_{sr}}{W_s} \times 100 \, (\%)$ (W_{sr} : 각 체에 남은 시료의 노 건조 무게

W_s : 전체 시료의 노 건조 무게)

③ 가적 잔유율 $P_r' = \Sigma P_r$

④ 가적 통과율 $P' = 100 - P_r'$

토성 시험 활용 문제 풀이

문제 1

현장에서 젖은 흙을 채취하여 무게를 측정하니 200gf, 부피는 100cm³, 이 흙을 110±5℃로 항온노건조한 후 무게를 측정하였더니 160gf 이었다. 이 흙의 비중 Gs=2.70 이라고 할 때 다음 물음에 답하시오.

풀이

가. 함수비(w)를 구하시오.

$$w = \frac{W_W}{W_S} \times 100 = \frac{40}{160} \times 100 = 25 \ (\%)$$

$$(W_W = 200 - 160 = 40 \ g)$$

나. 습윤 단위무게(γ_t) 를 구하시오.

$$\gamma_t = \frac{G_S + \dfrac{S \cdot e}{100}}{1+e} \gamma_w = \frac{W}{V} = \frac{200}{100} = 2.0 \ (gf/cm^3)$$

다. 건조단위무게(γ_d)를 구하시오.

$$\gamma_d = \frac{G_S}{1+e} \gamma_w = \frac{W_S}{V} = \frac{160}{100} = 1.6 \ (gf/cm^3)$$

라. 간극비(e)를 구하시오.

$$e = \frac{G_S}{\gamma_d} \times \gamma_w - 1 = \frac{2.70}{1.6} \times 1 - 1 = 0.69$$

마. 간극률 (n)을 구하시오.

$$n = \frac{e}{1+e} \times 100 = \frac{0.69}{1+0.69} \times 100 = 40.83 \ \%$$

바. 포화도 (S)를 구하시오.

$$S = \frac{G_S \cdot w}{e} = \frac{2.7 \times 25}{0.69} = 97.83 \ (\%)$$

문제 2

어떤 흙의 흙입자, 공기, 수분의 조성을 다음과 같이 나타냈을 때 물음에 산출 근거와 답을 쓰시오.

조 성 성 분	부피(cm³)	무게(g)
가스(공기)	$V_a = 8$	$W_a = 0$
액체(물)	$V_W = 12$	$W_W = 20g$
고체(흙입자)	$V_S = 80$	$W_S = 160g$

풀 이

가. 이 흙의 함수비(w)

$$w = \frac{W_W}{W_S} \times 100 = \frac{20}{160} \times 100 = 12.5\,\%$$

나. 이 흙의 습윤 단위 무게(γ_t)

$$\gamma_t = \frac{W}{V} = \frac{180}{100} = 1.80\ (gf/cm^3)$$

$$(W = W_a + W_W + W_S = 0 + 20 + 160 = 180\ (gf)$$
$$V = V_a + V_W + V_S = 8 + 12 + 80 = 100\ (cm^3))$$

다. 이 흙의 건조 단위 무게(γ_d)

$$\gamma_d = \frac{W_S}{V} = \frac{160}{100} = 1.60\ (gf/cm^3)$$

라. 이 흙의 공극비(e)

$$e = \frac{V_V}{V_S} = \frac{20}{80} = 0.25 \qquad (V_V = V_a + V_W = 8 + 12 = 20)$$

마. 이 흙의 포화도(S)

$$S = \frac{V_W}{V_V} \times 100 = \frac{12}{20} \times 100 = 60\ (\%)$$

바. 이 흙의 공극률(n)

$$n = \frac{V_V}{V} \times 100 = \frac{20}{100} \times 100 = 20\ (\%)$$

$$또는\ n = \frac{e}{1+e} \times 100 = \frac{0.25}{1+0.25} \times 100 = 20\ (\%)$$

문제 3

어떤 자연시료를 샘플러로 파낸 결과 불교란시료 무게가 430.7g, 흙의 비중이 2.75, 노건조 무게가 401.5g를 얻었다.
  (단, 샘플러 직경 7.5cm, 높이 6cm이었다.)

풀이 가. 습윤 단위무게

$$① \ 샘플러 \ 부피(V) = \frac{\pi \times d^2}{4} \times h = \frac{3.14 \times 7.5^2}{4} \times 6 = 264.94 \ (cm^3)$$

$$② \ \gamma_t = \frac{W}{V} = \frac{430.7}{264.94} = 1.63 \ (gf/cm^3)$$

나. 건조 단위무게 : $\gamma_d = \dfrac{W_S}{V} = \dfrac{401.5}{264.94} = 1.52 \ (gf/cm^3)$

다. 함수비 : $w = \dfrac{W_W}{W_S} \times 100 = \dfrac{29.2}{401.5} \times 100 = 7.27 \ (\%)$

$$(W_W = 430.7 - 401.5 = 29.2 \ (g))$$

라. 간극비 : $e = \dfrac{G_S}{\gamma_d} \times \gamma_w - 1 = \dfrac{2.75}{1.52} \times 1 - 1 = 0.81$

마. 간극율 : $n = \dfrac{e}{1+e} \times 100 = \dfrac{0.81}{1+0.81} \times 100 = 44.75 \ (\%)$

바. 포화도 : $S = \dfrac{G_S \cdot w}{e} = \dfrac{2.75 \times 7.27}{0.81} = 24.68 \ (\%)$

사. 포화단위무게 : $\gamma_{sat} = \dfrac{G_S + e}{1+e} \gamma_w = \dfrac{2.75 + 0.81}{1+0.81} \times 1 = 1.97 \ (gf/cm^3)$

아. 수중단위무게: $\gamma_{sub} = \gamma_{sat} - \gamma_w = 1.97 - 1 = 0.97 \ (gf/cm^3)$

문제 4

어느 현장의 토질 시험 결과 습윤단위 무게가 1.72g/cm3이고 함수비가 18% 이며 흙 입자의 비중이 2.62이다. 다음 물음에 답하시오.
  (단, 소수점 4자리에서 반올림)

풀이 가. 현장 건조밀도를 구하시오.

$$\gamma_d = \frac{W_S}{V} = \frac{G_S}{1+e}\gamma_w = \frac{\gamma_t}{1+\dfrac{w}{100}} = \frac{1.72}{1+\dfrac{18}{100}} = 1.458 \ (gf/cm^3)$$

나. 공극비를 구하시오.

$$e = \frac{G_S}{\gamma_d} \times \gamma_w - 1 = \frac{2.62}{1.458} \times 1 - 1 = 0.797$$

다. 포화도를 구하시오.

$$S = \frac{G_S \cdot w}{e} = \frac{2.62 \times 18}{0.797} = 59.172 \ (\%)$$

문제 5

공극비가 0.6이고 비중이 2.68의 모래질 점토가 있다. 이때 물의 단위중량이 1g/cm³일 때 다음 물음에 답하시오.

풀이　가. 포화 단위무게(γ_{sat})는 얼마인가?

$$\gamma_{sat} = \frac{G_S + e}{1+e}\gamma_w = \frac{2.68 + 0.6}{1 + 0.6} \times 1 = 2.05 \ (gf/cm^3)$$

나. 수중 단위무게(γ_{sub})는 얼마인가?

$$\gamma_{sub} = \frac{G+e}{1+e}\gamma_w - \gamma_w = \gamma_{sat} - \gamma_w = 2.05 - 1 = 1.05 \ (gf/cm^3)$$

문제 6

어떤 자연상태 습윤 흙의 구성을 다음과 같이 나타냈다. 물음에 산출근거를 쓰고 답하시오. (단, 소수점 3자리에서 반올림)

부 피		무게
10cm³	공기	0
20cm³	물	20g
70cm³	흙입자	200g

풀이　가. 함수비(w)를 구하시오.

$$w = \frac{W_W}{W_S} \times 100 = \frac{20}{200} \times 100 = 10 \ (\%)$$

나. 공극비(e)를 구하시오.

$$e = \frac{V_V}{V_S} = \frac{30}{70} = 0.43 \quad (V_V = V_a + V_W = 10 + 20 = 30)$$

다. 공극율(n)을 구하시오.

$$n = \frac{V_V}{V} \times 100 = \frac{30}{100} \times 100 = 30 \ (\%)$$

$$(V = V_a + V_W + V_S = 10 + 20 + 70 = 100 \ (cm^3))$$

라. 포화도(S)를 구하시오.

$$S = \frac{V_W}{V_V} \times 100 = \frac{20}{30} \times 100 = 66.67 \ (\%)$$

마. 습윤밀도(γ_t)를 구하시오.

$$\gamma_t = \frac{W}{V} = \frac{220}{100} = 2.20 \ (gf/cm^3)$$

바. 건조밀도(γ_d)를 구하시오.

$$\gamma_d = \frac{W_S}{V} = \frac{200}{100} = 2.0 \ (gf/cm^3)$$

문제 7

직경 75mm, 길이 60mm 불교란 시료의 습윤무게가 430.7gf이고, 노건조후의 무게가 401.5gf이었다. 흙의 비중이 2.75인 경우에 물음에 답하시오.
(단, π는 3.14, 소수넷째자리에서 반올림)

풀이

가. 현장 습윤 단위 무게(γ_t)를 구하시오.

① $V = \dfrac{\pi \cdot d^2}{4} \times h = \dfrac{3.14 \times 7.5^2}{4} \times 6.0 = 264.938 \ (cm^3)$

② $\gamma_t = \dfrac{W}{V} = \dfrac{430.7}{264.938} = 1.626 \ (gf/cm^3)$

나. 현장 건조단위무게(γ_d)를 구하시오.

$$\gamma_d = \frac{W_S}{V} = \frac{401.5}{264.938} = 1.515 \ (gf/cm^3)$$

다. 함수비(w)를 구하시오.

$$w = \frac{W_W}{W_S} \times 100 = \frac{29.2}{401.5} \times 100 = 7.273 \, (\%)$$

$$(W_W = 430.7 - 401.5 = 29.2 \, (g))$$

라. 간극비(e)를 구하시오.

$$e = \frac{G_S}{\gamma_d} \times \gamma_w - 1 = \frac{2.75}{1.515} \times 1 - 1 = 0.815$$

마. 간극률(n)를 구하시오.

$$n = \frac{e}{1+e} \times 100 = \frac{0.815}{1+0.815} \times 100 = 44.904 \, (\%)$$

바. 포화도(S)를 구하시오.

$$S = \frac{G_S \cdot w}{e} = \frac{2.75 \times 7.273}{0.815} = 24.541 \, (\%)$$

사. 포화 단위무게(γ_{sat})를 구하시오.

$$\gamma_{sat} = \frac{G_S + e}{1+e} \gamma_w = \frac{2.75 + 0.815}{1+0.815} \times 1 = 1.964 \, (gf/cm^3)$$

아. 수중 단위무게(γ_{sub})를 구하시오.

$$\gamma_{sub} = \frac{G+e}{1+e} \gamma_w - \gamma_w = \gamma_{sat} - \gamma_w = 1.964 - 1 = 0.964 \, (gf/cm^3)$$

문제 8

부피 196cm^{3}의 습윤토가 있다. 무게가 379 g인데 노건조시킨 후에 무게를 측정하니 327 g 이었다. 이 흙의 습윤 단위무게(γ_t), 건조 단위무게(γ_d), 함수비(w), 간극비(e), 포화도(S)를 구하시오.

(단, 흙입자의 비중은 2.65이고, 소수점 3자리에서 반올림)

풀이 가. 습윤단위 무게(γ_t)를 구하시오.

$$\gamma_t = \frac{W}{V} = \frac{379}{196} = 1.93 \, (gf/cm^3)$$

나. 함수비(w)를 구하시오.

$$w = \frac{W_W}{W_S} \times 100 = \frac{52}{327} \times 100 = 15.90 \, (\%) \quad (W_W = 379 - 327 = 52 \, (g))$$

다. 건조단위 무게(γ_d)를 구하시오.

$$\gamma_d = \frac{W_S}{V} = \frac{327}{196} = 1.67 \ (gf/cm^3)$$

라. 간극비(e)를 구하시오.

$$e = \frac{G_S}{\gamma_d} \times \gamma_w - 1 = \frac{2.65}{1.67} \times 1 - 1 = 0.59$$

마. 포화도(S)를 구하시오

$$S = \frac{G_S \cdot w}{e} = \frac{2.65 \times 15.9}{0.59} = 71.42 \, (\%)$$

문제 9

어느 현장의 토질시험결과 습윤단위 무게가 1.72g/cm^{3}이고 함수비가 24%이며 흙입자의 비중시험 결과 2.73이다. 다음 물음에 답하시오.
(단, 소수점 4자리에서 반올림)

풀이   가. 현장 건조밀도를 구하시오.

$$\gamma_d = \frac{W_S}{V} = \frac{G_S}{1+e}\gamma_w = \frac{\gamma_t}{1+\dfrac{w}{100}} = \frac{1.72}{1+\dfrac{24}{100}} = 1.387 \ (gf/cm^3)$$

나. 공극비를 구하시오.

$$e = \frac{G_S}{\gamma_d} \times \gamma_w - 1 = \frac{2.73}{1.387} \times 1 - 1 = 0.968$$

다. 포화도를 구하시오.

$$S = \frac{G_S \cdot w}{e} = \frac{2.73 \times 24}{0.968} = 67.686 \ (\%)$$

라. 공극률을 구하시오.

$$n = \frac{e}{1+e} \times 100 = \frac{0.968}{1+0.968} \times 100 = 49.187 \ (\%)$$

문제 10

어떤 시료를 채취하여 액성한계 시험을 한 결과 다음 표와 같이 얻었을 때 물음에 대한 답을 구하시오.
(단, 소성한계는 25%이고, 자연함수비는 30%였다)

낙하횟수	42	34	27	18	6
함수비	41	41.3	41.6	42.2	43.8

풀이   가. 작도를 하고, 액성한계 값을 구하시오.

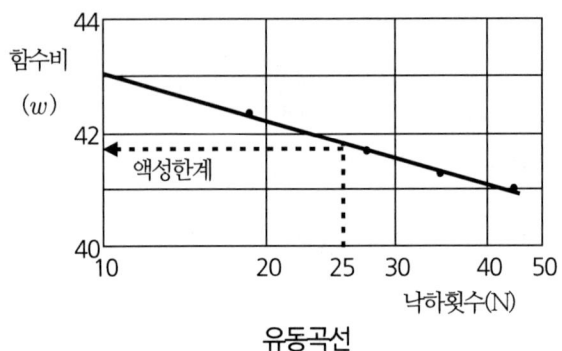

유동곡선

$$액성한계\,(w_L) = 41.7\,(\%)$$

$$(\because 액성한계는 유동곡선에서 25회 일때 함수비)$$

나. 소성지수를 구하시오.

$$I_P = w_L - w_P = 41.7 - 25 = 16.7\,(\%)$$

다. 액성지수를 구하시오.

$$I_L = \frac{w_n - w_P}{I_P} = \frac{30 - 25}{16.7} = 0.30$$

문제 11

흙의 액성한계, 소성한계, 수축한계는 무엇에 의해 결정되는가?

정답   함수비

문제 12

어떤 흙의 소성한계 시험에서 흙을 국수 모양으로 밀어 지름이 약 3mm부스러질 때의 함수비가 32.4% 액성한계 시험에서 유동곡선을 작도하여 낙하횟수 25회에 상당하는 함수비가 49%의 결과를 얻었다. 다음 물음에 답하시오.(단, 자연상태 함수비는 40.2 %임)

풀이   가. 소성 지수를 구하시오. (단, 소수점 3자리에서 반올림)

$$I_P = w_L - w_P = 49 - 32.4 = 16.6\,(\%)$$

나. 액성 지수를 구하시오. (단, 소수점 3자리에서 반올림)

$$I_L = \frac{w_n - w_P}{I_P} = \frac{40.2 - 32.4}{16.6} = 0.47$$

다. 애터버그 한계와 연경도 사이의 관계로 보아 자연 상태 에서 이 시료는 어떤 상태인가?

소성상태 (자연상태의 함수비가 액성한계보다 작고, 소성한계보다 크므로 소성상태임.)

≪해설≫

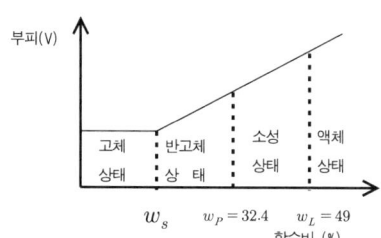

부피(V)

| 고체 상태 | 반고체 상태 | 소성 상태 | 액체 상태 |

w_s $w_P = 32.4$ $w_L = 49$
함수비 (%)

시료의 판정은 애터버그 한계에서 판정한다.

소성한계 : 32.4 %

자연상태 함수비 : 40.2 %

액성한계 : 49 %

∴ 애터버그 그림에서 자연상태 시료는 소성상태에 속함

문제 13

어떤 흙을 시험한 결과 액성한계 w_L=47.4%, 소성한계 w_P=35.8%, 자연 함수비가 42.6%이고, 활성도(A)의 값은 0.89였을 때 다음 물음에 답하시오.

풀이

가. 소성지수(I_P)를 구하시오.

$$I_P = w_L - w_P = 47.4 - 35.8 = 11.6 \, (\%)$$

나. 컨시스턴시 지수(I_C)를 구하시오.

$$I_C = \frac{w_L - w_n}{I_P} = \frac{47.4 - 42.6}{11.6} = 0.414$$

다. 2μ 이하의 점토 함유량을 구하시오.

$$A = \frac{I_P}{2\mu \text{ 이하의 점토 함유량}}$$

$$\therefore 2\mu \text{ 이하의 점토 함유량} = \frac{I_P}{A} = \frac{11.6}{0.89} = 13.03 \, (\%)$$

문제 14

자연 상태의 함수비 43.7%인 어떤 흙 시료의 애터버그 시험 결과 액성한계 66.5%, 소성한계 32.9%, 수축한계가 17.8%일 때 다음 값을 계산하시오.

풀이　가. 이 흙의 소성지수를 구하시오.

$$I_P = w_L - w_P = 66.5 - 32.9 = 33.6 \,(\%)$$

나. 이 흙의 액성지수를 구하시오.(소수점 4자리에서 반올림)

$$I_L = \frac{w_n - w_P}{I_P} = \frac{43.7 - 32.9}{33.6} = 0.321$$

다. 이 흙의 수축 지수를 구하시오.

$$I_S = w_P - w_s = 32.9 - 17.8 = 15.1 \,(\%)$$

문제 15

어느 점성토에 대한 애터버그시험 결과이다. 다음 물음에 대한 산출근거와 답을 쓰시오.
(단, 소수점 3자리에서 반올림)

* 자연상태의 함수비 43.26%　　액성한계　65.38%
　소성한계　　30.43%　　　　　수축한계　16.72%

풀이　가. 이 흙의 소성지수(I_P)를 구하시오.

$$I_P = w_L - w_P = 65.38 - 30.43 = 34.95 \,(\%)$$

나. 이 흙의 액성지수(I_L)를 구하라.

$$I_L = \frac{w_n - w_P}{I_P} = \frac{43.26 - 30.43}{34.95} = 0.37$$

다. 이 흙의 수축지수(Is)를 구하라.

$$I_S = w_P - w_s = 30.43 - 16.72 = 13.71 \,(\%)$$

라. 애터버그 한계와 연경도(Consistency) 사이의 관계로 보아 자연 상태에서 이 시료는 어떤 상태에 속하는가?

$$w_P = 30.43 < w_n < w_L = 65.38 \ \text{이므로 소성 상태}$$

마. 아래 소성도표에 의해 흙을 공학적으로 분류하라.

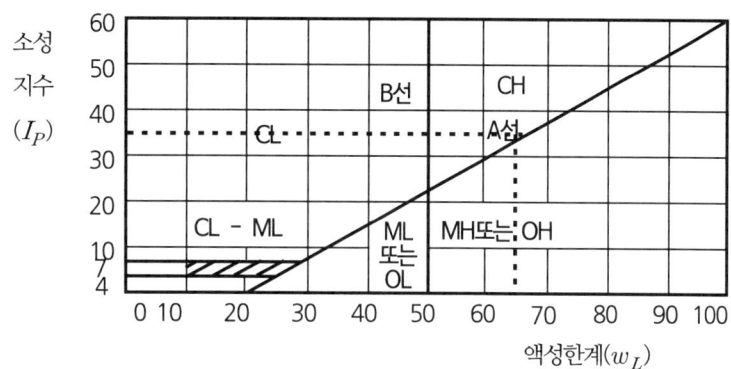

$$A \text{선 식 } I_P = 0.73(w_L - 20) = 0.73 \times (65.38 - 20) = 33.13$$

$$\therefore \ CH$$

문제 16

흙의 자연 함수비가 50%인 점성토의 토성시험 결과 액성한계가 70%, 소성한계 40%, 수축한계가 25%였다. 물음에 산출근거를 쓰고 답하시오.

풀이 가. 소성지수를 구하시오.

$$I_P = w_L - w_P = 70 - 40 = 30 \ (\%)$$

나. 액성지수를 구하시오.

$$I_L = \frac{w_n - w_P}{I_P} = \frac{50 - 40}{30} = 0.33$$

다. 컨시스턴시(consistency)지수를 구하시오.

$$I_C = \frac{w_L - w_n}{I_P} = \frac{70 - 50}{30} = 0.67$$

문제 17

자연상태의 함수비가 41.2% 이고 액성한계 48.4%, 소성한계 34.6% 이었다.
다음 물음에 답하시오.

풀이 가. 소성지수를 구하시오

$$I_P = w_L - w_P = 48.4 - 34.6 = 13.8 \ (\%)$$

나. 컨시스턴시 지수를 구하시오.

$$I_C = \frac{w_L - w_n}{I_P} = \frac{48.4 - 41.2}{13.8} = 0.52$$

다. 액성지수를 구하시오

$$I_L = \frac{w_n - w_P}{I_P} = \frac{41.2 - 34.6}{13.8} = 0.48$$

문제 18

어떤 세립토를 공학적 분류 방법으로 시험한 결과가 아래 물음과 같을 때 다음소성 도표를 보고 답하시오.

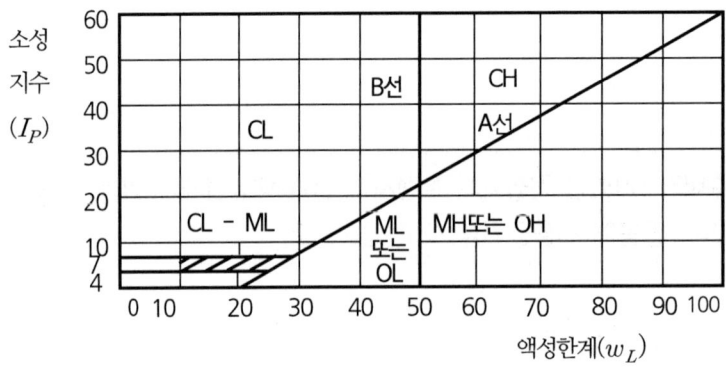

풀이 가. 액성한계(w_L)가 45%, 소성한계(w_p)가 20%일 때 이 흙을 분류하시오.

$$I_P = w_L - w_P = 45 - 20 = 25 \, (\%)$$

$$\therefore CL$$

나. 액성한계(w_L)가 20%, 소성한계(w_p)가 6%일 때 이 흙을 분류하시오.

$$CL - ML \, (빗금친 부분에 해당)$$

다. 액성한계가 60%이었다.

① A-line에서의 소성지수를 구하시오.

$$I_P = 0.73(w_L - 20) = 0.73 \times (60 - 20) = 29.2$$

② 이 흙을 분류하시오.

$$CH \, (A - 선 위쪽 방향)$$

문제 19

어느 시료를 갖고 액성한계, 소성한계, 성과표를 얻은 다음 수축한계 시험을 하였다. 다음 물음에 산출근거와 답을 구하시오.
(단, 소수점 2자리에서 반올림)

습윤시료 체적	21.6cm³	자연시료 함수비	42.5%
노건조시료 체적	17.2cm³	액성한계	46.4%
노건조시료 무게	28.4g	소성한계	38.6%

풀이   가. 소성지수(I_P)

$$I_P = w_L - w_P = 46.4 - 38.6 = 7.8 \ (\%)$$

나. 수축한계(w_s)

$$w_s = w_n - \left[\frac{(V-V_0)\gamma_w}{W_S} \times 100 \right] = 42.5 - \left[\frac{(21.6-17.2) \times 1}{28.4} \times 100 \right]$$

$$= 27.00 \ (\%)$$

다. 수축지수(I_S)

$$I_S = w_P - w_s = 38.6 - 27.0 = 11.6 \ (\%)$$

라. 컨시스턴시지수(I_C)

$$I_C = \frac{w_L - w_n}{I_P} = \frac{46.4 - 42.5}{7.8} = 0.5$$

마. 수축비(R) (소수점 2자리까지 구하시오)

$$R = \frac{W_s}{V_0 \times \gamma_w} = \frac{28.4}{17.2 \times 1} = 1.65$$

바. 이 흙의 비중(G_S)

$$G_S = \frac{\gamma_w}{\dfrac{1}{R} - \dfrac{w_s}{100}} = \frac{1}{\dfrac{1}{1.65} - \dfrac{27.0}{100}} = 2.98$$

문제 20

어느 시료를 갖고 수축한계 시험을 하였다. 다음 물음에 답 하시오

습윤시료 체적	20.4(cm³)	습윤시료 함수비	48.2(%)
노건조시료 체적	16.2(cm³)	액성한계	44.2(%)
노건조시료 무게	24.3(g)	소성한계	38.6(%)

풀이 가. 수축한계 (소수점 2자리에서 반올림)

$$w_s = w - \left[\frac{(V - V_0)\gamma_w}{W_S} \times 100 \right]$$
$$= 48.2 - \left[\frac{(20.4 - 16.2) \times 1}{24.3} \times 100 \right] = 30.9\,(\%)$$

나. 수축지수 (소수점 2자리에서 반올림)

$$I_S = w_p - w_s = 38.6 - 30.92 = 7.7\,(\%)$$

다. 수축비 (소수점 3자리에서 반올림)

$$R = \frac{W_S}{V_0 \times \gamma_w} = \frac{24.3}{16.2 \times 1} = 1.50$$

라. 체적 변화 (소수점 3자리에서 반올림)

$$C = \frac{V - V_0}{V_0} \times 100 = (w_1 - w_s)\frac{W_S}{V_0\,\gamma_w}$$

$$= (44.2 - 30.92) \times \frac{24.3}{16.2 \times 1} = 19.92$$

마. 비중 근사값 (소수점 3자리에서 반올림)

$$G_S = \frac{\gamma_w}{\dfrac{1}{R} - \dfrac{w_s}{100}} = \frac{1}{\dfrac{1}{1.5} - \dfrac{30.9}{100}} = 2.80$$

문제 21

흙의 수축한계 시험결과가 다음과 같다. 다음 물음에 답하시오.
(단, 소수점 3자리에서 반올림)

(포화된시료+수축접시) 무게	53.7g
(건조시료+수축접시) 무게	36.4g
수축접시 무게	18.2g
습윤시료의 용적	24.0cm3
건조시료의 용적	14.0cm3

풀이 가. 수축 한계를 구하시오.

$$① \; w = \frac{W_W}{W_S} \times 100 = \frac{17.3}{18.2} \times 100 = 95.05\,(\%)$$

$$\left[\because \ W_S = 36.4 - 18.2 = 18.2\,g, \ \ W = 53.7 - 18.2 = 35.5g, \atop W_W = 35.5 - 18.2 = 17.3g \right]$$

② $w_s = w - \left[\dfrac{(V - V_0)\gamma_w}{W_S} \times 100 \right]$

$$= 95.05 - \left[\dfrac{(24.0 - 14.0) \times 1}{36.4 - 18.2} \times 100 \right] = 40.10\,(\%)$$

나. 수축비(R)를 구하시오.

$$R = \dfrac{W_S}{V_0 \times \gamma_w} = \dfrac{36.4 - 18.2}{14 \times 1} = 1.3$$

다. 이 흙의 비중을 구하시오.

$$G_S = \dfrac{\gamma_w}{\dfrac{1}{R} - \dfrac{w_s}{100}} = \dfrac{1}{\dfrac{1}{1.3} - \dfrac{40.1}{100}} = 2.72$$

문제 22

어떤 흙의 수축 한계 시험을 한 결과가 다음과 같았다. 다음 물음에 답 하시오.

수축접시내의 습윤시료의 용적	21.6cm^3
노건조시료의 용적	15.1cm^3
노건조시료의 중량	26.2g
습윤시료의 함수비	44.6%

풀 이   가. 수축한계를 구하시오.

$$w_s = w - \left[\dfrac{(V - V_0)\gamma_w}{W_S} \times 100 \right] = 44.6 - \left[\dfrac{(21.6 - 15.1) \times 1}{26.2} \times 100 \right] = 19.79\,(\%)$$

나. 수축비를 구하시오.

$$R = \dfrac{C}{w - w_s} = \dfrac{W_S}{V_0 \times \gamma_w} = \dfrac{26.2}{15.1 \times 1} = 1.74$$

다. 흙의 비중을 구하시오.

$$G_S = \dfrac{\gamma_w}{\dfrac{1}{R} - \dfrac{w_s}{100}} = \dfrac{1}{\dfrac{1}{1.74} - \dfrac{19.79}{100}} = 2.65$$

문제 23

완전히 포화된 점토의 함수비가 30.1% 습윤밀도가 1.86g/cm^{3}이었다. 이 흙이 건조한 후에 수축비가 1.66으로 되었을 때 다음 값을 구하시오.
(단, 소수점 3자리에서 반올림)

풀 이　가. 토립자의 비중

① $S \cdot e = G_S \cdot w$ 에서　$e = \dfrac{G_S \cdot w}{S} = \dfrac{30.1 \times G_S}{100} = 0.301\,G_S$

② $\gamma_t = \dfrac{G_S + \dfrac{S \cdot e}{100}}{1 + e}\gamma_w$ 에서,　$1.86 = \dfrac{G_S + \dfrac{100 \times 0.301\,G_S}{100}}{1 + 0.301\,G_S} \times 1$

위 식을 정리하면,　$0.74114\,G_S = 1.86,$

$\therefore G_S = \dfrac{1.86}{0.74114} = 2.51$

나. 수축한계

$w_s = (\dfrac{1}{R} - \dfrac{1}{G_S}) \times 100 = (\dfrac{1}{1.66} - \dfrac{1}{2.51}) \times 100 = 20.4\ (\%)$

문제 24

완전히 포화된 점토의 함수비가 39.1%, 습윤밀도가 1.86 g/cm^{3}이었다. 이 흙이 건조한 후에 수축비가 1.66으로 되었을 때 다음 값을 구하시오.
(단, 소수점 3자리에서 반올림)

풀 이　가. 토립자의 비중을 구하시오.

$w : 39.1\ \%,\quad \gamma_t : 1.89\ g/cm^3,\quad R = 1.66,\quad S = 100\%\,(완전포화)$

① $e = \dfrac{G_S \cdot w}{S} = \dfrac{39.1 \times G_S}{100} = 0.391\,G_S$

② $\gamma_t = \dfrac{G_S + \dfrac{S \cdot e}{100}}{1 + e}\gamma_w$ 에서,　$1.86 = \dfrac{G_S + \dfrac{100 \times 0.391\,G_S}{100}}{1 + 0.391\,G_S} \times 1$

위 식을 정리하면,　$0.66374\,G_S = 1.86,$

$\therefore G_S = \dfrac{1.86}{0.66374} = 2.80$

나. 수축한계

$$w_s = (\frac{1}{R} - \frac{1}{G_S}) \times 100 = (\frac{1}{1.66} - \frac{1}{2.80}) \times 100 = 24.53 \, (\%)$$

문제 25

수축 한계 시험에서 습윤흙 부피가(V) 20.6cm3, 건조흙 부피(V_0)가 14.2cm^3, 건조 흙 중량(W_S)가 20.36g, 평균함수비(w)가 58%일 때 다음 물음에 답하시오.

풀 이 가. 수축 부피를 구하시오.

$$수축부피 = V - V_0 = 20.6 - 14.2 = 6.4 \, (cm^3)$$

나. 수축한계(w_s)를 구하시오. (단, 소수점 2자리에서 반올림)

$$w_s = w - \left[\frac{(V - V_0)\gamma_w}{W_S} \times 100 \right] = 58 - \left[\frac{(20.6 - 14.2) \times 1}{20.36} \times 100 \right] = 26.6 \, (\%)$$

문제 26

자연함수비(w_n) 36%, 액성한계(w_L)가 41%, 습윤시료의 부피(V)가 20.4cm^3, 건조시료의 부피(V_0) 16.2cm^3, 건조시료무게(W_S) 30.6g, 소성한계(w_P) 32%이었을 때 다음 물음에 답하시오.

풀 이 가. 수축한계를 구하시오.

$$w_s = w_n - \left[\frac{(V - V_0)\gamma_w}{W_S} \times 100 \right] = 36 - \left[\frac{(20.4 - 16.2) \times 1}{30.6} \times 100 \right]$$

$$= 22.27 \, (\%)$$

나. 수축지수를 구하시오

$$I_S = w_P - w_s = 32 - 22.27 = 9.73 \, (\%)$$

다. 수축비를 구하시오.

$$R = \frac{W_S}{V_0 \times \gamma_w} = \frac{30.6}{16.2 \times 1} = 1.89$$

라. 수축한계시험에서 수은을 사용하는 이유는?

부피를 측정하기 위하여

문제 27

입도시험을 하기 위하여 실내 건조시료 57.88g을 취하여 비중계 시험을 한 후 NO.200체 위에서 물로 세척하여 잔유분을 노건조시킨 다음 세립분 체가름 시험을 하였다. 다음 물음에 답하시오.

(단, 조립분 체가름 시험하여 입경 2.0mm의 가적통과율은 64%이었고 비중계 시험시료의 함수비는 6.2%이었다.)

체 눈(mm)	잔류흙 무게(g)
0.84	1.92
0.42	2.45
0.25	2.87
0.125	6.74
0.074	1.33

풀 이

가. 비중계 시험용 시료의 노건조무게를 구하시오. (단, 소수 2자리에서 반올림)

$$W_S = \frac{W}{1+\dfrac{w}{100}} = \frac{57.88}{1+\dfrac{6.2}{100}} = 54.5\,(g)$$

나. 다음 체가름 시험 성과표를 완성하시오.

체 눈 (mm)	잔류흙 무게(g)	잔류흙 (%)	가적잔유율 (%)	가적통과율 (%)	보정가적 통과율 (%)
0.84	1.92	(3.5)	(3.5)	(96.5)	(61.8)
0.42	2.45	(4.5)	(8.0)	(92.0)	(58.9)
0.25	2.87	(5.3)	(13.3)	(86.7)	(55.5)
0.125	6.74	(12.4)	(25.7)	(74.3)	(47.6)
0.074	1.33	(2.4)	(28.1)	(71.9)	(46.0)

〈산출근거〉 ① 각 체 잔유율 $= \dfrac{\text{각 체 잔유 무게}}{No.10 \text{번 체 통과한 노건조시료 무게}} \times 100$

② 가적 잔유율 $= \Sigma$ 각 체 잔유율

③ 가적 통과율 $= 100 -$ 가적 잔유율

④ 보정 가적 통과율 $=$ 가적 통과율 $\times \dfrac{64(P_{2.0})}{100}$

문제 28

No.10체를 통과한 공기 건조 시료 300g을 취하여 비중계 시험을 한 후, 그 내용물을 No. 200체에 놓고 물로 씻어 내어 잔류한 시료를 표준체로 체 가름 한 결과 다음과 같은 결과를 얻었다. 다음 물음에 답하시오.

(단, 이 시료 전체에 대한 No.10체(2.0mm) 통과율 $P_{2.0}$=89%, 공기 건조 시료의 함수비는 20%임)

풀이   가. No.10체를 통과한 공기건조시료 300g의 노건조 무게를 구하시오.

       (단, 산출근거와 답을 쓰시오)

$$W_S = \frac{W}{1+\dfrac{w}{100}} = \frac{300}{1+\dfrac{20}{100}} = 250 \ (g)$$

나. 아래 각체 잔류율, 가적 잔류율, 가적 통과율, 보정 가적 통과율을 구하시오.

체번호	잔류무게	잔류율	가적잔류율	가적통과율	보정가적통과율
NO20	15.6	(6.24)	(6.24)	(93.76)	(83.45)
NO40	61.8	(24.72)	(30.96)	(69.04)	(61.45)
NO60	88.3	(35.32)	(66.28)	(33.72)	(30.01)
NO140	62.5	(6.56)	(91.28)	(8.72)	(7.76)
NO200	16.4	(0)	(97.84)	(2.16)	(1.92)
pan	0				

〈산출근거〉

① 각 체 잔유율 $= \dfrac{\text{각 체 잔유 무게}}{No.10번 체 통과한 노건조시료 무게} \times 100$

② 가적 잔유율 $= \Sigma$각체 잔유율

③ 가적 통과율 $= 100 -$ 가적 잔유율

④ 보정 가적 통과율 = 가적 통과율 $\times \dfrac{89\,(P_{2.0})}{100}$

문제 29

흙의 입도시험에서 No.10체를 통과한 대기중 건조시료(함수비 10%) 110g 을 취하여 비중계 시험을 한 후, 그 내용물을 No.200체에 놓고 물로 씻어내어 남은 시료를 표준체로 시험하여 다음의 결과를 얻었다. 물음에 답하시오.

(단, 이 시료 전체에 대한 No.10체(2.0mm) 통과율 $P_{2.0}$=80%)

체번호	잔류무게	체번호	잔류무게
NO 20	8.58	NO 140	17.60
NO 40	18.79	NO 200	2.43
NO 60	14.06	PAN	0

풀이

가. No.10체를 통과한 대기 중 건조시료 100g의 노건조 무게를 구하시오.

(단, 산출근거와 답을 쓰시오)

$$W_S = \frac{W}{1 + \dfrac{w}{100}} = \frac{110}{1 + \dfrac{10}{100}} = 100\ (g)$$

나. 아래 빈칸을 적당한 숫자로 채우시오.　　　　(단, 소수점 3자리에서 반올림)

체번호	잔류무게	잔류율	가적잔류율	가적통과율	보정가적통과율
NO.20	8.58	(8.58)	(8.58)	(91.42)	(73.14)
NO.40	18.79	(18.79)	(27.37)	(72.63)	(58.10)
NO.60	14.06	(14.06)	(41.43)	(58.57)	(46.86)
NO.140	17.60	(17.60)	(59.03)	(40.97)	(32.78)
NO.200	2.43	(2.43)	(61.46)	(38.54)	(30.83)

문제 30

어떤 흙의 체가름 시험에서 10번체(2.0mm)에 잔유한 부분의 노건조 무게가 142g이고 2.0mm체를 통과한 무게가 851g, 이 시료의 함수비가 15%이었을 때 다음 물음에 답하시오.
(단, 소수점 2자리에서 반올림)

풀이

가. 전체 시료의 노건조 무게를 구하시오.

$$W_{S1} = 142\,g, \qquad W_{S2} = \frac{W_2}{1 + \dfrac{w}{100}} = \frac{851}{1 + \dfrac{15}{100}} = 740\,(g)$$

$$\therefore \quad W_S = W_{S1} + W_{S2} = 142 + 740 = 882\,(g)$$

나. 10번체(2.0mm)의 잔유율을 구하시오.

$$잔유율 = \frac{142}{882} \times 100 = 16.1\,(\%)$$

다. 10번체(2.0mm)의 통과율을 구하시오.

$$통과율 = 100 - 잔유율 = 100 - 16.1 = 83.9\,(\%)$$

문제 31

흙의 입도 분석 시험 결과 입경 가적 곡선에서 흙 입자 지름은 다음과 같다. 물음에 답하시오.

D_{10} (mm)	0.020
D_{30} (mm)	0.05
D_{60} (mm)	0.14

풀이 가. 유효·입경은?

$$D_{10} : 0.02\,mm$$

나. 균등 계수(C_U)는? (정수로 구하시오)

$$C_U = \frac{D_{60}}{D_{10}} = \frac{0.14}{0.02} = 7$$

다. 곡률 계수(C_g)는? (단, 소수점 3자리에서 반올림)

$$C_g = \frac{D_{30}^2}{D_{10} \times D_{60}} = \frac{0.05^2}{0.02 \times 0.14} = 0.89$$

문제 32

흙의 입도 분석 시험결과로부터 입경 가적 곡선을 그려 다음 값을 얻었다. 물음에 답하시오.
단, $D_{10}=0.006$(mm), $D_{30}=0.120$(mm), $D_{60}=0.240$(mm)

풀이 가. 이 흙의 균등계수(Cu)는 얼마인가?　　　　　　　(단, 소수점 2자리에서 반올림)

$$C_U = \frac{D_{60}}{D_{10}} = \frac{0.240}{0.006} = 40$$

나. 이 흙의 곡률계수(Cg)는 얼마인가?

$$C_g = \frac{D_{30}^2}{D_{10} \times D_{60}} = \frac{0.120^2}{0.006 \times 0.240} = 10$$

다. 균등계수(Cu)로 볼 때 이 흙의 입도분포 상태를 판별하시오.

(단, 구체적으로 판별이유를 쓸 것)

$$C_U = 40 > 10$$ 이므로 입도 분포 양호

≪해설≫

☞ 입자 지름 분포의 양부 판정

균등 계수는 입자 지름 누적 곡선의 기울기를 나타내는 것으로 Cu≒1일 때에는 D_{60}과 D_{10} 과의 범위가 좁아 입자지름 누적 곡선이 거의 직립함을 나타내며, Cu가 커짐에 따라 입자 지름 분포가 넓은 것을 나타낸다. 일반적으로 Cu가 4 이하의 흙은 '입도 분포가 나쁘다'고 말하고, 10 이상인 흙은 '입도 분포가 좋다'고 말할 수 있다. 곡률 계수는 입도 분포가 계단 상인 경우에 이것을 정량적으로 나타내는 것으로 Cg=1~3은 '입도 분포가 좋다'는 것을 나 타내고 있다. Cu는 균등 계수로서 입자 지름이 고른 흙은 균등계수가 1에 가깝다. 입도 분 포가 좋은 흙은 균등 계수의 값이 크고 균등 계수가 1에 가까우면 동일한 입자 지름의 토립 자로 이루어진 흙으로 볼 수 있다. 사질토에서는 Cu>10이면, 양입도, Cu<4이면, 빈입도로 판단한다.

문제 33

흙의 입도분석 시험결과 입경가적곡선에서 흙입자 지름은 다음 표와 같다.
물음에 답하시오.

통과율(%)	입자의 지름	통과율(%)	입자의지름	통과율(%)	입자의 지름
D_{10}	0.005mm	D_{30}	0.042mm	D_{60}	0.34mm

풀이 가. 균등계수(C_U)

$$C_U = \frac{D_{60}}{D_{10}} = \frac{0.34}{0.005} = 68$$

나. 곡률계수(C_g)

$$C_g = \frac{D_{30}^2}{D_{10} \times D_{60}} = \frac{0.042^2}{0.005 \times 0.34} = 1.04$$

문제 34

흙의 입도분석 시험결과 입경가적 곡선에서 흙입자 지름은 다음 표와 같다.
물음에 답하시오.

통과율(%)	입자의 지름	통과율(%)	입자의 지름
D_{10}	0.02mm	D_{60}	0.32mm
D_{30}	0.08mm	D_{90}	1.8mm

풀 이

가. 유효입경의 입자의 지름을 쓰시오.

$$D_{10} : 0.02\,mm$$

나. 균등계수(C_U)는?(정수로 구하시오)

$$C_U = \frac{D_{60}}{D_{10}} = \frac{0.32}{0.02} = 16$$

다. 곡률계수(C_g)는?(소수2자리에서 반올림)

$$C_g = \frac{D_{30}^2}{D_{10} \times D_{60}} = \frac{0.08^2}{0.02 \times 0.32} = 1$$

라. 이 흙의 입도분포를 판정하시오.(단, 구체적 사유를 쓸 것)

$$C_U = 16 > 10, \ C_g = 1 \sim 3 \ 이므로 \ 입도분포 \ 양호$$

문제 35

흙의 입도시험을 실시하여 작성한 입경가적 곡선에서 D₁₀=0.02mm, D₃₀=0.04mm,
D₆₀=0.12mm를 얻었다. 아래 물음에 답 하시오.

단, D_{10} : 통과 백분율 10%에 대응하는 입자 지름

D_{30} : 통과 백분율 30%에 대응하는 입자 지름

D_{60} : 통과 백분율 60%에 대응하는 입자 지름

풀 이

가. 균등계수를 구하시오.

$$C_U = \frac{D_{60}}{D_{10}} = \frac{0.12}{0.02} = 6$$

나. 곡률계수를 구하시오.

$$C_g = \frac{D_{30}^2}{D_{10} \times D_{60}} = \frac{0.04^2}{0.02 \times 0.12} = 0.67$$

문제 36

흙의 입도분석 시험결과 입경가적 곡선에서 흙입자 지름은 다음 표와 같다.
물음에 답 하시오.

통과율(%)	입자지름	통과율(%)	입자 지름
D_{10}	0.02mm	D60	0.24mm
D_{30}	0.08mm	D90	1.8mm

풀 이　가. 유효입경을 쓰시오.

$$D_{10} : 0.02\,mm$$

나. 균등계수(CU)는?

$$C_U = \frac{D_{60}}{D_{10}} = \frac{0.24}{0.02} = 12$$

나. 곡률계수(Cg)는?

$$C_g = \frac{D_{30}^2}{D_{10} \times D_{60}} = \frac{0.08^2}{0.02 \times 0.24} = 1.33$$

라. 이 흙의 입도분포를 판정하시오. (단, 구체적 사유를 쓸 것)

$$C_U = 12 > 10, \ C_g = 1 \sim 3 \ 이므로 \ 입도분포 \ 양호$$

문제 37

흙의 비중시험 결과 다음과 같다.

- 피크노미터 무게 45.2g
- 노건조 시료무게 : 26g
- (증류수+피크노미터)무게 : 177.6g
- (증류수+시료+피크노미터)무게 : 194.2g
- 21℃　0.998022(비중)　　－
- 25℃　0.997075(비중)　　0.9979(보정계수)

풀 이　가. 수온 25℃에 대한 비중은?

$$W_a = \frac{T\,℃ 에서의 물의 비중}{T'\,℃ 에서의 물의 비중} \times (Wa' - W_f) + W_f$$

$$= \frac{0.997075}{0.998022} \times (177.6 - 45.2) + 45.2 = 177.47\,g$$

$$G_T(T/25℃) = \frac{W_S}{W_S + (W_a - W_b)} = \frac{26}{26 + (177.47 - 194.2)} = 2.80$$

나. 수온 15℃에 대한 비중은?

$$G_S(T/15℃) = K \cdot G_T(T/25℃) = 0.9979 \times 2.81 = 2.80$$

문제 38

다음 자연 상태의 함수비가 39.4%인 점토에 대한 액성한계 시험결과 유동곡선에서 액성한계 (w_L)=72.6%를 얻었다. 다음 물음에 답하시오.
 (단, 소수 2자리에서 반올림)

【 결과 】
○ 이 흙의 소성한계 함수비는 31.4%
○ 낙하 횟수 10회일 때 함수비 77.4%
○ 낙하 횟수 40회일 때 함수비 70.6%

풀이 가. 소성지수는?

$$I_P = w_L - w_P = 72.6 - 31.4 = 41.2 \, (\%)$$

나. 컨시스턴시 지수는?

$$I_C = \frac{w_L - w_n}{I_P} = \frac{72.6 - 39.4}{41.2} = 0.8$$

다. 액성지수는?

$$I_L = \frac{w_n - w_P}{I_P} = \frac{39.4 - 31.4}{41.2} = 0.2$$

라. 유동지수는?

$$I_f = \frac{w_1 - w_2}{\log_{10}N_2 - \log_{10}N_1} = \frac{77.4 - 70.6}{\log40 - \log10} = 11.3$$

문제 39

어떤 흙의 체가름 시험에서 10번체(2.0mm)에 잔유한 부분의 노건조 무게가 142g이고, 2.0mm체를 통과한 무게가 851g, 이 시료의 함수비가 15%이었을 때 다음 물음에 답하시오.
(단, 소수 2자리에서 반올림)

풀이 가. 전체 시료의 노건조 무게를 구하시오.

$$W_{S1} = 142 \, g$$

$$W_{S2} = \frac{W}{1 + \dfrac{w}{100}} = \frac{851}{1 + \dfrac{15}{100}} = 740 \ (g)$$

$$W_S = W_{S1} + W_{S2} = 142 + 740 = 882 \ (g)$$

나. 10번체(2.0mm)의 잔유율을 구하시오.

$$P_r = \frac{W_{S1}}{W_S} \times 100 = \frac{142}{882} \times 100 = 16.1 \ (\%)$$

다. 10번체(2.0mm)의 통과율을 구하시오.

$$P = 100 - \Sigma P_r = 100 - 16.1 = 83.9 \ (\%)$$

문제 40

실트 점토에 대한 수축한계 시험결과 습윤 시료의 체적 V=26cm^3, 노건조시료의 중량 W_s= 32.0g, 노건조 시료의 체적 V0=22cm^3, 습윤시료의 함수비 w=45%이었다. 다음 사항을 구하시오.

(단, 액성한계 w_L=44.5%, 소성한계 w_P=36%이다)

풀이　가. 수축한계를 구하시오.(단, 소수 2자리에서 반올림)

$$w_s = w_n - \left[\frac{(V - V_0)\gamma_w}{W_S} \times 100 \right] = 45 - \left[\frac{(26 - 22) \times 1}{32.0} \times 100 \right]$$

$$= 32.5 \ (\%)$$

나. 수축 지수를 구하시오.(단, 소수 2자리에서 반올림)

$$I_S = w_P - w_s = 36 - 32.5 = 3.5 \ (\%)$$

다. 수축비를 구하시오.(단, 소수 3자리에서 반올림)

$$R = \frac{W_S}{V_0 \times \gamma_w} = \frac{32}{22 \times 1} = 1.45$$

라. 체적변화를 구하시오.(단 , 소수2자리에서 반올림)

$$C = \frac{V_1 - V_0}{V_0} \times 100 = (w - w_s)\frac{W_S}{V_0\,\gamma_w} = (45 - 32.5) \times \frac{32}{22 \times 1} = 18.18 \ (\%)$$

마. 흙의 비중을 구하시오.(단, 소수3자리에서 반올림)

$$G_S = \frac{\gamma_w}{\dfrac{1}{R} - \dfrac{w_s}{100}} = \frac{1}{\dfrac{1}{1.45} - \dfrac{32.5}{100}} = 2.74$$

건설재료시험 기능사 필답형

제2장

노상토 지지력비 시험

제2장 노상토 지지력비 시험

2.1 노상토 지지력비(C B R) 시험

1) **시험 목적** : 도로나 활주로 등의 포장 두께를 결정하기 위한 시험
2) **기계 기구**

   재하 장치, 다이얼 게이지, 스페이서 디스크, 시험용 체, 몰드, 관입 피스톤, 래머 등
3) **안전 및 유의 사항**

   ① 다짐 시험과 비슷하나, 다짐하는 시료를 각 시험체마다 새로운 시료를 사용하는 것이
   차이점이다.

   ② 96시간 이내에 시료 팽창이 멈추었다고 판단될 경우, 또는 흡수가 빠른 흙이고 시험
   결과에 영향이 없을 경우에는 수침 시간을 짧게 한다.

   ③ 함수량의 영향이 큰 흙, 또는 팽창성의 흙은 그 함수량 변화에 주의해야 한다.
4) **시료의 준비**

   ① 시료는 D다짐 방법의 규정일 경우 19mm 체를 통과하는 것으로, E다짐 방법의
   규정일 경우 37.5mm 체를 통과한 흙을 시료로 사용한다.

   ② 준비한 시료의 양은 약 5kgf씩 필요한 세트 수로 준비하여 밀폐된 용기에 넣어서 함수비
   변화를 방지 한다.
5) **시험 방법**

   시료를 5층으로 나누어 넣고 각 층 다짐 두께가 약 25mm가 되도록 시료를 몰드에 채우고
   래머를 사용하여 55회씩 다진다.
6) **결과 계산**

   ① 팽창비

   $$\gamma_e = \frac{\text{다이얼게이지 최후 읽음(mm)} - \text{다이얼게이지 최초 읽음(mm)}}{\text{공시체 최초 높이(mm)}} \times 100(\%)$$

   ② 흡수 팽창 시험 후 시험체의 부피

   - $V_2 = V_1 \times (1 + \frac{\gamma_e}{100})\ (\text{cm}^3)$ (V_1 : 시험전 시료 부피)

   ③ 흡수 팽창 시험 후 시험체에 대한 건조 단위 무게

- $\gamma_d' = \dfrac{\gamma_d}{1 + \dfrac{\gamma_e}{100}} = \dfrac{100\gamma_d}{100 + \gamma_e}$ $(\mathrm{g/cm^3})$

④ 흡수 팽창 시험 후 시험체에 대한 습윤 단위 무게

- $\gamma_t = \dfrac{W_3 - W_1}{V}$

⑤ 흡수팽창시험 후 시험체에 대한 평균 함수비

- $\omega_a' = (\dfrac{\gamma_t}{\gamma_d'} - 1) \times 100$ $(\%)$

⑥ 노상토 지지력비

- $\mathrm{C\,B\,R} = \dfrac{\text{시 험 하중}}{\text{표 준 하중}} \times 100 = \dfrac{\text{시 험 단위 하중}}{\text{표 준 단위 하중}} \times 100(\%)$

관입량(mm)	표준 하중 강도(kgf/cm^2)	표준 하중(kg)
2.5	70 (6.9MN/m^2)	1,370(13.4kN)
5.0	105 (10.3MN/m^2)	2,030(19.9kN)

2.2 평판 재하 시험

1) 시험 목적

지반의 지내력 및 노상, 노반의 지반반력계수, 콘크리트 포장과 같은 강성포장의 두께를 결정

2) 실험시 유의 사항

① 0.35 kg/cm^{2}씩 하중을 증가시킨다.

② 침하량이 15mm에 달하거나 하중 강도가 현장에서 예상되는 최대 접지압, 또는 지반의 항복점을 넘으면 시험을 멈춘다.

③ 지지점은 재하판의 중심에서 3.5D 이상 떨어진 곳에 설치한다.

④ 1회의 재하압력은 10 t/m^{2}이거나 예상되는 극한지지력의 1/5 이하로 하여 5단계 이상으로 나누어 재하한다.

⑤ 각 단계의 침하량이 15분에 1/100(mm)이하가 되면 다음 단계의 하중을 가한다.

⑥ 시험의 종료는 하중−침하곡선에서 항복점이 나타날 때까지 또는 0.1D의 침하가 일어날 때까지 계속 재하하며, 반력하중에 여유가 있으면 지반이 파괴될 때까지 계속한다.

3) 평판 재하 시험 결과를 이용할 때 유의사항

① 시험한 지점의 토질 종단을 알아야 한다. 기초 폭의 규모에 따른 지중 응력의 분포 범위는 기초 폭의 2배 정도 깊이까지 미치므로 실제 기초 폭의 2배 이상의 깊이까지 원위치 시험 및 토질 시험으로 하부 지층의 성상을 확인해야 한다.

② 지하수위면과 그 변동을 고려하여야 한다. 지하수위가 상승하면 흙의 유효 밀도는 약 50% 감소하므로 지반의 지지력도 대략 반감한다.

③ Scale effect를 고려한다.

4) 결과의 계산

① 지지력 계수(K)를 구하는 시험

- $K = \dfrac{q}{y}$

   여기서, K : 지지력 계수(kg/cm^3)

   　　　　q : 침하량 y(cm)일 때의 하중 강도(kg/cm^3)

   　　　　y : 침하량(cm) 1.25mm를 표준으로 한다.

② 재하판은 두께 22mm, 지름 30, 40, 75cm의 강재 원판 사용, 재하판의 크기에 따른 관계는 다음 식과 같다.

- $K_{75} = \dfrac{1}{2.2} \times K_{30}$,　　　$K_{75} = \dfrac{1}{1.5} \times K_{40}$

2.3 표준 관입 시험

개략적인 지반의 지지력, 대상지층의 토질, 심도별 강도변화, 지지층의 위치, 연약층의 유무 등을 판정하기 위하여 본 시험을 실시한다.

표준 관입 시험은 스플릿 배럴 샘플러를 지반에 관입시켜 그 저항치를 기록하고 동시에 토질 분류시험 및 실내시험을 위한 대표적 시료 채취하는 방법이라 규정되어 있다.

시험은 64kg의 해머로 76cm 높이에서 자유 낙하시켜 관입 시험용 샘플러를 지반에 30cm 관입시키는데 필요한 타격 횟수 N치를 구한다.

노상토 지지력비 시험 문제 풀이

문제 1

노상토의 CBR시험이다.

* 몰드의 부피 2209cm3 건조밀도 1.642 g/cm^3 공시체의 높이 12.5cm, 팽창후 습윤밀도 1.920g/cm^3 흡수 팽창 시험 결과 최초 다이얼 게이지 읽음 0.2mm 였고, 최종 읽음이 1mm 였다.

풀이

가. 이 흙의 팽창비를 구하시오.

$$팽창비(\gamma_e) = \frac{\text{다이얼게이지 최후읽음}(mm) - \text{다이얼게이지 최초읽음}(mm)}{\text{공시체 최초 높이}(mm)} \times 100$$

$$= \frac{1 - 0.2}{12.5 \times 10} \times 100 = 0.64\ (\%)$$

나. 흙의 흡수 팽창 시험후 이 공시체의 부피를 구하시오.

$$V_2 = V_1 \times (1 + \frac{r_e}{100}) = 2209 \times (1 + \frac{0.64}{100}) = 2223.14\ (cm^3)$$

다. 흡수 팽창 시험후의 건조 밀도($\gamma_d{'}$)를 구하시오.

$$\gamma_d{'} = \frac{\gamma_d}{1 + \dfrac{\gamma_e}{100}} = \frac{100\gamma_d}{100 + \gamma_e} = \frac{100 \times 1.642}{100 + 0.64} = 1.632\ (gf/cm^3)$$

라. 흡수 팽창 시험후의 평균 함수비($w_a{'}$)를 구하시오.

$$w_a{'} = (\frac{\gamma_t}{\gamma_d{'}} - 1) \times 100 = (\frac{1.920}{1.632} - 1) \times 100 = 17.65\ (\%)$$

문제 2

어떤 노상토 시료를 다짐 시험한 결과 표1과 같은 값을 얻었고 그 결과로부터 함수비를 10%로 하여 10회, 25회, 55회 다져 지지력 시험(C.B.R)을 한 결과 관입량 2.5mm에 대해 표2와 같은 결과를 얻었다.

(단, 표준하중은 1370kg, 다짐률은 95%이다.)

【표1】

시험횟수	1	2	3	4	5
함수비	3.6	6.4	9.7	12.6	15.2
건조밀도	1.725	1.932	2.066	1.989	1.850

다짐회수	10회	25회	55회
【표2】 시험하중2.5mm에 대하여	222	1099	2002
건조밀도	1.822	1.955	2.066

풀이

가. 다짐 곡선을 그리고 최적 함수비(OMC), 최대 건조밀도 (γ_{dmax})를 구하시오.

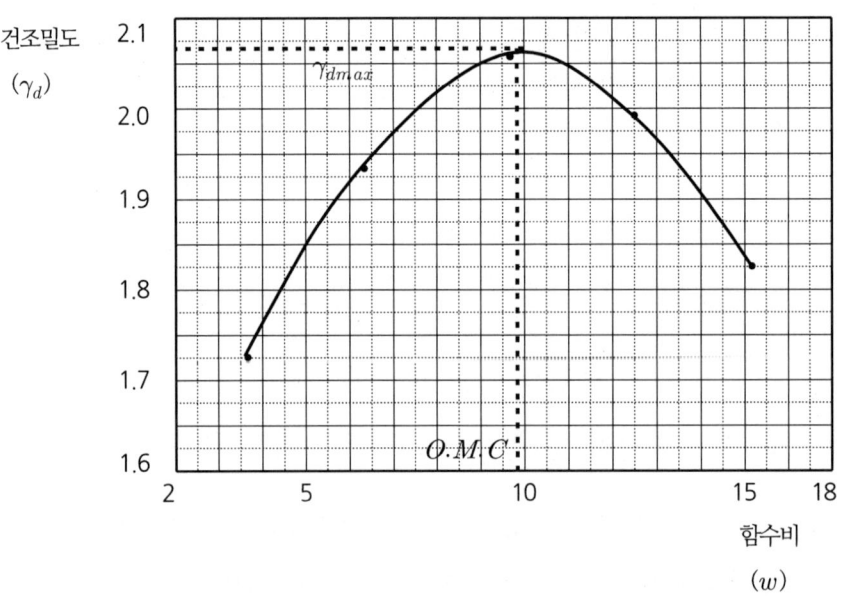

- 최적 함수비(OMC) : 9.8 (%)

- 최대 건조밀도 (γ_{dmax}) : 2.07 (g/cm3)

나. 10회, 25회, 55회의 지지력비(C.B.R)을 계산하고, C.B.R곡선을 작도하여 수정 C.B.R을 구하시오.

- $CBR_{10} = \dfrac{222}{1370} \times 100 = 16.2\ (\%)$

- $CBR_{25} = \dfrac{1099}{1370} \times 100 = 80.2\ (\%)$

- $CBR_{55} = \dfrac{2002}{1370} \times 100 = 146.1\ (\%)$

- $\gamma_{d(95\%)} = 2.07 \times \dfrac{95}{100} = 1.967\ (g/cm^3)$

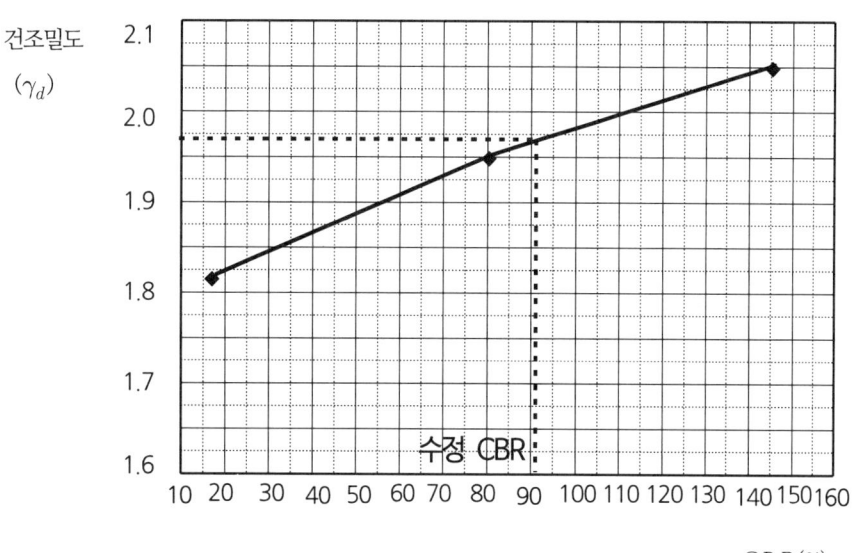

• 수정 $CBR = 91 \, (\%)$

도로지반의 시료를 채취하여 50mm 몰드에 5층으로 나누어 넣고 4.5kg 래머로 55회씩 다져서 흡수팽창시험이 끝난 후 관입 시험을 한 결과가 다음과 같다. 하중-관입량 곡선은 생략하고 재시험은 끝난 것으로 할 때 다음 물음에 대한 산출근거와 답을 답안지에 기록하시오.

관입량(mm)	0	0.5	1.0	1.5	2.0	2.5	5.0	7.5	10.0
하중(kg)	0	127.6	235.6	323.9	392.6	490.8	726.5	961.9	1177.8

(시험에 사용한 피스톤의 지름은 5cm 이다.)

풀이

가. 하중강도를 구하여 다음 표를 완성하시오.

관입량(mm)	0	0.5	1.0	1.5	2.0	2.5	5.0	7.5	10.0
하 중(kg)	0	127.6	235.6	323.9	392.6	490.8	726.5	961.9	1177.8
하중강도 (kg/cm^2)	0	6.5	12.0	16.5	20.0	25.0	37.0	49.0	60.0

$$하중강도 = \frac{하중}{피스톤\ 단면적} = \frac{P}{A} \quad \left(A = \frac{\pi d^2}{4} = \frac{\pi \times 5^2}{4} = 19.635cm^2 \right)$$

나. 관입량 2.5mm와 5.0mm에 대한 CBR을 구하여 지지력 비를 구하시오.

$$\cdot \; CBR_{2.5} = \frac{25}{70} \times 100 = 35.71 \, (\%)$$

$$\cdot \; CBR_{5.0} = \frac{37}{105} \times 100 = 35.24 \, (\%)$$

$$\therefore \; CBR_{2.5} > CBR_{5.0} \, \text{이므로} \, CBR_{2.5} = 35.71 \, \% \text{를 취함}$$

문제 4

CBR 시험에서 높이 13cm인 공시체를 흡수팽창 시험한 결과 다이얼게이지의 초독이 88mm 였고, 종독은 97mm일때 팽창비를 구하시오.
 (단, 소수 4자리에서 반올림)

풀 이　팽창비 $(\gamma_e) = \dfrac{97 - 88}{130} \times 100 = 6.923 \, \%$

문제 5

어느 지점의 노상토에 대해 CBR 시험을 하였다. 그 결과가 다음과 같을 때 아래 물음에 답하시오.

번호	관입량(mm)	시험하중(kN)	표준하중(kN)
1	2.5	2.86	13.4
2	5.0	4.07	19.9

풀 이　가. 관입량 2.5mm일 때의 $CBR_{2.5}$ 값을 구하시오

$$CBR = \frac{\text{시험하중}}{\text{표준하중}} \times 100 = \frac{\text{시험단위하중}}{\text{표준단위하중}} \times 100$$

$$CBR_{2.5} = \frac{2.86}{13.4} \times 100 = 21.34 \, (\%)$$

나. 관입량 5.0mm일 때의 $CBR_{5.0}$ 값을 구하시오

$$CBR_{5.0} = \frac{4.07}{19.9} \times 100 = 20.45 \, (\%)$$

다. CBR 값을 결정하시오

$$CBR_{2.5} > CBR_{5.0} \, \text{이므로} \, CBR_{2.5} = 21.34 \, \% \text{를 취함}$$

문제 6

CBR시험에서 높이 125mm 공시체를 흡수팽창 시험한 결과 다이얼 게이지의 최초 읽음 값이 65mm였고, 최종 읽음 값은 70mm였다. 다음 물음에 답하시오.

풀 이 가. 팽창비를 구하시오.(단 소수 2자리에서 반올림)

$$팽창비\,(\gamma_e) = \frac{70-65}{125} \times 100 = 4\,(\%)$$

나. 몇 시간 동안 수침 후 읽음값을 원칙으로 하는가?

4일간 (96시간)

문제 7

CBR시험에서 높이가 12.5cm인 공시체를 흡수 팽창 시험한 결과 다음과 같다. Dialgage의 최초 읽음 0.2mm, 종독이 12mm 이 시료의 몰드 체적은 2100cm³일 때 다음을 구하시오.

풀 이 가. 팽창비를 구하시오.

$$팽창비\,(\gamma_e) = \frac{12-0.2}{125} \times 100 = 9.44\,(\%)$$

나. 시험 후 이 공시체의 체적을 구하시오.

$$V_2 = V_1 \times (1 + \frac{r_e}{100}) = 2100 \times (1 + \frac{9.44}{100}) = 2298.24\,(cm^3)$$

다. 몇 시간 동안 수침 후 읽은 값을 원칙으로 하여 그 시간이 되지 않았더라도 어떤 때 그 값을 사용할 수 있는가?

4일(96시간) 동안 수침 후 읽은 값을 원칙으로 하나, 어느 정도 팽창후 96시간이 되지 않아도 더 이상 팽창하지 않으면 그 값을 사용할 수 있음

문제 8

노반의 CBR 시험결과를 보고 다음 물음에 답하시오.

번 호	관입량(mm)	시험단위하중(kg/cm²)	표준하중(kg)
1	2.5	39.2	1370
2	5.0	65.1	2030

풀이 가. $CBR_{2.5}$을 구하시오. (단, 소수2자리에서 반올림)

$$CBR_{2.5} = \frac{39.2}{70} \times 100 = 56 \; (\%)$$

나. $CBR_{5.0}$을 구하시오.

$$CBR_{5.0} = \frac{65.1}{105} \times 100 = 62 \; (\%)$$

문제 9

지름 30cm 재하판을 사용하여 평판재하시험을 한 결과 침하량 0.125cm에 대한 하중강도가 5.6kgf/cm²를 얻었다. 물음에 답하시오.

풀이 가. 지지력 계수 K_{30}을 구하시오.

$$K_{30} = \frac{q}{y} = \frac{5.6}{0.125} = 44.8 \; (kgf/cm^3)$$

나. 지름 75cm의 재하판을 사용한다면 지지력계수 K_{75}을 추정하시오.

$$K_{75} = K_{30} \times \frac{1}{2.2} = 44.8 \times \frac{1}{2.2} = 20.36 \; (kgf/cm^3)$$

다. 지름 40cm의 재하판을 사용한다면 지지력계수 K_{40}을 추정하시오.

$$K_{75} = K_{40} \times \frac{1}{1.5} \text{ 에서, } K_{40} = K_{75} \times 1.5$$

$$K_{40} = K_{75} \times 1.5 = 20.36 \times 1.5 = 30.54 \; (kgf/cm^3)$$

건설재료시험 기능사 필답형

제3장

흙의 다짐 및 현장 밀도 시험

제3장 흙의 다짐 및 현장 밀도 시험

3.1 흙의 다짐 일반

1 다짐

1) 느슨한 상태의 흙에 기계의 힘을 이용하여 전압, 충격, 진동 등의 하중을 가하여 흙 속에 있는 공기를 빼내고 단위 무게를 증가하여 외력에 저항하는 힘을 증대시키는 것.

2) 다짐 효과
   ① 흙의 종류, 함수비, 다짐 시험 방법, 다짐 에너지 등에 따라 다르다
   ② 흙 입자의 간격을 작게 하여 투수성이 감소
   ③ 전단 강도의 증가
   ④ 지지력 증대
   ⑤ 잔류 침하 방지 : 흙의 밀도를 증가시켜 압축 침하와 같은 변형을 작게 함.

2 다짐도 판정법

1) 건조 밀도로 판정
   ① 다짐도(degree of compaction)

$$C_d = \frac{\gamma_d}{\gamma_{dmax}} \times 100 \, (\%)$$

   여기서, γ_d : 다짐 후 현장 건조 단위 무게

   γ_{dmax} : 실험실의 최대 건조 단위 무게

   ② 노체 90% 이상, 노상 95% 이상이면 합격.
   ③ 신뢰성이 높아 가장 많이 적용

2) 포화도 또는 공기 공극률로 판정

$$S_r = \frac{\omega \, G_s}{e} \quad \text{(보통 85~95\%로 한다.)}$$

3) 강도로 판정
   ① 다짐 후 현장에서 측정한 CBR치, PBT시험의 K치, cone 지수 (q_c)가 시방서 기준 이상

이면 합격.

② 안정된 흙(암괴, 호박돌, 사질토 등)에 사용된다.

4) 상대 밀도로 판정

① 상대 밀도(relative density)

$$D_r = \frac{\gamma_{dmax}}{\gamma_d} \times \frac{\gamma_d - \gamma_{dmin}}{\gamma_{dmax} - \gamma_{dmin}} \times 100\,(\%)$$

② 점성이 없는 사질토에 적합하다.

5) 변형량으로 판정

① proof rolling 법 : 덤프트럭이나 대형 타이어 롤러를 주행시켜 성토면의 휨 변형량을 관찰하는 방법.

② Benkelman beam 법

3 다짐도 측정을 위한 시험

1) 다짐 시험

2) 흙의 건조 밀도 측정법

① 모래 치환법(sand cone method, 들밀도 시험)

② 고무막법(rubber baloon method)

③ 절삭법(core cutter method)

④ 방사선 밀도 측정기에 의한 방법(the use of nuclear density meter)

3) CBR 시험

4) 평판 재하 시험(PBT)

5) cone 지수(q_c) 측정 시험

6) proof rolling, Benkelman beam에 의한 변형량 시험

4 다짐 시험(실내 다짐) 이론

1) 다짐 시험(표준다짐 : A 다짐)

몰드 안지름이 10cm인 몰드에 3층으로 각 층당 래머 무게 2.5kg으로 낙하고 30cm 높이에서 25회씩 다져 함수비를 측정

시료에 함수비를 변화시키면서 같은 조건으로 다지는 작업을 하여 각각의 함수비에 따른 건조

밀도를 구하여 다짐 곡선(compaction curve)을 그리고, 그림으로 부터 최적 함수비(optimum moisture content : OMC)와 최대 건조 밀도(maximum dry density : γ_{dmax})를 구한다.

2) 다짐 에너지(E_C)

다짐하기 위하여 흙에 가하는 일의 양으로 다짐에너지가 클수록 단위 무게는 커지며, 다짐 에너지가 지나치게 커서 다짐이 불충분한 것을 과도 전압이라 함

$$E_C = \frac{W_R \cdot H \cdot N_B \cdot N_L}{V}$$

여기서, E_C : 다짐에너지 ($kgf.cm/cm^3$)　　W_R : 래머의 무게(kgf)

N_B : 각 층의 다짐 횟수　　N_L : 다짐 층수

H : 낙하고(cm)　　V : 몰드의 부피(cm^3)

3) 다짐 곡선, 최대 건조 단위 무게 및 최적 함수비

① 다짐 곡선 : 가로축에는 함수비, 세로축에 건조 단위 무게로 하여 각 시료에 대한 함수비를 측정하여 다짐 곡선으로 함수비가 증가함에 따라 건조 단위 무게는 증가하지만 어느 함수비를 경계로 하여 함수비가 증가해도 건조 단위 무게는 감소한다.

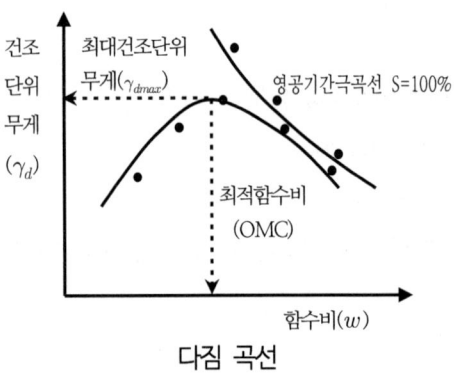

다짐 곡선

② 다짐 곡선 최대점의 단위 무게를 최대 건조 단위 무게(γ_{dmax}), 이때의 함수비를 최적 함수비(OMC)라 한다.

③ 영 공기 간극 곡선

간극이 물로 완전히 포화 되어 있는 경우 (S=100%)로, 다짐 곡선의 하향선 오른쪽에 위치한다. 포화 건조 단위 무게는

$$\gamma_{dsat} = \frac{\gamma_w}{\dfrac{1}{G_S} + \dfrac{\omega}{100}}$$

여기서, G_S : 흙의 비중

γ_w : 물의 단위 무게$(\mathrm{gf/cm}^3)$

γ_{dsat} : 포화 건조 단위 무게$(\mathrm{gf/cm}^3)$

4) 다짐 특성

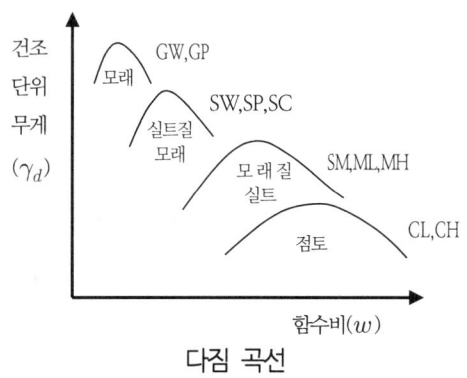

다짐 곡선

① 최적 함수비가 작은 흙일수록 γ_{dmax} 는 크다.

② 입자 크기가 큰 흙일수록 γ_{dmax}가 크고, OMC가 작으며, 곡선 경사가 급하다.

③ 입자 크기가 작은 흙일수록 γ_{dmax} 는 작고, OMC가 크며, 곡선은 완만하다.

④ 입도 분포가 좋은 흙일수록 γ_{dmax}가 크고, OMC는 작다.

⑤ 다짐 에너지가 증가하면 OMC는 감소하고, γ_{dmax} 는 증가한다.

3.2 흙의 다짐 시험 (KSF 2312)

1) 시험 장치 및 기구

래머, 몰드, 칼라, 스페이서 디스크, 시료 추출기, 혼합 용구(팬, 분무기), 저울(20kg, 감도 5g), 곧은날, 표준체(19mm 및 37.5mm 체), 항온 건조로(온도 110±5℃ 조절이 가능), 메스 실린더(용량 1000 mL)

2) 안전 및 유의 사항

① 채취한 흙이 습할 때에는 규정된 체를 통과할 수 있게 될 때까지 공기 건조시킨다.

② 공기 건조를 서두르기 위해서 항온 건조로를 이용하게 될 때에는 건조 온도는 50℃ 이하로 한다.

③ 물을 부어 혼합한 후, 물이 흙에 완전히 흡수되도록 밀폐된 용기에 넣어 12시간 이상 정치하여야 한다.

④ 다진 후의 각 층 두께(약 4.5cm)는 경험에 의하나, 로움 정도의 흙에서는 첫째 층은 몰드 부분의 80% 정도까지, 둘째 층은 칼라 부분의 10% 정도, 세째층은 칼라 부분의 80~90% 정도까지 채우고 다지면 된다.

⑤ 래머의 저면에 부착한 흙은 다질 때마다 반드시 깎아 낸다.

⑥ 다짐은 콘크리트 바닥과 같은 견고하고 평편한 곳에서 한다. 현장에서는 구형 암거, 교량 슬래브 및 포장면에 놓고 다져도 된다.

⑦ 시료의 양이 너무 많아서 3층 때의 다짐이 끝난 면의 높이가 칼라 부분에 너무 들어가 버렸을 경우에, 무리하게 칼라를 빼면 칼라에 붙어 있는 몰드 내의 흙이 벗겨지는 수가 많기 때문에 칼라의 내측에 부착된 흙을 주걱 등으로 긁어내면 좋다. 또는 칼라 내의 흙 상부를 래머로 누르면서, 칼라를 돌리면서 떼어 내는 것이 좋다.

⑧ 래머는 수직으로 세워 윗면까지 정확하게 들어 올려 자유 낙하시킨다.

⑨ 래머의 낙하면이 균등하게 시료를 다지기 위하여 몰드 가장자리를 돌아가면서 낙하시켜 한 바퀴 돌 수 있도록 한다.

⑩ 일반적으로 같은 흙을 되풀이하여 사용할 수 있다. 여기서, 흙이 연질이어서 다짐 작업 중 입자가 깨지는 경우나 다져진 흙덩어리가 잘 부서지지 않는 점토질의 흙에서는 같은 시료를 되풀이하여 사용하지 말고 매번 새로운 흙을 사용해야 한다.

3) 다짐 시험 방법의 종류

다짐 시험의 종류는 다짐 몰드의 지름, 래머 무게, 낙하고, 층수, 타격 횟수, 사용시료 등에 따라서 5가지 방법이 있다.

다짐 방법	래머 무게(kg)	래머 낙하고 (cm)	몰드안지름 (cm)	다짐 층수	1층 당의 다짐 횟수	허용 최대 입자 지름(mm)
A	2.5	30	10	3	25	19
B	2.5	30	15	3	55	37.5
C	4.5	45	10	5	25	19
D	4.5	45	15	5	55	19
E	4.5	45	15	3	92	37.5

4) 시료의 준비 방법 및 사용 방법

시료의 준비 방법 및 사용 방법은 a방법, b방법, c방법의 3가지가 있다.

a 방법은 건조법으로 반복법이고, b방법은 건조법으로 비반복법, c방법은 습윤법으로 비반복법을 이용하여 시료를 준비 사용하는 방법이다.

5) 시험 방법의 선택

시험 방법의 선택은 다음 사항을 고려하여야 한다.

① 다짐 방법은 시험 목적과 시료의 최대 입자 지름을 고려하여 선택한다.

② 시료의 준비 방법에서 함수비 조정은 만일 시료가 건조하면 시험 결과에 영향을 주는 흙에는 습윤법을 적용하고, 그 이외에는 건조법을 적용한다.

③ 시료의 사용 방법

다짐에 의해 토립자가 파쇄되기 쉬운 흙이나, 물을 가한 후에 물과 섞이는데 시간이 걸리는 흙에는 비반복을 그 외의 흙에는 반복법을 적용한다.

6) 시험 방법

① 몰드와 밑판 및 칼라 내부에 그리스를 엷게 바른 다음, 몰드 및 밑판의 무게(W_1)를 측정한다.

② 시료를 몰드에 넣어 소정의 방법으로 다진다. 다짐은 견고하고 평평한 바닥 위에서 하며, 다진 후 각 층의 두께가 거의 같아지도록 한다. 그리고 15cm 몰드의 경우는 시료를 몰드에 넣기 전에 몰드에 스페이서 디스크를 넣고 거름 종이를 깐다.

③ 3층 25회 다져진 후의 시료 윗면은 몰드의 위 끝에서 약간 위가 되도록 한다. 다만, 10mm를 넘어서는 안 된다.

④ 다짐이 모두 끝나면 칼라를 떼어 내고 몰드 상부의 흙을 곧은 날로 조심해서 깎아 낸다.

⑤ 몰드와 밑판을 분리하여 몰드 외부에 묻은 흙을 깨끗이 솔로 털어 낸 후 몰드와 밑판 및 시료의 무게(W_2)를 측정한다.

⑥ 시료 추출기 등을 사용하여 다진 시료를 추출하고 함수비 측정용 시료는 측정 개수가 1개인 경우에는 공시체 중심부에서, 2개인 경우에는 상부 및 하부에서 시료를 채취하여 함수비를 측정한다.

⑦ 추출한 공시체를 잘게 부수고 적당한 시료 준비 및 사용 방법을 이용하여 시료를 만든 후, 앞의 시험 순서를 반복해서 수행한다. 이 조작은 다져진 흙의 습윤 단위 무게가 더 이상 변화가 없게 되든지, 감소할 때까지 계속한다.

7) 결과의 계산

① 다져진 흙의 습윤 단위 무게

- 습윤 밀도$(\gamma_t) = \dfrac{W}{V} = \dfrac{W_2 - W_1}{V}$ (g/cm^3)

② 다져진 흙의 건조 단위 무게

- 건조 밀도$(\gamma_d) = \dfrac{\gamma_t}{1 + \dfrac{\omega}{100}}$ (g/cm^3)

3.3 모래 치환법에 의한 흙의 단위 무게 시험

1) 사용 재료

시험용 모래(2mm 체를 통과하고 0.075mm 체에 남은 모래를 물로 씻어 건조시킨 것), 물

2) 기계 기구

단위 무게 측정기 : 병(용량 약 4l), 깔때기(안지름 162mm, 밸브까지 높이 134mm), 밸브 (지름 12.5mm 구멍 입구와 밸브를 가지고 있음), 밑판(300×300mm), 유리판, 저울, 항온 건조기, 함수비 측정 기구, 시험용 체, 구멍파기 삽

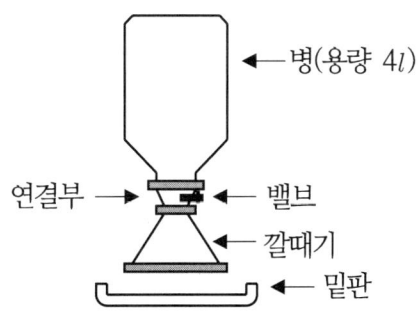

단위 무게 측정기

3) 유의 사항

① 측정기에 물을 채울 때 기포가 남지 않도록 한다.

② 병과 연결부의 접촉 위치를 표시하여 검정할 때와 항상 같도록 한다.

③ 밑판 구멍의 부피도 깔때기 부피의 일부분으로 한다.

④ 시험용 모래가 병으로 이동하는 상태가 일정하도록 하기 위하여 시험용 모래를 넣는 동안 깔때기 높이의 반 이상이 되도록 시험용 모래를 보충한다.

⑤ 병에 넣은 시험용 모래에 진동을 주지 않도록 한다.

⑥ 현장에서 흙의 단위 무게를 측정할 때에는 시험용 모래의 단위 무게를 측정할 때와 같은 상태가 되도록 모든 측정을 한다.

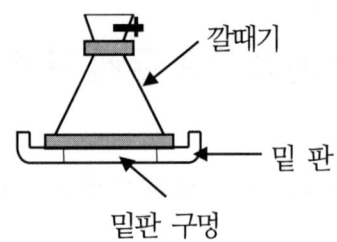

4) 시험 순서

측정기(병과 연결부)의 부피 교정

① 측정기를 조립한다.

② 측정기의 무게($W1$)를 측정한다.

③ 측정기를 반대로 하여 밸브를 연다.

④ 깔때기의 위쪽에서 측정기에 물을 넣어서 병과 연결부를 물로 채운나.

⑤ 물속에 기포가 있으면 모두 제거하고 밸브를 잠근다.

⑥ 남은 물을 버리고 측정기를 잘 닦아 말린다.

⑦ 물을 채운 측정기의 무게(W_2)를 측정한다.

⑧ 연결부를 벗기고 측정기 내 물의 온도(T)를 측정 한다.

⑨ 측정기의 부피(V_1)를 계산한다.

⑩ 온도가 일정한 상태에서 3회 이상 측정하여 측정값의 차가 5mL 이하인 값이 세 개 있으면 평균하여 계산한다.

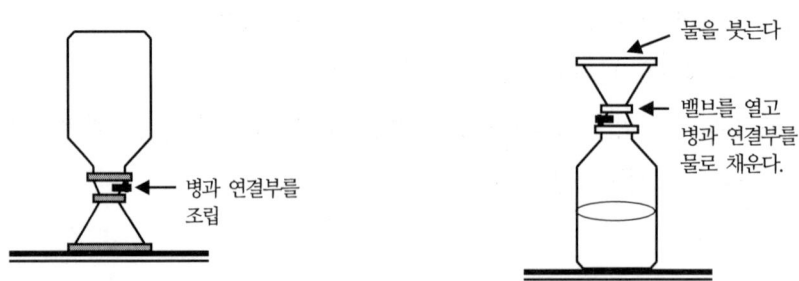

깔때기 속의 물을 버리고 마른 걸레로 측정기 바깥쪽과 깔때기 안쪽 면을 잘 닦는다.

물을 채운 후 측정기 무게(W_2)를 단다.

시험용 모래의 단위 무게 교정

① 시험용 모래를 10kg 정도를 준비한다.

② 측정기를 거꾸로 세워 밸브를 닫고 시험용 모래를 깔때기 위 끝까지 넣는다.

③ 밸브를 열어서 깔때기 높이의 반 이상이 항상 유지하도록 시험용 모래를 보충하여 넣는다.

④ 시험용 모래의 이동이 멈추면 밸브를 닫고 깔때기 속에 남은 시험용 모래를 버린다.

⑤ 시험용 모래를 채운 측정기의 무게(W_3)를 측정한다.

⑥ 측정기를 채우는데 사용된 시험용 모래의 무게(W_4)를 계산한다.

⑦ 시험용 모래의 단위 무게(γ_{sand})를 계산한다.

밸브를 닫고 시험용 모래를 깔때기 위 끝까지 넣는다.

깔때기 속의 여분의 시험용 모래를 버린다.

깔때기 높이의 반 이상이 항상 유지하도록 모래를 보충한다.

밸브를 열고 병 속에 시험용 모래를 넣는다.

깔때기 모래를 채운 측정기의 무게(W_3)를 단다.

깔때기를 채우는 데 필요한 시험용 모래의 무게 교정

① 측정기에 깔때기를 연결하고 시험용 모래의 단위 무게 교정 시험에서와 같이 깔때기를 채우는 데 필요한 충분한 양의 시험용 모래를 측정기에 넣어 그 무게 $(W_3{}')$를 측정한다.

② 수평으로 놓은 유리판 위에 밑판을 놓고, 깔때기가 아래로 향하도록 측정기를 세운다.

③ 측정기의 밸브를 열고 깔때기 속으로 시험용 모래가 이동하도록 하고, 멈추면 밸브를 잠근다.

④ 측정기와 병에 남은 시험용 모래의 무게(W_5)를 측정한다.

⑤ 깔때기 속을 채우는 데 필요한 시험용 모래의 무게(W_6)를 계산한다.

현장에서의 흙의 단위 무게 측정

① 시험할 지표면의 느슨한 흙, 돌 또는 쓰레기를 제거하고 지표면을 지름 35cm 정도로 편평하게 고른다.

② 편평하게 고른 지표면에 밑판을 밀착시켜 놓는다.

③ 용기의 무게(W_7)를 측정한다.

④ 밑판 구멍 안쪽의 흙을 굴착 기구로 파서, 조금도 손실되지 않도록 주의하여 용기에 담는다.

⑤ 뚜껑을 닫은 다음 용기와 파낸 흙의 전체 무게(W_8)를 측정한다.

⑥ 시험 구멍에서 파낸 흙의 습윤 무게(W_9)를 계산한다.

⑦ 함수비 측정용 시료를 채취하여 함수비를 구한다.

⑧ 측정기에 깔때기를 연결하고 시험용 모래의 단위 무게 교정 시험에서와 같이 깔때기와 시험 구멍을 채우는 데 필요한 충분한 양의 시험용 모래를 측정기에 넣어 그 무게를 $(W_3{}'')$를 측정한다.

⑨ 측정기의 깔때기를 밑판에 세우고 밸브를 열어서 시험 구멍과 깔때기 속까지 시험용 모래 이동이 끝나면 밸브를 닫은 후 들어 올린다.

⑩ 측정기와 병에 남은 시험용 모래의 무게(W_{10})를 측정하여 시험 구멍의 부피를 계산한다.

⑪ 시험 구멍에서 파낸 흙의 습윤 단위 무게를 구한다.

⑫ 시험 구멍에서 파낸 흙의 건조 단위 무게를 구한다.

지표면의 느슨한 흙, 돌, 쓰레기를 제거하고, 직선자로 지름 35cm 정도 범위를 편평하게 고른다.

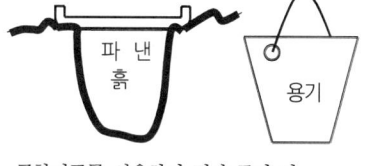

굴착기구를 사용하여 밑판 구멍 안쪽의 흙을 파서 조금도 손실되지 않도록 주의하여 용기에 담는다.

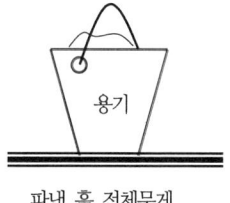

파낸 흙 전체무게(W_3)를 단다.

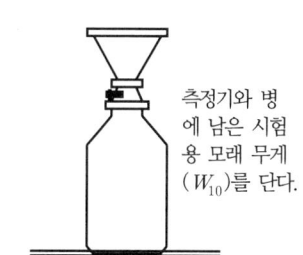

측정기와 병에 남은 시험용 모래 무게(W_{10})를 단다.

5) 결과의 계산

① 측정기 부피(V_1)

- $V_1 = K \cdot (W_2 - W_1)$

K : 측정 수온($T\,℃$)에서의 물 $1\,\mathrm{gf}$ 당 부피 ($\mathrm{cm}^3/\mathrm{gf}$)

② 시험용 모래의 단위 무게(γ_{sand})

- $\gamma_{\mathrm{sand}} = \dfrac{W_3 - W_1}{V_1} = \dfrac{W_4}{V_1}$

③ 깔때기 속을 채우는데 필요한 시험용 모래 무게(W_6)

- $W_6 = W_3{}' - W_5$

④ 시험 구멍에서 파낸 흙의 습윤 무게(W_9)

- $W_9 = W_8 - W_7$

⑤ 시험 구멍에서 파낸 흙의 함수비(w)와 건조 무게(W_S)의 관계

- $\omega = \dfrac{W_W}{W_S} \times 100, \qquad W_S = \dfrac{W_9}{1 + \dfrac{\omega}{100}}$

⑥ 시험 구멍 부피(V_0)

- $V_0 = \dfrac{\text{시험 구멍을 채우는데 사용된 시험용 모래 무게}}{\text{시험용 모래의 단위 무게}}$

$\qquad = \dfrac{(W_3'' - W_{10}) - W_6}{\gamma_{sand}}$

⑦ 시험 구멍에서 파낸 흙의 습윤 단위 무게(γ_t)

- $\gamma_{tf} = \dfrac{\text{시험 구멍에서 파낸 흙의 습윤 무게}}{\text{시험 구멍의 부피}} = \dfrac{W_9}{V_0}$

⑧ 시험 구멍에서 파낸 흙의 건조 단위 무게(γ_{df})

- $\gamma_{df} = \dfrac{\gamma_{tf}}{1 + \dfrac{\omega}{100}}$

흙의 다짐 및 현장 밀도 시험 문제 풀이

문제 1

어떤 점토시료를 채취하여 다짐시험을 한 결과 최대 건조 단위무게 γ_{dmax}=1.88(g/cm^3), 흙입자 비중 Gs=2.67이었다. 물음에 답하시오.

풀이　가. A다짐일 때의 다짐에너지를 구하시오. (단, 몰드의 부피=1000cm^2)

$$E_C = \frac{W_R \cdot H \cdot N_B \cdot N_L}{V} = \frac{2.5 \times 30 \times 25 \times 3}{1000} = 5.625 \, (kgf.cm/cm^3)$$

≪해설≫
☞ 다짐시험(표준다짐: A 다짐)
　　몰드 안지름이 10cm인 몰드에 3층으로 각 층당 래머무게 2.5kg으로 낙하고 30cm 높이에서 25회씩 다져 함수비를 측정.　∴ W_R : 2.5,　H : 30,　N_B : 25,　N_L : 3

나. 최소 간극비를 구하시오.

$$e_{\min} = \frac{Gs \cdot \gamma_w}{\gamma_{dmax}} - 1 = \frac{2.67 \times 1}{1.88} - 1 = 0.42$$

다. 최소 간극률을 구하시오.

$$n_{\min} = \frac{e_{\min}}{1 + e_{\min}} \times 100 = \frac{0.42}{1 + 0.42} \times 100 = 29.58 \, (\%)$$

≪해설≫
☞ 최소 간극이 되기 위해서는 다짐이 잘되어 건조 단위무게가 최대일 때임

문제 2

현장모래의 건조단위무게가 1.62gf/cm^{3}이었다. 이 모래를 시험실에서 시험한 결과 최대 건조 단위무게가 1.78gf/cm^3, 최소 건조단위무게가 1.46gf/cm^{3}일 때 다음 물음에 답하시오.

풀이　가. 현장모래의 상대밀도를 구하시오.

$$Dr = \frac{e_{\max} - e}{e_{\max} - e_{\min}} \times 100 = \frac{\gamma_d - \gamma_{dmin}}{\gamma_{dmax} - \gamma_{dmin}} \times \frac{\gamma_{dmax}}{\gamma_d} \times 100$$

$$= \frac{1.62 - 1.46}{1.78 - 1.46} \times \frac{1.78}{1.62} \times 100 = 54.94 \ (\%)$$

나. 현장모래의 상대밀도 상태를 판정하시오.

(단, 판정사유를 반드시 기재하시오.)

40~60% 사이이므로 중간(보통) 정도임

≪해설≫

☞ 상대밀도 판정

상 태	상대밀도(%)
매우 느슨	0~20
느 슨	20~40
중 간	40~60
조 밀	60~80
매우 조밀	80~100

문제 3

자연상태의 모래의 함수비, 습윤단위 무게를 측정하였더니 8%와 1.70gf/cm³였다. 이 모래를 실험실에서 1000cm³의 용기를 사용하여 최대로 느슨한 상태로 채우고, 또 최대로 조밀하게 채운 다음 단위무게(밀도)를 측정하였더니 최소건조밀도(γ_{dmin})가 1.522gf/cm³, 최대건조밀도 (γ_{dmax})는 1.624gf/cm³이었다. 물음에 답하시오. (단, 소수넷째자리에서 반올림)

풀이 가. 건조밀도(γ_d)

$$\gamma_d = \frac{\gamma_t}{1 + \dfrac{w}{100}} = \frac{1.70}{1 + \dfrac{8}{100}} = 1.574 \ (gf/cm^3)$$

나. 상대밀도(Dr)

$$Dr = \frac{\gamma_d - \gamma_{dmin}}{\gamma_{dmax} - \gamma_{dmin}} \times \frac{\gamma_{dmax}}{\gamma_d} \times 100 \ (\%)$$

$$= \frac{1.574 - 1.522}{1.624 - 1.522} \times \frac{1.624}{1.574} \times 100 = 52.6 \ (\%)$$

문제 4

어떤 현장에서 다짐시험을 한 결과이다. 다음 물음에 답하시오.
(단, 몰드의 체적은 1000cm³이고, 이 흙의 비중은 2.60이다.)

시 험 번 호	1	2	3	4	5	6
몰드무게(g)	4000	4000	4000	4000	4000	4000
(시료+몰드)무게(g)	5990	6050	6090	6100	6080	6060
함수비(%)	11.1	12.4	13.5	14.5	15.4	16.6

풀이

가. 습윤 시료무게, 습윤밀도, 건조밀도를 구하시오.

시 험 번 호	1	2	3	4	5	6
습윤시료의 무게(gf)	1990	2050	2090	2100	2080	2060
습윤밀도(gf/cm³)	1.99	2.05	2.09	2.10	2.08	2.06
건조밀도(gf/cm³)	1.791	1.824	1.841	1.834	1.802	1.767

계산근거)

습윤시료무게 = (시료 + 몰드)무게 − 몰드무게

$$= 5990 - 4000 = 1990 \ (gf)$$

$$습윤밀도(\gamma_t) = \frac{W}{V} = \frac{1990}{1000} = 1.99 \ (gf/cm^3)$$

$$건조밀도(\gamma_d) = \frac{\gamma_t}{1 + \dfrac{w}{100}} = \frac{1.99}{1 + \dfrac{11.1}{100}} = 1.791 \ (gf/cm^3)$$

나. 다짐곡선을 작도하시오.

≪해설≫
☞ ① 다짐곡선 ; 가로축에는 함수비, 세로축에 건조단위무게로 하여 각 시료에 대한 함수비를 측정하여 그림 곡선으로 함수비가 증가함에 따라 건조단위무게는 증가 하지만 어느 함수비를 경계로 하여 함수비가 증가해도 건조 단위무게는 감소한다.
② 다짐곡선 최대점의 단위 무게를 최대건조 단위무게(γ_{dmax}), 이때의 함수비를 최적함수비(OMC)라 한다.
③ 영공기 간극곡선
간극이 물로 완전히 포화된 경우 (S=100%)로, 다짐곡선의 하향선 오른쪽에 위치한다.

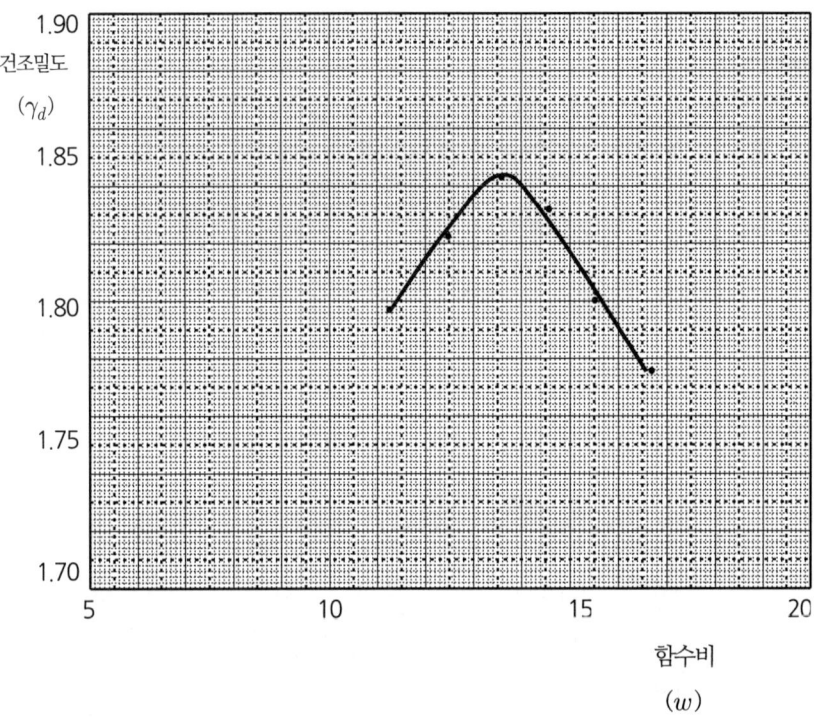

다. 최적함수비(O.M.C)와 최대건조밀도 (γ_{dmax})를 구하시오.

최적함수비 ($O.M.C$) : 13.5%

최대 건조밀도 (γ_{dmax}) : 1.84 g/cm^3

문제 5

도로공사에서 현장 들밀도 시험을 한 결과 시료를 파내어 그 무게를 측정하였더니 1250g 이었고 파낸 구멍에 채우는데 필요한 모래의 무게가 1050g이였다. 이때 사용한 모래의 단위무게가 1.50g/cm³이었다. 또 파낸 흙의 건조 시료 무게1000g 이고 흙 입자의 비중이 2.65라 할 때 다음 물음에 대한 산출근거와 답을 구하시오.

(단, 최대 건조밀도(γ_{dmax})=1.55g/cm³이고, 소수점 3자리에서 반올림)

풀 이

$W = 1250$ g, $\quad W_{sand} = 1050$ g, $\quad \gamma_S = 1.50$ g/cm^3

$W_S = 1000$ g, $\quad G_S = 2.65$, $\quad \gamma_{dmax} = 1.55$ g/cm^3

가. 시험 구멍의 체적(V_H)를 구하시오

$$V_H = \frac{W_{sand}}{\gamma_s} = \frac{1050}{1.50} = 700 \ (cm^3)$$

나. 현장 습윤단위 무게를 구하시오.

$$\gamma_t = \frac{W}{V} = \frac{1250}{700} = 1.79 \ (gf/cm^3)$$

다. 현장 건조단위 무게를 구하시오.

$$\gamma_d = \frac{W_S}{V} = \frac{1000}{700} = 1.43 \ (gf/cm^3)$$

라. 간극비(e)를 구하시오.

$$e = \frac{Gs \cdot \gamma_w}{\gamma_d} - 1 = \frac{2.65 \times 1}{1.43} - 1 = 0.85$$

마. 포화도(S)를 구하시오.

$$S \cdot e = G_S \cdot w \text{에서}, \ \ S = \frac{G_S \cdot w}{e} = \frac{2.65 \times 25}{0.85} = \frac{66.25}{0.85} = 77.94 \ (\%)$$

$$\left(w = \frac{W_w}{W_s} \times 100 = \frac{W - W_S}{W_S} \times 100 = \frac{1250 - 1000}{1000} \times 100 = 25 \ (\%) \right)$$

바. 다짐도를 구하시오.

$$C_d = \frac{\gamma_d}{\gamma_{dmax}} \times 100 = \frac{1.43}{1.55} \times 100 = 92.26 \ (\%)$$

사. 시방서에서 다짐도가 95%원한다면 현장다짐 상태의 합격여부를 판정하시오.

95% 〉 92.26% 이므로 불합격, 더 다져야 한다.

문제 6

다음은 사질토의 모래치환법에 의한 현장밀도 시험결과이다. 다음 물음에 산출근거와 답을 쓰시오.
(단, 소수점 3자리에서 반올림)

〈시험결과〉
- 시험구멍에서 파낸 흙의 무게 2611g
- 시험구멍에서 파낸 흙의 함수비 5.0%
- 시험구멍에 채운표준 모래의 무게 1820g
- 표준모래의 단위무게 1.448g/cm³
- 시험실에서 구한 최대 건조밀도 2.012g/cm³

풀이 가. 시험구멍의 부피(V_H)를 구하시오.

$$V_H = \frac{W_{sand}}{\gamma_{sand}} = \frac{1820}{1.448} = 1256.91 \ (cm^3)$$

나. 현장 흙의 습윤밀도(γ_t)를 구하시오.

$$\gamma_t = \frac{W}{V_H} = \frac{2611}{1257} = 2.08 \ (gf/cm^3)$$

다. 현장 흙의 건조밀도(γ_d)를 구하시오.

$$\gamma_d = \frac{W_S}{V_H} = \frac{2487}{1257} = 1.98 \ (gf/cm^3)$$

$$(\because \ W_S = \frac{100 \cdot W}{100 + w} = \frac{100 \times 2611}{100 + 5} = 2487g)$$

라. 현장 다짐도(C_d)를 구하시오.

$$C_d = \frac{\gamma_d}{\gamma_{dmax}} \times 100 = \frac{1.980}{2.012} \times 100 = 98.41 \ (\%)$$

문제 7

현장 밀도시험을 하기 위하여 구멍을 파낸 습윤토의 무게를 측정하니 3924g이고 이 구멍에 표준모래를 천천히 가득 채우니 3451g이 들어갔다.
또한 이구멍에서 파낸 습윤토의 함수비를 측정하기 위한 시험결과는 다음과 같다. 물음에 답하시오.

* 결과
  - (용기+습윤토)의 중량 : 41g
  - (용기+건조토)의 중량 : 40g
  - 용기의 중량 : 24g

그리고 표준모래의 단위 무게를 측정하기 위한 시험 결과는 다음과 같다.

* 결과
  - 모래병의 밸브까지 물을 채웠을 때의 무게 4850g
  - 모래병의 무게 1250g 물 1g당 부피는 1cm3/g 으로 한다.
  - 모래병의 밸브까지 표준모래를 채웠을 때 무게 6758g

풀이 가. 현장 흙의 함수비를 구하시오.   (단, 소수점 2자리까지 구하시오)

$$w = \frac{W_W}{W_S} \times 100 = \frac{41 - 40}{40 - 24} \times 100 = \frac{1}{16} \times 100 = 6.25 \ (\%)$$

나. 시험용 표준 모래의 단위 중량을 구하시오.

          (단, 소수점 2자리까지 구하시오.)

$$\gamma_{sand} = \frac{W_{sand}}{\gamma_{sand}} = \frac{6758 - 1250}{4850 - 1250} = \frac{5508}{3600} = 1.53 \ (gf/cm^3)$$

다. 파낸 구멍의 부피(습윤토의 부피)를 구하시오.

(단, 소수점 1자리까지 구하시오)

$$V_H = \frac{W_{H(sand)}}{\gamma_{sand}} = \frac{3451}{1.53} = 2255.6 \ (cm^3)$$

라. 습윤 밀도를 구하시오.　　　　　　　　(단, 소수점 2자리까지 구하시오)

$$\gamma_{tf} = \frac{W_H}{V_H} = \frac{3924}{2255.6} = 1.74 \ (gf/cm^3)$$

마. 건조 밀도를 구하시오.　　　　　　　　(단, 소수점 2자리까지 구하시오)

$$\gamma_{df} = \frac{\gamma_t}{1 + \dfrac{w}{100}} = \frac{1.74}{1 + \dfrac{6.25}{100}} = 1.64 \ (gf/cm^3)$$

바. 이 현장 흙을 실내에서 다짐 시험한 결과 최대 건조 밀도가 1.71g/cm^3 일 때 이
흙의 다짐도는?　　　　　　　　　　　(단, 소수점 2자리까지 구하시오)

$$C_d = \frac{\gamma_{df}}{\gamma_{dmax}} \times 100 = \frac{1.64}{1.71} \times 100 = 95.91 \ (\%)$$

문제 8

다음은 모래 치환법에 의한 현장에서 흙의 단위체적 중량 시험을 한 결과이다.

- 구덩이 속에서 파낸 흙의 무게 : 1728g
- 구덩이 속에서 파낸 흙의 함수비 : 12.7%
- 구덩이 속을 채운 표준 모래의 단위 무게 : 1.65g/cm^3
- 구덩이 속을 채운 표준 모래의 무게 : 1503g
- 실내 시험에서 구한 최대 건조 밀도 : 1.72g/cm^3
- 현장 흙의 비중 : 2.83

풀 이　가. 구덩이의 부피를 구하시오.

$$V_H = \frac{W_{sand}}{\gamma_{sand}} = \frac{1503}{1.65} = 910.91 \ (cm^3)$$

나. 현장 흙의 습윤 밀도(γ_t) 구하시오.

$$\gamma_t = \frac{W}{V_{Hole}} = \frac{1728}{910.91} = 1.897 \ (gf/cm^3)$$

다. 현장 흙의 건조 밀도(γ_d)를 구하시오.

$$\gamma_d = \frac{\gamma_t}{1 + \dfrac{w}{100}} = \frac{1.897}{1 + \dfrac{12.7}{100}} = 1.683 \ (gf/cm^3)$$

라. 현장 흙의 공극비(e)를 구하시오.

$$e = \frac{Gs \cdot \gamma_w}{\gamma_d} - 1 = \frac{2.83 \times 1}{1.683} - 1 = 0.682$$

마. 다짐도를 구하시오.

$$C_d = \frac{\gamma_d}{\gamma_{dmax}} \times 100 = \frac{1.683}{1.72} \times 100 = 97.85 \ (\%)$$

바. 현장 흙의 포화도를 구하시오.

$$S = \frac{G_S \cdot w}{e} = \frac{2.83 \times 12.7}{0.682} = \frac{35.941}{0.682} = 52.70 \ (\%)$$

문제 9

현장 노상토에서 모래 치환법에 의한 흙의 단위무게 시험을 한 결과가 다음과 같다. 각 항의 물음에 산출 근거와 답을 쓰시오.

- 현장 구멍의 부피 = V(cm3) = 1960cm^3
- 현장 구멍에서 파낸 흙의 무게 = 3440g
- 최대 건조밀도 γ_{dmax} = 1.65g/cm^3
- 현장 흙의 비중 Gs = 2.65
- 현장 흙의 함수비 = 11%

풀이

가. 현장 건조 밀도를 구하시오.

$$\gamma_t = \frac{W}{V} = \frac{3440}{1960} = 1.76 \ (gf/cm^3)$$

$$\therefore \ \gamma_d = \frac{W_S}{V} \frac{\gamma_t}{1 + \dfrac{w}{100}} = \frac{1.76}{1 + \dfrac{11}{100}} = 1.59 \ (gf/cm^3)$$

나. 현장 흙의 공극비를 구하시오.

$$e = \frac{Gs \cdot \gamma_w}{\gamma_d} - 1 = \frac{2.65 \times 1}{1.59} - 1 = 0.67$$

다. 현장 흙을 가지고 실내 시험에서 최대 건조 밀도가 1.65g/cm^{3}일 때 현장 흙의 다짐도를 구하시오.

$$C_d = \frac{\gamma_d}{\gamma_{dmax}} \times 100 = \frac{1.59}{1.65} \times 100 = 96.36 \ (\%)$$

문제 10

현장에서 모래 치환법에 의한 흙의 단위무게 시험결과이다. 물음에 대한 산출근거와 답을 쓰시오.
(단, 소수점 4자리에서 반올림)

번호	측 정 요 소	결과	비 고
1	(시험 전 모래+병)무게(g)	6371	
2	(시험 후 모래+병)무게(g)	3913	
3	깔대기 속에 모래무게(g)	1460	
4	구멍속의 흙 무게(g)	1158	
5	흙의 함수비(%)	8.72	
6	최대건조밀도(g/cm3)	1.56	
7	모래의 단위중량(g/cm3)	1.34	

풀이 가. 구멍 속을 채운 표준모래 무게를 구하시오.

$$W_{sand} = 6371 - (3913 + 1460) = 998 \ (gf)$$

나. 시험 구멍의 부피(V)를 구하시오.

$$V_H = \frac{W_{sand}}{\gamma_{sand}} = \frac{998}{1.34} = 744.776 \ (cm^3)$$

다. 현장 흙의 습윤밀도(γ_t)를 구하시오.

$$\gamma_t = \frac{W}{V_H} = \frac{1158}{744.776} = 1.555 \ (gf/cm^3)$$

라. 현장 흙의 건조밀도(γ_d)를 구하시오.

$$\gamma_d = \frac{W_S}{V} = \frac{\gamma_t}{1 + \dfrac{w}{100}} = \frac{1.555}{1 + \dfrac{8.72}{100}} = 1.430 \ (gf/cm^3)$$

마. 현장 다짐도(C_d)를 구하시오.

$$C_d = \frac{\gamma_d}{\gamma_{dmax}} \times 100 = \frac{1.430}{1.56} \times 100 = 91.67 \ (\%)$$

문제 11

현장에서 모래치환법에 의한 흙의 단위 무게 시험을 한 결과 다음과 같을 때 다음 물음에 대한 산출근거와 답을 답안지에 기록하시오.

- 시험 공에서 파낸 습윤흙의 무게 2000g
- 시험 공에 들어간 모래무게 1400g
- 시험 공에 들어간 모래의 단위중량 1.40g/cm³
- 시험 공에 들어간 습윤흙의 함수비 20.0%
- 시험 공에 들어간 습윤흙의 비중 2.6
- 최대건조밀도(γ_{dmax}) = 2.30g/cm³

풀 이

가. 시험공의 부피를 구하시오.

$$V_H = \frac{W_{sand}}{\gamma_{sand}} = \frac{1400}{1.40} = 1000 \ (cm^3)$$

나. 습윤밀도를 구하시오.

$$\gamma_t = \frac{W}{V_H} = \frac{2000}{1000} = 2.00 \ (gf/cm^3)$$

다. 건조밀도를 구하시오.

$$\gamma_d = \frac{W_S}{V} = \frac{\gamma_t}{1 + \dfrac{w}{100}} = \frac{2.00}{1 + \dfrac{20}{100}} = 1.67 \ (gf/cm^3)$$

라. 간극비를 구하시오.

$$e = \frac{Gs \cdot \gamma_w}{\gamma_d} - 1 = \frac{2.60 \times 1}{1.67} - 1 = 0.56$$

마. 다짐도를 구하시오.

$$C_d = \frac{\gamma_d}{\gamma_{dmax}} \times 100 = \frac{1.67}{2.30} \times 100 = 72.61 \ (\%)$$

문제 12

어느 현장도로 토공에서 모래 치환법에 의한 흙의 단위무게 시험을 한 결과가 다음과 같다. 다음 물음에 산출근거와 답을 쓰시오.

구멍의 부피(cm³)	2030
구멍에서 파낸 흙의 무게(g)	3715
파낸 흙의 함수비(%)	15
파낸 흙의 비중	2.60
실내시험에서 구한 최대 건조 밀도(g/cm³)	1.67

풀이 가. 현장습윤 단위무게를 구하시오.

$$\gamma_t = \frac{W}{V_H} = \frac{3715}{2030} = 1.83 \; (gf/cm^3)$$

나. 현장건조 단위무게(건조밀도)를 구하시오.

$$\gamma_d = \frac{W_S}{V} = \frac{\gamma_t}{1 + \dfrac{w}{100}} = \frac{1.83}{1 + \dfrac{15}{100}} = 1.59 \; (gf/cm^3)$$

다. 파낸 흙의 공극비를 구하시오.

$$e = \frac{Gs \cdot \gamma_w}{\gamma_d} - 1 = \frac{2.60 \times 1}{1.59} - 1 = 0.64$$

라. 파낸 흙의 공극률을 구하시오.

$$n = \frac{e}{1 + e} \times 100 = \frac{0.64}{1 + 0.64} \times 100 = 39.02 \; (\%)$$

마. 이 흙의 다짐도를 구하시오.

$$C_d = \frac{\gamma_d}{\gamma_{dmax}} \times 100 = \frac{1.59}{1.67} \times 100 = 95.21 \; (\%)$$

바. 이 현장에서 다짐도의 판정을 내리시오.

95% < 95.21%이므로 합격

문제 13

현장 도로 토공에서 들밀도 시험을 하였다. 현장 흙의 무게가 2150gf, 노건조후의 무게가 2000gf, 구멍 속에 들어간 모래의 무게가 2120gf, 모래의 비중이 1.432, 흙의 비중이 2.65일 때 다음 물음에 답하시오.

풀이 가. 습윤 단위무게

$$V_H = \frac{W_{sand}}{\gamma_{sand}} = \frac{2120}{1.432} = 1480.45 \; (cm^3)$$

$$\gamma_t = \frac{W}{V_H} = \frac{2150}{1480.45} = 1.452 \; (gf/cm^3)$$

나. 함수비

$$w = \frac{W_W}{W_S} \times 100 = \frac{W - W_S}{W_S} \times 100 = \frac{2150 - 2000}{2000} \times 100 = 7.5 \; (\%)$$

다. 공극비

$$e = \frac{Gs \cdot \gamma_w}{\gamma_d} - 1 = \frac{2.65 \times 1}{1.351} - 1 = 0.96$$

문제 14

모래치환법으로 현장 단위무게 시험을 했다. 시험구멍의 부피(V)가 836.63cm³이었고, 이 구멍에서 파낸 흙무게(W)가 1650.5g 이었다. 이 흙의 토질 실험 결과 함수비(w)는 9.5%, 흙의 비중(Gs)이 2.65, 최대 건조단위무게(γ_{dmax})가 1.87g/cm³ 이었을 때 다음 물음에 답하시오.

풀 이

가. 현장 습윤단위무게(γ_t)를 구하시오

$$\gamma_t = \frac{W}{V_H} = \frac{1650.5}{836.63} = 1.97 \ (gf/cm^3)$$

나. 현장 건조단위무게(γ_d)를 구하시오

$$\gamma_d = \frac{W_S}{V} = \frac{\gamma_t}{1 + \frac{w}{100}} = \frac{1.97}{1 + \frac{9.5}{100}} = 1.80 \ (gf/cm^3)$$

다. 간극비(e)를 구하시오.

$$e = \frac{Gs \cdot \gamma_w}{\gamma_d} - 1 = \frac{2.65 \times 1}{1.80} - 1 = 0.47$$

라. 간극률(n)을 구하시오.

$$n = \frac{e}{1 + e} \times 100 = \frac{0.47}{1 + 0.47} \times 100 = 31.97 \ (\%)$$

마. 다짐도를 구하시오.

$$C_d = \frac{\gamma_d}{\gamma_{dmax}} \times 100 = \frac{1.80}{1.87} \times 100 = 96.26 \ (\%)$$

문제 15

현장 토공에서 모래 치환법에 의한 흙의 단위 무게 시험(들밀도 시험)을 한 결과가 다음과 같다. 각 항의 물음에 산출근거와 답을 답안지에 기록하시오.

○ 시험용 모래의 단위무게 1.45g/cm³
○ 현장구멍에 들어간 모래 무게 1160g
○ 현장구멍에서 파낸 흙의 무게 1200g
○ 현장구멍에서 파낸 흙의 건조무게 1000g

풀이 가. 현장 흙의 습윤단위 무게는 얼마인가?

$$① \quad V_H = \frac{W_{sand}}{\gamma_{sand}} = \frac{1160}{1.45} = 800 \; (cm^3)$$

$$② \quad \gamma_t = \frac{W}{V_H} = \frac{1200}{800} = 1.5 \; (gf/cm^3)$$

나. 현장 흙의 건조단위 무게는 얼마인가?

$$\gamma_d = \frac{W_S}{V_H} = \frac{1000}{800} = 1.25 \; (gf/cm^3)$$

문제 16

다음 주어진 모래치환법에 의한 흙의 들밀도 시험 결과표를 이용 하여 답안지의 빈칸을 채우시오 (단, 소수 3자리에서 반올림)

풀이

번호	측정요소	결과	산 출 근 거
1	(시험전 모래+용기)무게(g)	7612	
2	(시험후 모래+용기)무게(g)	1704	
3	사용된 모래무게(g)	(5908)	7612 − 1704 = 5908
4	깔때기속의 모래무게(g)	670	
5	구멍속의 모래무게(g)	(5238)	5908 − 670 = 5238
6	(용기+(시료팬)+흙)무게(g)	5425	
7	용기+(시료팬)무게(g)	580	
8	흙의(구멍속)무게(g)	(4845)	5425 − 580 = 4845
9	(젖은흙+함수캔)무게(g)	94.29	
10	(마른흙+함수캔)무게(g)	81.76	
11	함수캔 무게(g)	32.71	
12	물 무게(g)	(12.53)	94.29 − 81.76 = 12.53
13	마른흙의 무게(g)	(49.05)	81.76 − 32.71 = 49.05
14	함수비(%)	(25.55)	$\frac{W_W}{W_S} \times 100 = \frac{12.53}{49.05} \times 100 = 25.55\%$
15	모래의 단위중량 (g/cm^3)	1.42	

번호	측정요소	결과	산 출 근 거
16	습윤 밀도 (g/cm^3)	(1.31)	$\gamma_t = \dfrac{W}{V_H} = \dfrac{4845}{3689} = 1.31\ g/cm^3$ $\left(V_H = \dfrac{W_{sand}}{\gamma_{sand}} = \dfrac{5238}{1.42} = 3689 cm^3 \right)$
17	건조 밀도 (g/cm^3)	(1.04)	$\gamma_d = \dfrac{\gamma_t}{1 + \dfrac{w}{100}} = \dfrac{1.31}{1 + \dfrac{25.55}{100}} = 1.04\ g/cm^3$ 또는, $\gamma_d = \dfrac{W_S}{V} = \dfrac{3859}{3689} = 1.05\ g/cm^3$ $\left(W_S = \dfrac{W}{1 + \dfrac{w}{100}} = \dfrac{4845}{1 + \dfrac{25.55}{100}} = 3859 g \right)$

문제 17

다음은 사질토의 모래치환법에 의한 현장밀도 시험 결과이다. 다음 물음에 대한 산출 근거와 답을 쓰시오.

(시험결과)

- 시험공에서 파낸 습윤흙의 무게 1967g
- 시험공에서 파낸 습윤흙의 함수비 12.0%
- 시험공을 채운 표준모래의 무게 1385.26g
- 표준모래의 단위중량 1.48g/cm³
- 시험공에서 파낸 습윤흙의 비중 2.72
- 최대건조 밀도 2.37g/cm³

풀이

가. 시험공의 부피를 계산하시오.(단, 소수 3자리에서 반올림)

$$V_H = \frac{W_{sand}}{\gamma_{sand}} = \frac{1385.26}{1.48} = 935.99\ (cm^3)$$

나. 현장흙의 습윤밀도(γ_t)를 구하시오.(단, 소수 3자리에서 반올림)

$$\gamma_t = \frac{W}{V_H} = \frac{1967}{935.99} = 2.10\ (gf/cm^3)$$

다. 현장흙의 건조밀도(γ_d)를 구하시오.(단, 소수 3자리에서 반올림)

$$\gamma_d = \frac{W_S}{V} = \frac{\gamma_t}{1 + \dfrac{w}{100}} = \frac{2.1}{1 + \dfrac{12}{100}} = 1.88\ (gf/cm^3)$$

라. 현장흙의 공극비(e)를 구하시오. (단, 소수 3자리에서 반올림)

$$e = \frac{Gs \cdot \gamma_w}{\gamma_d} - 1 = \frac{2.72 \times 1}{1.88} - 1 = 0.45$$

마. 현장 다짐도를 구하시오.(단, 소수 3자리에서 반올림)

$$C_d = \frac{\gamma_d}{\gamma_{dmax}} \times 100 = \frac{1.88}{2.37} \times 100 = 79.32 \ (\%)$$

문제 18

현장토공에서 모래치환법에 의한 흙의 단위무게 시험(들밀도)을 한 결과가 다음과 같다. 물음에 답하시오.

> ### 결 과
> ○ 현장 구멍에서 파낸 흙의 무게 2200g
> ○ 시험용 모래의 단위중량 1.448/cm3
> ○ 현장 구멍 속에 들어간 시험용 모래의 중량 2100g
> ○ 현장 구멍에서 파낸 흙의 노건조 무게 2000g
> ○ 현장 구멍에서 파낸 흙 입자의 비중 : 2.65

풀이

가. 현장 흙의 습윤 단위중량(습윤밀도)은 얼마인가?

(단, 소수 3자리에서 반올림)

① $V_H = \dfrac{W_{sand}}{\gamma_{sand}} = \dfrac{2100}{1.448} = 1450.28 \ (cm^3)$

② $\gamma_t = \dfrac{W}{V_H} = \dfrac{2200}{1450.28} = 1.52 \ (gf/cm^3)$

나. 현장 흙의 건조 단위중량(건조밀도)은 얼마인가?

(단, 소수 3자리에서 반올림)

$$\gamma_d = \frac{W_S}{V} = \frac{2000}{1450.28} = 1.38 \ (gf/cm^3)$$

다. 현장 흙의 공극비는 얼마인가?

(단, 소수 3자리에서 반올림)

$$e = \frac{Gs \cdot \gamma_w}{\gamma_d} - 1 = \frac{2.65 \times 1}{1.38} - 1 = 0.92$$

건설재료시험 기능사 필답형

제4장

흙의 전단 시험

제4장 흙의 전단 시험

4.1 전단강도

- $\tau_f = C + \sigma \tan\phi$

    여기서, τ_f : 전단응력(kg/cm^2)

    $\quad\quad$ C : 점착력(kg/cm^2)

    $\quad\quad$ σ : 전단력에 작용하는 수직응력(kg/cm^2)

    $\quad\quad$ ϕ : 내부 마찰각

4.2 직접 전단 시험(Direct Shear Test)

- 1면 전단 시험 : $\tau_f = \dfrac{S}{A}$

- 2면 전단 시험 : $\tau_f = \dfrac{S}{2A}$

    여기서, τ_f : 전단응력, $\quad$ S : 전단력 $\quad$ A : 단면적

4.3 일축 압축 시험

1) 일축 압축 강도와 점착력

- $C_U = \dfrac{q_u}{2}\tan\left(45 - \dfrac{\phi}{2}\right)$ $\quad$ $q_u = 2 \cdot C_u \cdot \tan\left(45 + \dfrac{\phi}{2}\right)$

- 내부 마찰각(ϕ) : 파괴면이 최대 주응력면과 이루는 각

- $\theta = 45° + \dfrac{\phi}{2}$ 에서 θ 를 측정하여 $\phi = 2\theta - 90°$ 값을 구한다.

2) 표준 관입 시험치(N)와 일축 압축 강도와의 관계

- $q_u = \dfrac{N}{8}$

    여기서, N : 표준 관입 시험에서 30cm 관입하는데 필요한 타격횟수

4.4 예민비

- $S_t = \dfrac{q_u}{q_{ur}}$ 여기서, q_u : 흐트러지지 않은 시료의 압축강도

  q_{ur} : 흐트러진 시료를 되비빔 했을 때의 압축강도

예민비	점토의 분류
$S_t \leq 1$	비예민 점토
$2 \leq S_t \leq 4$	일반 점토
$4 \leq S_t \leq 8$	예민성 점토
$8 \leq S_t \leq 64$	급속 점토
$64 \leq S_t$	초 급속 점토

흙의 전단 시험 문제 풀이

문제 1

어떤 점성토의 일축 압축 시험 결과 흐트러지지 않은 상태의 일축압축강도 q_u=3.8kg/cm^2 였고, 공시체 파괴면 이 수평면과 이루는 각이 45° 였다. 그리고 다시 이 흙의 흐트러진 상태 일축압축강도를 측정한 결과 q_{ur}=0.69kg/cm^{2}를 얻었다.

물음에 산출 근거를 쓰고 소수점 2자리에서 반올림하여 답하시오.

풀이 가. 이 흙의 예민비(S_t)를 구하시오.

$$S_t = \frac{q_u}{q_{ur}} = \frac{3.8}{0.69} = 5.5$$

나. 흐트러지지 않은 상태를 기준으로 한 이 흙의 내부 마찰각(ϕ)를 구하시오.

$$\theta = 45° + \frac{\phi}{2} \quad \therefore \phi = 2\theta - 90 = 2 \times 45 - 90 = 0$$

다. 흐트러지지 않은 상태를 기준으로 한 이 흙의 점착력(C)을 구하시오.

$$C = \frac{q_u}{2} tan\left(45 - \frac{\phi}{2}\right) = \frac{3.8}{2} tan\left(45 - \frac{0}{2}\right) = 1.9 \ (kgf/cm^2)$$

문제 2

점착력 0.61kg/cm^2, 내부마찰각 21°인 사면에 수직응력 0.078kg/cm^{2}와 전단응력 0.45kg/cm^{2}가 작용하고 있을 때 다음 물음에 답하시오.

풀이 가. 이 면에서의 전단강도를 구하시오.(단, 소수점 3자리에서 반올림)

$$\tau = \sigma tan\phi + c = 0.078 \times tan21° + 0.61 = 0.64 \ (kgf/cm^2)$$

나. 이 사면의 활동파괴 여부를 판정하시오.

전단응력(0.45) < 전단강도(0.64) 이므로 파괴되지 않는다.

문제 3

어떤 흙의 공시체에서 일축 압축시험 결과 다음과 같다. 물음에 답하시오.
(단, 소수 4자리 반올림)

일축압축강도 3.2kg/cm^2	파괴면의 각도 55도

풀 이 가. 흙의 내부 마찰각은?

$$\theta = 45° + \frac{\phi}{2} \quad \therefore \phi = 2\theta - 90 = 2 \times 55 - 90 = 20°$$

나. 흙의 점착력은?

$$C = \frac{q_u}{2}tan\left(45 - \frac{\phi}{2}\right) = \frac{3.2}{2}tan\left(45 - \frac{20}{2}\right) = 1.12 \ (kgf/cm^2)$$

문제 4

포화점토의 일축 압축 시험을 한 결과 자연상태일 때의 일축 압축강도(q_u)가 2.64kg/cm^2, 흐트러진 상태의 일축 압축 강도(q_{ur})는 0.6kg/cm^2 이었다.
또한 파괴 면과 수평면이 이루는 각도가 65°일 때 아래의 물음에 답하시오.

풀 이 가. 이 흙의 내부마찰각(ϕ)을 구하시오.

$$\phi = 2\theta - 90 = 2 \times 65 - 90 = 40°$$

나. 이 흙의 점착력(C)를 구하시오.(단, 소수점 3자리 반올림)

$$C = \frac{q_u}{2}tan\left(45 - \frac{\phi}{2}\right) = \frac{2.64}{2}tan\left(45 - \frac{40}{2}\right) = 0.62 \ (kgf/cm^2)$$

다. 이 흙의 예민비(sensitivity ratiois)를 구하시오.
(단, 소수점 2자리에서 반올림)

$$S_t = \frac{q_u}{q_{ur}} = \frac{2.64}{0.6} = 4.4$$

라. 이 흙의 예민비의 특성을 분류하시오.(단, 구체적인 사유를 쓸 것)

$$4 \leq S_t \leq 8 \quad \text{이므로 예민성 점토}$$

문제 5

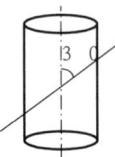 흙의 일축압축 강도시험에서 시험 체의 파괴 면이 그림과 같을 때 이 흙의 내부마찰각은 얼마인가?

풀 이

$$\theta = 45° + \frac{\phi}{2} \qquad \therefore \phi = 2\theta - 90 = 2 \times 60 - 90 = 30°$$

$$(\because \theta 는 수평면과 이루는 각이므로 90° - 30° = 60° 임)$$

문제 6

흙의 전단강도를 결정하기 위해 일반적으로 사용되는 실내 시험방법 3가지만 쓰시오.

풀 이
① 흙의 일축압축강도 시험
② 흙의 삼축압축강도 시험
③ 흙의 직접전단강도 시험

문제 7

일축압축강도 시험에서 수직응력이 10kgf/cm²이고, 점착력이 3kgf/cm²일 때, 전단저항을 구하여라. (단, 내부마찰각 30°)

풀 이
$$\tau = C + \sigma \tan\phi = 3 + 10 \times \tan 30° = 8.77 \ (kgf/cm^2)$$

문제 8

흙의 전단시험방법의 배수조건에 따른 3가지 방법을 쓰시오.

풀 이
① 비압밀 비배수 시험
② 압밀 비배수 시험
③ 압밀 배수 시험

문제 9

어떤 시료에 대하여 직접 전단시험을 한 결과가 다음 표와 같을 때 물음에 답하시오.
(단, 시료의 단면적이 28.26cm²)

시험번호	1	2	3	4
수직하중(kg)	11.304	22.608	33.912	56.520
수직응력(kg/cm2)	0.4	0.8	1.2	2.0
전단응력(kg/cm2)	0.6	0.7	0.8	1.0

풀 이

가. 그래프를 그리시오.

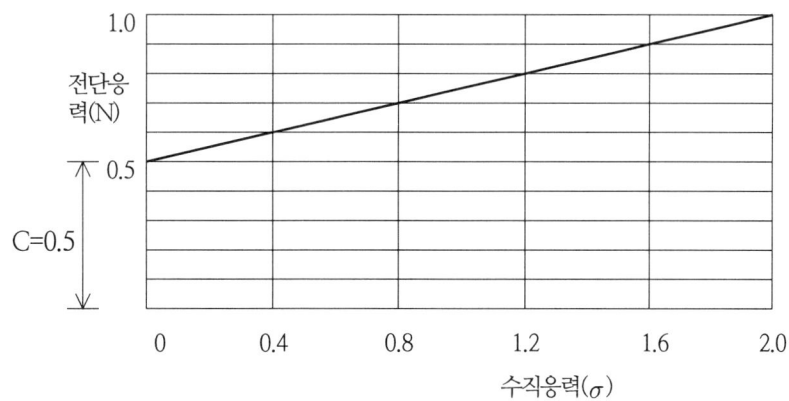

나. 이 흙의 점착력은?

그래프에서 C=0.5

다. 내부 마찰각은?

$$\phi = \tan^{-1}\frac{1.0-0.6}{2.0-0.4} = 14°2'10'' \; (\because \text{내부마찰각은 그래프 기울기임})$$

건설재료시험 기능사 필답형

제5장

흙의 압밀 시험

제5장 흙의 압밀 시험

5.1 압축 계수 : a_v

$$a_v = \frac{e_1 - e_2}{P_1 - P_2} = \frac{\Delta e}{\Delta P}(P - e)$$

5.2 체적 변화 계수 : m_v

$$m_v = \frac{\dfrac{\Delta V}{V}}{\Delta P} = \frac{e_1 - e_2}{1 + e} \times \frac{1}{P_2 - P_1} = \frac{a_v}{1 + e}(cm^2/kg)$$

5.3 압축 지수 : C_C

$$C_c = \frac{e_1 - e_2}{\log P_2 - \log P_1} = \frac{e_1 - e_2}{\log \dfrac{P_2}{P_1}}$$

5.4 압밀 계수 : C_v

1) $\sqrt{t}$ 법(by Taylor)

$$C_v = \frac{0.848H^2}{t_{90}}$$

t_{90} : 압밀도 90%에 이르는 침하 시간

0.848 : 압밀도 90%에 해당하는 시간 계수

H : 배수 거리(m)   (양면 배수인 경우는 전 두께의 $\dfrac{1}{2}$)

2) log t법(by A. Casagrande)

$$C_v = \frac{0.197H^2}{t_{50}}$$

t_{50} : 압밀도 50%에 이르는 침하 시간

0.197 : 압밀도 50%에 해당하는 시간 계수

H : 배수 거리(m)   (양면 배수인 경우는 전 두께의 $\dfrac{1}{2}$)

흙의 압밀 시험 문제 풀이

문제 1

압밀시험에서 공시체의 두께가 2.0cm인 점성토를 압밀 시험하여 $\sqrt{t}$법으로 구한 t_{90}=53.3분이고, logt법으로 구한 t_{50}=12.5분 이었다. 아래 물음에 답하시오.
(단, 양면배수인 경우이며, 소수 6자리에서 반올림)

풀이 가. $\sqrt{t}$ 법에 의하여 압밀계수를 구하시오.

$$C_V = \frac{0.848\left(\dfrac{H}{2}\right)^2}{t_{90}} = \frac{0.848 \times \left(\dfrac{2}{2}\right)^2}{53.3 \times 60} = 2.7 \times 10^{-4} \ (cm^2/\sec)$$

$$\because H \text{는 양면 배수 이므로} \left(\frac{H}{2}\right) \text{임}$$

나. log t법에 의하여 압밀계수를 구하시오

$$C_V = \frac{0.197\left(\dfrac{H}{2}\right)^2}{t_{50}} = \frac{0.197\left(\dfrac{2}{2}\right)^2}{12.5 \times 60} = 2.6 \times 10^{-4} \ (cm^2/\sec)$$

문제 2

비중이 2.3인 점토시료에 대해 압밀 시험을 실시했다. 하중이 7.2kg/cm²에서 14.5kg/cm²로 변화하는 동안 공극비가 1.15에서 0.96으로 감소하였다. 평균 시료 높이 1.45cm, t_{50}=83초, t_{90}=327초 일 때 다음 물음에 답하시오.
(단, 양면 배수임)

풀이 가. 압밀 계수(C_V) 값을 구하시오.

① $\sqrt{t}$ 법

$$C_V = \frac{0.848\left(\dfrac{H}{2}\right)^2}{t_{90}} = \frac{0.848 \times \left(\dfrac{1.45}{2}\right)^2}{327} = 1.3631 \times 10^{-3} \ (cm^2/\sec)$$

② $\log t$ 법

$$C_V = \frac{0.197\left(\dfrac{H}{2}\right)^2}{t_{50}} = \frac{0.197\left(\dfrac{1.45}{2}\right)^2}{83} = 1.2476 \times 10^{-3} \ (cm^2/\sec)$$

나. 압축계수(a_V)값을 구하시오. (단, 소수 4자리에서 반올림)

$$a_V = \frac{e_1 - e_2}{p_2 - p_1} = \frac{1.15 - 0.96}{14.5 - 7.2} = 0.026 \ (cm^2/kg)$$

다. 체적변화계수(m_V) 값을 구하시오.(단, 소수 4자리에서 반올림)

$$m_V = \frac{a_V}{1+e} = \frac{0.026}{1+1.15} = 0.012 \ (cm^2/kg)$$

라. 압축지수(Cc) 값을 구하시오. (단, 소수 4자리에서 반올림)

$$Cc = \frac{e_1 - e_2}{\log \dfrac{p_2}{p_1}} = \frac{1.15 - 0.96}{\log \dfrac{14.5}{7.2}} = 0.625$$

마. 투수계수(k)값을 구하시오.

① $\sqrt{t}$ 법

$$k = C_V \times m_V \times \gamma_w = 1.3631 \times 10^{-3} \times 0.012 \times 0.001$$

$$= 1.636 \times 10^{-8} \ (cm/\sec)$$

② $\log t$ 법

$$k = C_V \times m_V \times \gamma_w = 1.2476 \times 10^{-3} \times 0.012 \times 0.001$$

$$= 1.497 \times 10^{-8} cm/\sec$$

여기서 $\gamma_w = 1g/cm^3 = 0.001 \ (kg/cm^3)$

문제 3

포화 점토층의 두께가 5m이며, 점토층의 위는 모래층이고 아래는 암반이다. 이 점토에 일정하게 작용하여 최종 압밀 침하량이 50cm 였다. 다음 물음에 답하시오.

풀 이 가. 침하량이 10cm 일 때, 이 점토의 평균 압밀도를 구하시오.

$$U = \frac{\triangle H_t}{\triangle H} \times 100 = \frac{10}{50} \times 100 = 20 \ (\%)$$

나. 같은 하중에 대한 압밀계수 CV 값이 $3 \times 10^{-3} \text{cm}^2/\text{sec}$ 라 할 때 50% 침하가 일어나는데 걸리는 시간을 구하시오, (단, 단위는 일로 표시)

$$t_{50} = \frac{T_V H^2}{C_V} = \frac{0.197 \times 500^2}{3 \times 10^{-3}} = 16,416,666 \text{초}$$

$$= \frac{16,416,666}{60 \times 60 \times 24} = 190 \text{일}$$

여기서, 아래층이 암반이므로 1면 배수임

다. 만일 이 점토층이 양면배수인 경우 50% 압밀이 되는데 걸리는 시간을 구하시오. (단, 단위는 일로 표시)

$$t_{50} = \frac{T_V H^2}{C_V} = \frac{0.197 \times \left(\dfrac{500}{2}\right)^2}{3 \times 10^{-3}} = 4,104,166 \text{초}$$

$$= \frac{4,104,166}{60 \times 60 \times 24} = 47.5 \text{일}$$

건설재료시험 기능사 필답형

제6장

골재 시험

제6장 골재 시험

6.1 골재 체가름 시험

1) **시험 목적** : 골재의 입도, 조립률, 굵은 골재의 최대 치수 등을 얻는다. 콘크리트의 배합설계
   에 있어서 잔골재율이나 입도를 조정하기 위한 자료를 얻기 위하여 필요하다.

2) **시험 기구**
   ① 체 진동기
   ② 표준체

【 체 진동기 】

【 표준체 】

3) **관련 지식 및 유의 사항**
   ① 골재 체가름 시험을 통해 골재의 입도 및 최대 치수를 구할 수 있다.
   ② 골재 조립률을 구하여 입도를 판정할 수 있다.
   ③ 시료를 건조기에 넣고 105±5℃에서 일정 무게가 될 때까지 건조한다.
   ④ 표준체 규격

   0.08, 0.15, 0.3, 0.6, 1.2, 2.5, 5.0, 10, 13, 15, 20, 25, 30, 40, 50, 60, 80,
   100 mm.

   ⑤ 체분석을 실시하여 각 체에 남은 양을 구하여 조립률(FM)을 구한다.
   ㉠ 조립률을 구하기 위한 10개의 체

   80, 40, 20, 10, 5, 2.5, 1.2, 0.6, 0.3, 0.15 mm

   ㉡ 각 체에 남은 시료의 질량을 전체 질량에 대한 질량비(%)로 나타내며, 체 잔유율 및
   누적 체 통과량 백분율의 결과는 소수점 이하 한자리에서 끝맺음 한다.

$$조립률(FM) = \frac{10개\ 각\ 체에\ 남는\ 양의\ 누적\ 잔유율의\ 합}{100}$$

⑥ 굵은 골재 최대 치수

질량(무게)으로 90% 이상 통과하는 체 중 체 눈금이 최소인 것의 호칭 치수로 나타내는 굵은 골재의 크기

⑦ 조립률의 적절한 범위 (골재의 조립률은 입자의 지름이 클수록 크다)

㉠ 잔골재 : 2.3~3.1

㉡ 굵은 골재 : 6~8

6.2 굵은 골재 밀도 및 흡수율 시험

1) **시험 목적** : 굵은 골재의 공극 및 콘크리트 배합 시 사용 수량을 조절하기 위하여 필요하다.

2) **시험 기구**

① 저울

② 철망태

③ 물통

④ 건조기: 105±5℃

【 굵은 골재 밀도 시험 장치 】

3) **관련 지식 및 유의 사항**

① 5mm 체에 남은 굵은 골재를 4분법 또는 시료 분취기로 채취한다.

② 시료를 물로 충분히 세척하고 입자 표면의 불순물 및 그 밖의 이물질을 제거한다.

③ 시료를 철망태에 넣고 20±5℃ 물속에 24시간 담근다.

④ 20±5℃의 물 속에서 수중 질량(C)과 수온을 측정한다.

⑤ 시료를 수중에서 꺼내어 흡수천으로 물기를 제거하고 표면 건조 포화 상태의 질량(B)을 측정한다.

⑥ 105±5℃에서 건조시키고 실온에서 냉각 후 절대 건조 상태의 질량(A)을 측정한다.

4) **결과의 계산**

① 표면 건조 포화 상태 밀도

$$D_s = \frac{B}{B-C} \times \rho_w \ (g/cm^3)$$

② 절대 건조 상태 밀도

$$D_d = \frac{A}{B-C} \times \rho_w \ (g/cm^3)$$

③ 진밀도

$$D_A = \frac{A}{A-C} \times \rho_w \ (g/cm^3)$$

④ 흡수율

$$Q = \frac{B-A}{A} \times 100 \ (\%)$$

ρ_w : 시험 온도에서 물의 밀도(g/cm^3)

B : 표면 건조 포화 상태 질량(g)

C : 시료의 수중 질량(g)

A : 절대 건조 상태 시료 질량(g)

6.3 잔골재 밀도 및 흡수율 시험

1) **시험 목적** : 잔골재의 공극 및 콘크리트 배합 시 사용 수량을 조절하기 위하여 필요하다.

2) **시험 기구**
　① 원뿔형 몰드
　　윗지름 : 40±3mm
　　밑지름 : 90±3mm
　　높이 : 75±3 mm
　② 플라스크

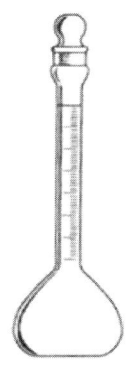

　　【 원뿔형 몰드 】　　　【 플라스크 】

3) **관련 지식**
　① 잔골재 밀도는 콘크리트 배합 설계 시 잔골재의 부피 계산에 이용된다.
　② 잔골재의 흡수율은 골재 알 속의 빈틈이 많고 적음을 나타낸다.
　③ 잔골재의 흡수율은 콘크리트 배합에서 혼합 수량을 조정하는데 쓰인다.

4) **시료 준비**
　① 시료를 4분법 또는 시료 분취기에 의해서 채취한다.
　② 약 1000g의 양을 적당한 팬이나 그릇에 넣어 105±5℃의 온도로 항량이 될 때까지 건조시킨다.
　③ 원뿔형 몰드에 시료를 채우고 윗면을 평평하게 고르고 표면을 다짐봉으로 25회 가볍게 다진다.
　④ 원뿔형 몰드를 들어 올렸을 때에 시료의 원뿔 모양이 처음으로 흘러내렸을 때를 표면 건조 포화 상태로 한다.

5) **밀도 시험**
　① 검정선까지 물을 채운 플라스크의 질량을 계량한다.
　② 표면 건조 포화 상태의 시료 500g을 0.1g까지 계량한다.

③ 시료를 플라스크에 넣고 물을 용량의 90%까지 넣은 후 기포를 제거한다.

④ 항온 수조 속에 약 1시간 담근 후 정확히 500ml의 눈금까지 물을 넣고 무게를 측정하고 0.1g까지 기록한다.

6) 흡수율 시험

잔골재를 플라스크에서 꺼낸 다음 항량이 될 때까지 105±5℃에서 건조시키고 실내 온도까지 식힌 후 무게를 잰다. 그 후 20±5℃의 물을 플라스크의 검정용량까지 채워 무게를 단다.

7) 결과 계산

① 표면 건조 포화 상태의 밀도 $(d_s) = \dfrac{m}{B + m - C} \times \rho_w \ (g/cm^3)$

② 절대 건조 상태의 밀도 $(d_d) = \dfrac{A}{B + m - C} \times \rho_w \ (g/cm^3)$

③ 진밀도 $(d_A) = \dfrac{A}{B + A - C} \times \rho_w \ (g/cm^3)$

④ 흡수율 $(Q) = \dfrac{m - A}{A} \times 100 \ (\%)$

여기서, m : 표면 건조 포화 상태 시료의 질량 (g)

C : 시료와 물로 검정된 용량을 나타낸 눈금까지 채운 플라스크 질량 (g)

B : 검정된 용량을 나타낸 눈금까지 물을 채운 플라스크 질량(g)

A : 절대 건조 상태의 시료 질량 (g)

ρ_w : 시험 온도에서 물의 밀도 (g/cm³)

6.4 골재의 단위 용적 질량 및 실적률 시험

1) **시험 목적** : 콘크리트의 제조, 배합의 결정, 현장에서 골재를 계량할 경우에 필요하다.

2) **시험법**

① 다짐대를 사용하는 방법

② 충격을 이용하는 방법

③ 삽을 이용하는 방법

【 골재의 단위 용적 측정기 】

3) **결과**

① 골재의 단위 용적 질량(T)

$$T = \frac{m_1}{V} (kg/m^3)$$

여기서, m_1 : 용기 안의 시료의 질량 (kg)

V : 용기 용적 (m^3)

② 골재의 실적률(G)

$$G = \frac{T}{d_D \times 1000} \times 100(\%) \quad \text{또는} \quad G = \frac{T}{d_S \times 1000} \times (100 + Q)(\%)$$

여기서, d_D : 골재의 절대 건조 상태 밀도 (g/cm^3)

d_S : 골재의 표면 건조 포화 상태 밀도 (g/cm^3)

Q : 골재의 흡수율

6.5 잔골재 표면수 시험

1) 시험 목적 : 콘크리트 배합설계를 할 때 골재의 표면수가 있으면 물-결합재비가 달라지므로 혼합수를 조정하기 위해 잔골재의 표면수율 시험을 한다.

2) 관련 지식

① 콘크리트의 배합설계는 골재의 표면 건조 포화 상태를 기준으로 한 것이므로 골재의 표면수를 측정하여 혼합 수량을 조절한다.

② 잔골재의 표면수 측정 방법은 질량에 의한 측정법(질량법), 용적에 의한 측정법(부피법), 메스실린더에 의한 간이 측정법이 있다.

3) 시험 방법(질량법)

① 플라스크의 표시선까지 물을 채우고 질량을 계량한다.

② 물을 일부 제거한 플라스크 속에 시료 500g을 넣고, 흔들어서 공기를 없앤다.

③ 플라스크 표시선까지 물을 채우고 시료와 물이 든 플라스크의 질량을 계량한다.

④ 시료가 밀어낸 물의 질량

$$m = m_1 + m_2 - m_3$$

여기서, m_1 : 시료의 질량

m_2 : 표시선까지 물을 채운 플라스크의 질량

m_3 : 시료를 넣고 표시선까지 물을 채운 플라스크의 질량

4) 결과의 계산

① 표면수율

$$H(\%) = \frac{m - m_s}{m_1 - m} \times 100(\%)$$

여기서, m_s : $\dfrac{m_1}{\text{표면 건조 포화 상태의 밀도}}$

골재 시험 문제 풀이

문제 1

잔골재 밀도시험을 한 결과 다음과 같은 결과를 얻었다. 물음에 답하시오.

결과 : 시료의 무게 500g   A : 시료의 노건조 무게 490g
   B : (플라스크+물) 무게 689g   C : (플라스크+물+시료) 무게 990g

풀이   가. 절대건조상태 밀도를 구하시오.

$$\frac{A}{B+m-C} \times \rho_w = \frac{490}{689+500-990} \times 1 = 2.46 g/cm^3$$

나. 표면건조포화상태의 밀도를 구하시오.

$$\frac{m}{B+m-C} \times \rho_w = \frac{500}{689+500-990} \times 1 = 2.51 g/cm^3$$

다. 진밀도를 구하시오.

$$\frac{A}{B+A-C} \times \rho_w = \frac{490}{689+490-990} \times 1 = 2.59 g/cm^3$$

라. 흡수율은 몇 %인가?

$$\frac{m-A}{A} \times 100 = \frac{500-490}{490} \times 100 = 2.04\,(\%)$$

문제 2

잔골재 밀도 및 흡수량 시험결과 다음과 같다. 물음에 답하시오.

구 분	무 게(g)
시험 전 시료의 무게	500
시험 후 시료의 무게	494.6
(물 + 플라스크) 무게	688.8
(물 + 플라스크 + 시료) 무게	998.6

풀이   가. 표면 건조 포화 상태의 밀도를 구하시오. (소수점 3자리에서 반올림)

$$표면건조포화상태 밀도 = \frac{m}{B+m-C} \times \rho_w$$
$$= \frac{500}{688.8+500-998.6} \times 1 = 2.63 g/cm^3$$

나. 흡수율을 구하시오. (소수점 3자리에서 반올림)

$$흡수율 = \frac{m-A}{A} \times 100 = \frac{500 - 494.6}{494.6} \times 100 = 1.09\,(\%)$$

문제 3

다음은 잔골재에 밀도시험을 한 값이다. 아래 물음에 답하시오.

(단, 소수점 4째 자리에서 반올림)

플라스크 무게(gf)	164
플라스크+물(gf)	662
시료의 무게(gf)	500
플라스크+시료+물(gf)	970
시료의 노건조 무게(gf)	493

풀이 가. 표면 건조 포화상태의 밀도를 구하시오.

$$표건밀도 = \frac{m}{B+m-C} \times \rho_w = \frac{500}{662+500-970} \times 1 = 2.604 g/cm^3$$

나. 진밀도를 구하시오.

$$진밀도 = \frac{A}{B+A-C} \times \rho_w = \frac{493}{662+493-970} \times 1 = 2.665 g/cm^3$$

다. 흡수율을 구하시오.

$$흡수율 = \frac{m-A}{A} \times 100 = \frac{500-493}{493} \times 100 = 1.420\,(\%)$$

문제 4

굵은 골재의 밀도 및 흡수량 시험을 하여 다음과 같은 결과를 얻었다. 물음에 대한 산출근거와 답을 쓰시오. (단, 소수점 3자리에서 반올림)

• 건조기 건조후의 시료 무게 : 2252g   • 표면건조 포화상태의 무게 : 2352g
• 물속에서 시료의 무게 : 1495g

풀이 가. 표면건조 포화상태의 밀도를 구하시오.

$$\frac{B}{B-C} \times \rho_w = \frac{표면건조포화상태\ 무게}{표면건조포화상태\ 무게 - 물속에서\ 시료\ 무게} \times \rho_w$$

$$= \frac{2352}{2352-1495} \times 1 = 2.74 g/cm^3$$

나. 흡수율을 구하시오.

$$\frac{B-A}{A}\times100 = \frac{\text{표면건조포화상태 무게} - \text{건조시료 무게}}{\text{건조시료 무게}}\times100$$

$$= \frac{2352-2252}{2252}\times100 = 4.44\,(\%)$$

문제 5

굵은골재의 밀도 및 흡수량 시험을 하여 다음과 같은 결과를 얻었다. 다음 물음에 산출근거와 답을 쓰시오.

건조기에서 건조한 후 시료의 무게 (g)	1951
표면 건조 포화상태의 무게 (g)	2057
물속에서의 시료 무게 (g)	1290

풀이 가. 표면건조 포화상태의 밀도를 구하시오.

$$\frac{B}{B-C}\times\rho_w = \frac{2057}{2057-1290}\times1 = 2.68g/cm^3$$

나. 흡수율을 구하시오

$$\frac{B-A}{A}\times100 = \frac{2057-1951}{1951}\times100 = 5.43\,(\%)$$

문제 6

굵은 골재의 밀도 및 흡수량 시험한 결과가 다음과 같을 때 물음에 답하시오

- 표면건조포화상태 : 2225g
- 물속 철망의 무게 : 1917g
- 물속 시료와 철망의 무게 : 3218g
- 노건조의 시료무게 : 2138g

풀이 가. 표면건조 포화상태의 밀도

$$\frac{B}{B-C}\times\rho_w = \frac{2225}{2225-1301}\times1 = 2.41g/cm^3$$

C값(물속에서 시료무게) 계산

물속(철망태+시료무게) - 물속 철망태무게 = 3218 - 1917 = 1301g

나. 흡수율

$$\frac{B-A}{A}\times100 = \frac{2225-2138}{2138}\times100 = 4.07\,(\%)$$

문제 7

여러 개의 무더기로 나누어서 굵은 골재의 밀도 및 흡수량 시험을 실시 하여 다음과 같은 결과를 얻었다. 다음 물음에 답하시오.

무더기의 크기	원시료에 대한 백분율(%)	시료무게 (g)	밀도	흡수율(%)	비고
A	45	2213.0	2.74	2.31	
B	39	5462.5	2.77	2.52	
C	21	12593.0	2.78	2.93	

풀이 가. 평균밀도(G)를 구하시오.

$$G = \cfrac{1}{\cfrac{P_1}{100G_1} + \cfrac{P_2}{100G_2} + \cdots + \cfrac{P_n}{100G_n}} = \cfrac{1}{\cfrac{45}{100 \times 2.74} + \cfrac{39}{100 \times 2.77} + \cfrac{21}{100 \times 2.78}} = 2.63$$

나. 평균 흡수율(A)를 구하시오.

$$A = \frac{P_1 A_1}{100} + \frac{P_2 A_2}{100} + \cdots + \frac{P_n A_n}{100} = \frac{45 \times 2.31}{100} + \frac{39 \times 2.52}{100} + \frac{21 \times 2.93}{100} = 2.64 \, (\%)$$

문제 8

굵은 골재의 밀도 및 흡수량 시험을 한 결과 다음과 같다. 표면건조포화상태의 공기 중 시료의 무게 5000g, 물속의 철망태와 시료의 무게 4235g, 물 속의 철망태의 무게 1138g, 건조 후 시료의 무게 4950g일 때 다음 물음에 대한 산출근거와 답을 쓰시오.

(단, 모든 계산은 소수 2째 자리까지 구하시오)

풀이 가. 절대건조 밀도를 구하시오

$$\frac{A}{B-C} \times \rho_w = \frac{4950}{5000 - (4235 - 1138)} \times 1 = 2.60 g/cm^3$$

나. 표면건조포화상태밀도를 구하시오

$$\frac{B}{B-C} \times \rho_w = \frac{5000}{5000 - (4235 - 1138)} \times 1 = 2.63 g/cm^3$$

다. 진밀도를 구하시오

$$\frac{A}{A-C} \times \rho_w = \frac{4950}{4950 - (4235 - 1138)} \times 1 = 2.67 g/cm^3$$

라. 흡수량은 몇 %인가?

$$\frac{B-A}{A}\times 100 = \frac{5000-4950}{4950}\times 100 = 1.01\ (\%)$$

문제 9

골재의 잔입자(NO. 200체를 통과하는) 시험을 실시한 결과 씻기 전의 시료의 건조무게와 씻은 후의 건조무게가 각각 500g, 478.6.g이었다. 골재의 잔입자율 (NO. 200체를 통과하는 잔입자의 무게비)을 구하시오.

(단, 소수점 2자리에서 반올림)

풀이 NO. 200체를 통과하는 잔입자의 무게비

$$= \frac{W_0 - W_1}{W_0}\times 100 = \frac{500-478.6}{500}\times 100 = 4.28\ (\%)$$

문제 10

골재의 단위 무게 시험에 대한 물음에 답하시오.

풀이 가. 골재의 단위 무게는 어느 상태의 골재 $1\mathrm{m}^3$의 무게를 말하는가?

　　　공기 중 건조상태 (기건상태)

나. 골재의 단위 무게 시험 방법에서 골재의 최대 치수가 40mm 이하인 것에 적용하는 방법은?

　　　봉 다짐 방법 (다짐대를 사용하는 방법)

다. 굵은 골재에 단위 무게는 시험결과 평균값이 1632kg/m3 이고 밀도값이 2.60 일 때 빈틈율은 얼마인가?

　　(단, 표준온도 17℃에서 물 1㎥당 중량은 0.999t이다)

$$빈틈률 = \frac{(비중 \times 0.999) - 단위무게}{비중 \times 0.999}\times 100$$

$$= \frac{(2.60\times 0.999)-1.632}{2.6\times 0.999}\times 100 = 37.17\ (\%)$$

문제 11

습윤 상태에 있어서 중량이 100g의 모래를 건조시켜 표면 건조 상태에서 95g, 기건 상태에서 92g, 노건조상태에서 91g이 되었을 때 표면수율, 유효 흡수율, 흡수율, 전함수율(비)을 구하시오.

풀이 가. 표면수율은?

$$\frac{습윤상태 - 표면건조포화상태}{표면건조포화상태} \times 100 = \frac{100 - 95}{95} \times 100 = 5.26 \, (\%)$$

나. 유효흡수율은?

$$\frac{표면건조포화상태 - 기건상태}{기건상태} \times 100 = \frac{95 - 92}{92} \times 100 = 3.26 \, (\%)$$

다. 흡수율은?

$$\frac{표면건조포화상태 - 노건조상태}{노건조상태} \times 100 = \frac{95 - 91}{91} \times 100 = 4.40 \, (\%)$$

라. 전함수율은?

$$\frac{습윤상태 - 노건조상태}{노건조상태} \times 100 = \frac{100 - 91}{91} \times 100 = 9.89 \, (\%)$$

문제 12

습윤상태 있어서 중량이 474g의 모래를 건조시켜 표면 건조 포화 상태에서 463g, 기건 상태에서 447g, 노건조 상태에서 421g이 되었을 때 표면수량, 유효흡수율, 흡수율, 전함수비 구하시오.

풀이 가. 표면수율은?

$$\frac{습윤 - 표건}{표건} \times 100 = \frac{474 - 463}{463} \times 100 = 2.38 \, (\%)$$

나. 유효흡수율은?

$$\frac{표건 - 기건}{기건} \times 100 = \frac{463 - 447}{447} \times 100 = 3.58 \, (\%)$$

다. 흡수율은?

$$\frac{표건 - 노건}{노건} \times 100 = \frac{463 - 421}{421} \times 100 = 9.98 \, (\%)$$

라. 전함수율은?

$$\frac{습윤 - 노건}{노건} \times 100 = \frac{474 - 421}{421} \times 100 = 12.59 \, (\%)$$

문제 13

습윤상태의 굵은골재 무게가 2000g 이고 함수상태에 따른 무게가 아래 표와 같을 때 다음 물음에 답하시오.

> 표면 건조포화상태의 무게 : 1900g
> 공기중 건조상태 무게 : 1800g
> 노건조 상태의 무게 : 1700g

풀이 가. 표면수율을 구하시오.

$$\frac{습윤 - 표건}{표건} \times 100 = \frac{2000 - 1900}{1900} \times 100 = 5.26 \, (\%)$$

나. 유효흡수율을 구하시오.

$$\frac{표건 - 기건}{기건} \times 100 = \frac{1900 - 1800}{1800} \times 100 = 5.56 \, (\%)$$

다. 흡수율을 구하시오.

$$\frac{표건 - 노건}{노건} \times 100 = \frac{1900 - 1700}{1700} \times 100 = 11.76 \, (\%)$$

문제 14

모래의 함수상태를 계량한 값이 다음과 같다. 다음 물음에 답하시오.

노 건조상태 무게	468gf	표면건조 포화상태 무게	490gf
공기중 건조상태 무게	476gf	습윤상태의 무게	504gf

풀이 가. 흡수율

$$\frac{표건 - 노건}{노건} \times 100 = \frac{490 - 468}{468} \times 100 = 4.70 \, (\%)$$

나. 유효흡수율

$$\frac{표건 - 기건}{기건} \times 100 = \frac{490 - 476}{476} \times 100 = 2.94 \, (\%)$$

다. 표면수율

$$\frac{습윤 - 표건}{표건} \times 100 = \frac{504 - 490}{490} \times 100 = 2.86 \, (\%)$$

라. 전함수율

$$\frac{습윤 - 노건}{노건} \times 100 = \frac{504 - 468}{468} \times 100 = 7.69 \ (\%)$$

문제 15

다음 주어진 잔골재의 체가름 시험 결과를 이용하여 물음에 답하시오.

체	10mm	No 4	No 8	No 16	No 30	No 50	No 100
잔류량(g)	0	0	40	150	180	80	50

풀 이 가. 표를 완성하시오

체의 크기	잔류량(g)	잔류율(%)	가적잔류율(%)	가적통과율(%)
10mm	0	(0)	(0)	(100)
No 4	0	(0)	(0)	(100)
No 8	40	(8)	(8)	(92)
No 16	150	(30)	(38)	(62)
No 30	180	(36)	(74)	(26)
No 50	80	(16)	(90)	(10)
No 100	50	(10)	(100)	(0)
PAN	0	(0)	(100)	(0)
계	500			

산출근거 : ① 잔유율 $= \dfrac{각체의 잔류량}{총시료량} \times 100 \ (\%)$

② 가적잔유율 $= \Sigma$잔유율$(\%)$

③ 가적통과율 $= 100 -$ 가적잔유율 $(\%)$

나. 조립률을 구하시오. (단, 소수점 3자리에서 반올림)

$$FM = \frac{10개체 \ 가적잔유율의 합}{100}$$

$$= \frac{0+0+0+0+0+8+38+74+90+100}{100} = 3.10$$

《해설》
☞ 조립률을 구하기 위한 10개 체
  80, 40, 20, 10, 5(N04), 2.5(N08), 1.2(N016), 0.6(N030), 0.3(N050), 0.15mm(N0100)
  주의: 위에 열거한 10개 체 외의 체가 있을 경우는 조립률을 구할 때는 제외시키고 계산함.

문제 16

다음 주어진 골재의 체가름 시험 결과표를 이용하여 다음 물음에 대한 산출 근거와 답을 답안지에 쓰시오.

체	10mm	NO4	NO8	NO16	NO30	NO50	NO100
잔류량	0	71	198	204	122	88	29

풀이

가. 표를 완성하시오

체의 크기	잔류량	잔류율(%)	가적잔류율(%)	가적통과율(%)
10mm	0	(0)	(0)	(100)
N_O 4	71	(10)	(10)	(90)
N_O 8	198	(27.8)	(37.8)	(62.2)
N_O 16	204	(28.6)	(66.4)	(33.6)
N_O 30	122	(17.1)	(83.5)	(16.5)
N_O 50	88	(12.4)	(95.9)	(4.1)
N_O 100	29	(4.1)	(100)	(0)
PAN	0	(0)	(100)	(0)
계	712			

나. 조립률을 구하시오.

$$FM = \frac{0+0+0+0+10+37.8+66.4+83.5+95.9+100}{100} = 3.94$$

다. 사용가능 여부를 쓰시오.

잔골재의 적절한 조립률의 범위는 2.3~3.1이나 이 시료는 범위를 벗어나므로 잔골재로 사용 부적합

≪해설≫
☞ 잔골재 판단 근거
　　NO 4체(5mm)를 한계로 치수가 큰 체는 전부 통과 하였으므로 이 골재는 잔골재

문제 17

골재의 체가름 시험 결과 각 체의 가적 통과율(%)은 다음 표와 같다. 다음 물음에 답하시오.

체	65mm	40mm	19mm	10mm	NO4	NO8	NO16
가적통과율(%)	100	96	61	24	3	0	0

풀 이　가. 조립률을 구하시오.

$$FM = \frac{0+4+39+76+97+5 \times 100}{100} = 7.16$$

체	65mm	40mm	19mm	10mm	NO4	NO8	NO16
가적통과율 (%)	100	96	61	24	3	0	0
가적잔유율 (%)	0	4	39	76	97	100	100

나. 굵은 골재 최대치수를 구하시오.

40 (mm)

다. 시료의 사용 여부를 구체적 사유를 들어 판정 하시오.

굵은골재 조립률의 적정범위는 6~8로써 이 시료는 조립률이 7.16이므로 사용

적합

≪해설≫
☞ 조립률을 구할 때 가적 통과율을 주어졌으므로 가적 잔유율을 구하여 계산
　가적 잔유율=100-가적 통과율
☞ 65mm는 10개체에 포함되지 않으므로 조립률 계산 시 제외 하고 체를 세팅 할 때
　80mm, 0.6mm(N030), 0.3mm(N050), 0.15mm(N0100) 없으나 있는 것으로 하여 계산에
　포함(∵65mm 100%통과이므로 80mm는 당연 100%통과, N08번 0%통과 이므로 그 이하
　는 당연 0%통과)
☞ 굵은골재 최대치수의 정의: "질량(무게)으로 90% 이상 통과 하는 체중 체 눈금이 최소인
　것의 호칭 치수로 나타내는 굵은 골재의 크기"이므로 40mm가 근접

문제 18

다음 주어진 굵은 골재의 체가름 시험결과를 이용하여 물음에 답하시오.

체의 호칭(mm)	75	40	25	20	10	No.4 (5)	No.8 (2.5)	No.16 (1.2)	PAN
각체의 잔유량(%)	0	15	25	60	95	120	145	20	0
가적 잔류율(%)	0	3.1	8.3	20.8	40.6	65.6	95.8	100	100

풀 이　가. 조립률(FM)을 구하시오.

$$FM = \frac{0+3.1+20.8+40.6+65.6+95.8+4 \times 100}{100} = 6.26$$

나. 굵은 골재의 최대치수를 구하시오.

25 (mm)

≪해설≫
☞ 25mm체는 10개체에 포함이 안 되므로 제외, N030(0.6mm), N050(0.3mm), N0100(0.15 mm)은 체 세팅은 안 되어 있으나 포함하여 계산
☞ 굵은골재 최대치수는 "질량(무게)으로 90% 이상 통과 하는 체중 체 눈금이 최소인 것의 호칭 치수" 이므로 굵은 골재 최대치수는 25mm

---

문제 19

다음에 주어진 잔골재를 체가름 시험하여 얻은 아래 표를 이용하여 다음 물음에 답하시오.

체(mm)	잔유량(g)	잔유율(%)	누적잔유율(%)	가적통과율(%)
10	0	0	0	100
5	37.7	2.8	2.8	97.2
2.5	94.1	7.0	9.8	90.2
1.25	213.9	15.9	25.7	74.3
0.6	341.6	25.4	51.1	48.9
0.3	396.8	29.5	80.6	19.4
0.15	177.5	13.2	93.8	6.2
0.08	25.6	1.9	95.7	4.3
pan	57.8			

풀이 가. 조립률을 구하시오

$$FM = \frac{0+0+0+0+2.8+9.8+25.7+51.1+80.6+93.8}{100} = 2.64$$

나. 사용여부를 결정 하시오

잔골재 조립률의 적정범위는 2.3~3.1임. 따라서 2.3⟨2.64⟨3.1이므로 사용가능

문제 20

체분석 시험을 위한 잔골재의 건조무게가 500g이고, 체가름 시험결과 각체에 남은 양이 다음과 같을 때 표(잔유율, 가적잔유율)을 완성하고 조립률을 계산 하시오.

풀이 가. 빈칸 (잔유율, 가적잔유율)을 계산하여 기록 하시오

체(mm)	잔유량(g)	잔유율(%)	가적잔유율(%)
20	0	(0)	(0)
10	5	(1)	(1)
5	20	(4)	(5)
2.5	66	(13.2)	(18.2)
1.2	140	(28)	(46.2)
0.6	212	(42.4)	(88.6)
0.3	41	(8.2)	(96.8)
0.15	14	(2.8)	(99.6)
팬	2	(0.4)	(100)
계	500		

나. 조립률을 계산 하시오. (단, 소수점이하 2자리에서 반올림)

$$FM = \frac{0+0+0+1+5+18.2+46.2+88.6+96.8+99.6}{100} = 3.6$$

문제 21

다음 표는 굵은 골재의 체가름 시험 결과이다. 조립률을 계산하고, 또 이 골재는 사용이 가능한가, 불가능한가를 정하시오.

구 분	백 분 율
80mm체에 남는 시료량	0 %
40mm체에 남는 시료량	0 %
25mm체에 남는 시료량	3 %
19mm체에 남는 시료량	29 %
13mm체에 남는 시료량	53 %
10mm체에 남는 시료량	77 %
No.4 체에 남는 시료량	98 %
No.8 체에 남는 시료량	100 %

풀 이

① $FM = \dfrac{0+0+29+77+98+100+100+100+100+100}{100} = 7.04$

② 굵은 골재의 조립률의 범위는 6~8 사이에 있는 것이 좋으므로 시험결과 7.04가 얻어졌으므로 골재사용은 가능

문제 22

어느 현장에서 골재 체가름 시험한 결과 굵은 골재 조립률이 7.4이고 잔골재 조립률이 2.8일 때 잔 골재와 굵은 골재 비율은 1:1.8 비율로 혼합할 때 혼합된 골재의 조립률을 구하시오.

풀이

$$f_a = \frac{p}{p+q} \cdot f_s + \frac{q}{p+q} \cdot f_g = \frac{1}{1+1.8} \times 2.8 + \frac{1.8}{1+1.8} \times 7.4 = 5.76$$

건설재료시험 기능사 필답형

제 7 장

시멘트 및 콘크리트 시험

제7장 시멘트 및 콘크리트 시험

7.1 콘크리트 일반

1 콘크리트 구성

콘크리트를 만들려면 필요로 하는 재료는 시멘트, 잔골재(모래), 굵은 골재(자갈), 물, 혼화재료를 혼합하여 만들어진 것을 콘크리트라 한다.

① 시멘트 풀(Cement paste) : 시멘트+물

② 시멘트 모르타르(Cement mortar) : 시멘트+물+잔골재

③ 콘크리트(Concrete) : 시멘트+물+잔골재+굵은 골재

④ 철근 콘크리트 : 시멘트+물+잔골재+굵은 골재+철근

> ≪알아두기≫
> ☞ 콘크리트 전체 부피의 70%가 골재이고 나머지 30%는 시멘트 풀로 되어 있다.
> ☞ 시멘트(Cement), 물(Water), 잔골재(Sand), 굵은 골재(Gravel)영문 첫 알파벳 알아 두어야 뒤에 나오는 계산문제 계산할 때 편리함

2 콘크리트 장, 단점

1) 장점

① 재료의 크기, 모양에 의한 제한을 받지 않고 마음대로 만들 수 있다.

② 압축강도가 크고 내구성, 내화성이 크다.

③ 재료의 운반과 시공이 쉽다.

④ 구조물 유지 관리비가 적게 든다.

⑤ 철근과의 부착력이 크다.

2) 단점

① 콘크리트 자체 무게가 무겁다. 그러나 자중이 크므로 중력댐이나 중력식 옹벽은 장점이 된다.

② 압축강도에 비해 인장강도, 휨강도가 작다.

③ 건조수축에 의한 균열이 생기기 쉽다.

3 굳지 않은 콘크리트의 성질

굳지 않은 콘크리트(fresh concrete)는 믹싱 후 시간이 경과함에 따라 유동성을 상실하고, 응결을 거쳐 소정의 강도를 나타낼 때까지의 콘크리트를 말하며, 치기에 알맞은 유동성을 가져야 하고, 재료의 분리가 생기지 않고, 마무리성이 좋아야 한다.

굳지 않은 콘크리트 성질

① 워커빌리티(workability) : 굳지 않은 콘크리트에서 가장 중요한 것으로 반죽 질기에 따른 작업이 어렵고 쉬운 정도(작업의 난이 정도) 및 재료분리에 저항하는 정도를 나타내는 성질

② 반죽질기(consistency) : 주로 물의 양이 많고 적음에 따른 반죽의 되고 진 정도를 나타내는 성질

③ 성형성(plasticity) : 거푸집에 쉽게 다져 넣을 수 있고, 거푸집을 제거하면 천천히 형상이 변하기는 하지만 허물어지거나 재료분리하지 않는 성질

④ 피니셔빌리티(finishability) : 굵은 골재의 최대 치수, 잔골재율, 잔골재의 입도 반죽질기 등에 따른 마무리하기 쉬운 정도를 나타내는 성질

≪알아두기≫
☞ 응결 : 응결은 시멘트가 수화작용에 의해 유동성을 잃고 굳어지는 현상
☞ 경화 : 응결 후 수화작용이 계속되면 시멘트가 굳어져 강도를 나타내는 현상
☞ 응결 시험법 : 비이카침, 길모어침 시험법

워커빌리티(workability)

1) 워커빌리티(workability)에 영향을 끼치는 요소

요 소	워커빌리티가 좋아지는 경우	워커빌리티가 나빠지는 경우
시멘트	■ 시멘트 양이 많을수록(부배합) ■ 분말도가 높을수록 ■ 혼합 시멘트	■ 시멘트 양이 작을수록(빈배합) ■ 분말도가 낮을수록 ■ 풍화된 시멘트를 사용하는 경우
혼화 재료	■ 혼화재 및 혼화제를 사용한 경우 (플라이애쉬, 고로 슬래그 미분말, AE제, AE 감수제)	

골 재	▪ 시멘트 양에 비해 골재 양이 적을 수록 ▪ 골재 알 모양이 둥글수록	▪ 골재 알 모양이 편편하고, 모난 경우 (부순 골재)
물		▪ 수량이 적을수록

> ≪알아두기≫
> ☞ 물은 워커빌리티에 가장 큰 영향을 끼치는 요소로 수량이 많아지면, 묽은 반죽이 되어 재료분리가 쉽고, 강도가 현저하게 저하되어 워커빌리티가 좋아진다고 말할 수 없다
> ☞ 단위 수량이 1.2% 증가하면 슬럼프는 1cm 증가한다

2) 그 밖에 굳지 않은 콘크리트에 영향을 주는 요소

① 온도

콘크리트 온도가 높을수록 컨시스턴시(consistency)가 저하된다. 일반적으로 비빔 온도가 10℃ 상승에 슬럼프가 2~3cm 증가한다.

② 공기량

AE제나 AE 감수제로 만들어진 공기는 볼 베어링(ball bearing) 작용에 의해 워커빌리티를 개선시킨다. 공기량이 1% 증가하면 슬럼프가 2.5cm 증가한다.

③ 비빔 시간

혼합 시간이 불충분하거나 과도하게 비빔 시간을 길게 하면 워커빌리티에 나쁜 영향을 준다.

3) 워커빌리티 측정 방법

워커빌리티는 반죽질기에 좌우되므로 일반적으로 반죽질기(컨시스턴시)를 측정하여 판단한다. 그 중에서 슬럼프 시험을 가장 보편적으로 사용한다.

① 워커빌리티 판정 시험 : 슬럼프 시험, 구관입 시험, 흐름 시험

시험 방법	시험기	시험 방법 및 내용
슬 럼 프 시 험		슬럼프 콘에 3층 25회 다진 후, 슬럼프 콘을 빼 올렸을 때 무너져 내린 값을 슬럼프

시험 방법	시험기	시험 방법 및 내용
구 관 입 시 험		케리볼 시험이라고 하며 중량 약 13.6kg인 반구가 자중에 의하여 콘크리트 속으로 가라앉는 관입 깊이를 측정하는 시험 방법
흐름 시험		몰드를 놓고 콘크리트를 2층으로 투입하여 각각 25회씩 다진 다음 수직으로 들어 올린 후 흐름 시험판을 10초 동안에 15회 속도로 낙하 $$흐름값 = \frac{시험후 퍼진 직경 - 원래 지름(25.4cm)}{원래 지름(25.4cm)} \times 100(\%)$$

② 그 밖에 워커빌리티 시험

■ 비비 시험 (Vee-Bee test)

진동대 위의 원통 용기에 슬럼프 시험과 같은 조작으로 슬럼프 시험을 한 후, 투명 플라스틱 원판을 콘크리트면 위에 놓고 진동을 주어 원판의 전면에 콘크리트가 완전히 접할 때까지의 시간을 초(sec)로 측정하여 측정값을 VB값(Vee-Bee degree) 또는 침하도라고 함

■ 리몰딩 시험 (remolding test)

슬럼프 몰드 속에 콘크리트를 채우고 원판을 콘크리트 면에 얹어 놓고 약 6mm의 상하운동을 주어 콘크리트의 표면이 내외가 동일한 높이가 될 때까지의 낙하 횟수로써 반죽질기를 나타냄

재료의 분리

굵은 골재가 모르터로 부터 분리되는 현상으로 콘크리트의 구성 재료 중 입경이 큰 재료가 차지하는 비율이 클수록 재료분리가 발생이 쉽고, 입경이 작은 재료가 차지하는 재료의 비율이 클수록 재료분리 저항성이 증가

1) 작업 중 재료분리

【작업 중 재료분리가 발생하는 경우】

① 굵은 골재의 최대 치수가 지나치게 큰 경우

② 단위 골재량과 단위 수량 너무 많은 경우

③ 단위 수량 너무 많은 경우

④ 배합이 적절하지 않은 경우 (제조, 운반, 타설 시에 재료분리 발생)

⑤ 묽은 반죽의 콘크리트를 높은 곳에서 낙하시키는 경우 (슈트)

⑥ 혼합 시간의 부족하든지 또는 과다하게 혼합하는 경우

【재료분리 발생 대책】

① 콘크리트의 성형성(plasticity)을 증가

② 잔골재율을 크게

③ 물-결합재비를 작게

④ AE제, 플라이애쉬 등의 혼화 재료 사용

2) 작업 후의 재료분리

콘크리트를 친 후 시멘트와 골재 알이 가라앉으면서 물이 올라와 표면에 떠 오른다. 이 현상을 블리딩이라 하고, 물이 표면에 떠올라 가라앉으면서 발생한 미세 물질을 레이턴스(laitance)라 함

【블리딩 발생 대책】

① 단위 수량을 적게 한다.

② 분말도가 높은 시멘트 사용

③ AE제, 감수제를 사용

④ 플라이 애시, 슬래그 미분말, 실리카 퓸(silica fume) 등의 혼화재 사용

4 굳은 콘크리트의 성질

1) 단위 중량(무게) (kg/m³)

① 콘크리트 단위 무게는 굵은 골재의 밀도, 굵은 골재 최대 치수, 골재의 사용량에 따라 다르다.

② 무근 콘크리트 단위 무게 : 2,300~2,350 kg/m³

철근 콘크리트 단위 무게 : 2,400~2,500 kg/m³

경량 콘크리트 단위 무게 : 1,500~1,900 kg/m³

≪알아두기≫

☞ 단위 : 단위 무게, 단위 수량, 단위 잔골재량, 단위 굵은 골재량 등 앞에 붙는 "단위"의 의미는 숫자 1을 기준으로 함.

(예, 단위 무게는 부피 1m³을 기준으로 할 때 무게를 말함)

2) 강도 (압축강도, 인장강도, 휨강도)

압축강도

① 콘크리트 강도는 주로 압축강도를 말함.

② 압축강도는 재령 28일 강도를 말함

③ 압축강도에 영향을 주는 요인은 물-결합재비, 굵은 골재 최대 치수, 혼화 재료의 종류, 혼합, 비비기, 공기량, 워커빌리티

④ 원추형 공시체 ($\phi 150 \times 300mm$, 또는 $\phi 100 \times 200mm$)를 제작하여 규정된 일수까지 양생 후 압축강도 시험기로 파괴 하여 최대하중을 단면적으로 나눔

$$\therefore \ 압축강도(N/mm^2) = \frac{P(N)}{A(mm^2)} \ (MPa)$$

여기서, P : 파괴 최대하중, A : 원의 단면적($\frac{\pi d^2}{4}$)

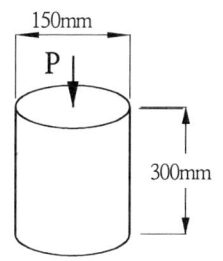

【콘크리트 압축강도용 공시체】

≪알아두기≫
☞ 공시체 지름 : 높이의 비는 1 : 2가 되어야 한다.
☞ 재령의 의미 : 콘크리트의 압축강도 발현은 재령 7~14일까지의 사이에 가장 급격한 강도 증가가 나타나고, 수분이 공급되면 일반적으로 재령 6개월부터 1년까지 강도 증가, 재령 28일은 콘크리트 강도가 90%이상 발현되어 콘크리트 구조물의 설계기준으로 이용,

인장강도

① 콘크리트 인장강도는 압축강도의 $\frac{1}{10} \sim \frac{1}{13}$ 정도

② 인장강도에 영향을 주는 요인은 압축강도와 동일

③ 인장강도 공시체 몰드는 압축강도용을 쓰고, 옆으로 눕혀 놓고 파괴 (인장강도를 쪼갬 인장강도라 함)

$$\therefore \ 인장강도(kg/cm^2) = \frac{2P}{\pi dl} (MPa)$$

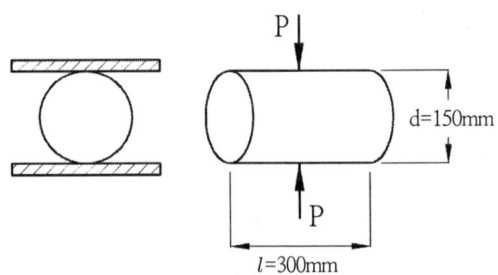

【 콘크리트 인장강도용 공시체 】

휨강도

① 콘크리트 휨강도는 압축강도의 $\frac{1}{5} \sim \frac{1}{8}$ 정도

② 콘크리트 휨강도는 도로 포장용 콘크리트 품질 결정에 사용

③ 휨강도용 공시체 (150×150×530mm, 또는 100×100×380mm)를 만들어 양생 후
시험체를 3등분하여 놓고 파괴하여 최대하중을 구하여 휨강도 구함

■ 시험체가 지간의 3등분 중앙에서 파괴될 때

$$\therefore \ \text{휨강도}(N/mm^2) = \frac{Pl}{bd^2} (MPa)$$

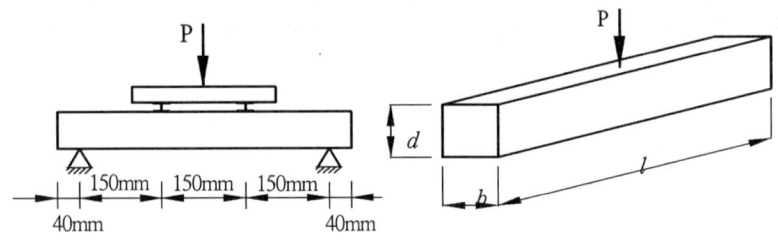

    a. 3등분점 재하   b. 중앙점 재하

【 콘크리트 휨강도용 공시체 】

5 그 밖에 콘크리트의 성질

1) 균열

  ① 굳지 않은 콘크리트 균열

    • 소성수축 균열 (플라스틱 균열)   • 침하 균열

  ② 굳은 콘크리트의 균열

    • 건조수축에 의한 균열   • 열응력에 의한 균열

- 화학적 반응에 의한 균열
- 기상작용에 의한 균열
- 철근의 부식에 의한 균열
- 시공불량에 의한 균열

③ 균열 발생 원인
- 단위 시멘트량, 단위 수량이 너무 큰 경우
- 알칼리 함유량이 큰 시멘트 사용
- 분말도가 너무 큰 시멘트 사용
- 반응성 물질이 있는 골재 사용

≪알아두기≫
☞ 소성수축 균열 : 시멘트-페이스트는 경화할 때, 절대 체적의 1%정도가 감소하게 되며, 이에 따라 소성상태에 있는 콘크리트의 체적이 감소하는 것.
☞ 침하 균열 : 콘크리트의 타설 후 콘크리트는 자중에 의하여 계속 압밀이 되어 수축하는 현상
☞ 건조수축 균열 : 워커빌리티에 필요한 잉여수가 건조하면서 콘크리트는 수축

---

2) 부피의 변화

콘크리트 온도가 높으면 콘크리트가 팽창하고, 냉각하면 수축한다. 또 콘크리트는 수분의 변화에 따라 부피가 변화 (건조수축)

3) 내구성

① 콘크리트 구조물이 오랫동안 외부작용에 저항하기 위한 성질
② 콘크리트 내구성에 영향을 끼치는 요인은 동결, 융해, 기상작용, 물, 산, 염 등 화학적 침식, 물 흐름에 대한 침식, 철근의 녹에 의한 균열

4) 크리프(creep)

콘크리트에 일정하게 하중을 계속 주면, 응력의 변화는 없는 데 변형이 재령과 함께 커지는 현상

5) 중성화(中性化)

공기중의 탄산가스(CO_2)에 의해 콘크리트의 수화로 발생한 수산화칼슘($CaOH_2$)이 탄산칼슘($CaCO_3$)으로 변화하여 알칼리성을 소실하는 현상으로, 콘크리트의 강도, 그 외 물리적인 성질은 그다지 변하지 않지만 중성화가 철근의 위치까지 도달하면 철근이 녹슬기 쉽게 되어 구조물의 균열을 발생시키고 내력을 저하시킨다.

☆ 중성화 구분 방법

페놀프탈렌 1% 알코올 용액의 분무에 의해 자적색으로 변하지 않는 부분을 중성화 영역으로 하고 변하는 부분을 미중성화 영역으로 하여 측정한다.

6) 잠재수경성

고로 슬래그가 시멘트 수화물 중 수산화칼슘과 반응, 경화하여 장기강도를 발휘하는 성질

7) 알칼리 골재 반응

알칼리와의 반응성을 가지는 골재가 시멘트, 그 밖의 알칼리와 장기간에 걸쳐 반응하여, 팽창을 유발하여 균열을 발생시켜 콘크리트의 내구성을 저하 시킨다.

☆ 알칼리 골재 반응을 억제하는 방법

    a. 저알칼리 시멘트 사용

    b. 혼합율이 큰 고로 시멘트 또는 플라이애시 시멘트 사용

    c. 콘크리트 중의 전알칼리량을 일정 한도 이하로 억제

≪알아두기≫

☞ 잠재수경성 : 고로 슬래그가 시멘트 수화물 중 수산화칼슘과 반응, 경화하여 장기강도를 발휘하는 성질

☞ 알칸리 골재 반응 : 알칼리와의 반응성을 가지는 골재가 시멘트, 그 밖의 알칼리와 장기간에 걸쳐 반응하여, 팽창을 유발하여 균열을 발생시켜 콘크리트의 내구성을 저하

☞ 중성화(中性化) : 공기 중의 탄산가스(CO_2)에 의해서 콘크리트의 수화로 발생한 수산화칼슘($CaOH_2$)이 탄산칼슘($CaCO_3$)으로 변화하여 알칼리성을 소실하는 현상

7.2 콘크리트의 배합

1 배합, 비비기 일반사항

1) 일반 사항

① 콘크리트의 배합은 소요의 강도, 내구성, 수밀성, 균열저항성, 철근 또는 강재를 보호하는 성능 및 작업에 적합한 워커빌리티를 갖는 범위 내에서 단위 수량이 될 수 있는 대로 적게 되도록 해야 한다.

② 작업에 적합한 워커빌리티를 갖기 위해 콘크리트는 부재의 크기와 형상, 콘크리트의 다지기 방법 등에 따라서 거푸집의 구석구석까지 콘크리트가 충분히 채워지도록 치고 다지는 작업이 용이함과 동시에 재료분리가 거의 생기지 않는 콘크리트이어야 한다.

2) 재료의 계량오차

재료의 종류	측정 단위	1회 계량분량의 한계허용오차(%)
시 멘 트	질량	-1, +2
골 재	질량 또는 부피	± 3
물	질량	-2, +1
혼 화 재[주1)]	질량	± 2
혼 화 제	질량 또는 부피	± 3

주) 고로 슬래그 미분말의 계량오차의 최대치는 ± 1%로 한다.

3) 콘크리트 비비기

① 콘크리트의 재료는 반죽된 콘크리트가 균등질이 될 때까지 충분히 비빈다.

② 콘크리트 비비기는 원칙적으로 배치 믹서(batch mixer)에 의해서 해야 하나 소규모나 중요하지 않은 공사에서는 삽 비빔을 하기도 한다.

③ 재료를 믹서에 투입하는 순서는 미리 적절하게 정해야 된다.

④ 비비기 시간은 가경식 믹서는 1분 30초 이상, 강제혼합식 믹서는 1분 이상

⑤ 비비기는 미리 정해 둔 비비기 시간의 3배 이상 계속해서는 안 된다.

⑥ 비비기를 시작하기 전에 미리 믹서 내부를 모르터로 부착시켜야 한다.

⑦ 믹서 안의 콘크리트를 전부 꺼낸 후 다음 재료를 넣는다.

⑧ 비벼놓아 굳기 시작한 콘크리트는 되비벼서 사용하지 않는다.

《알아두기》
☞ 되비비기 : 모르타르, 콘크리트가 엉기기 시작하였을 때 다시 비비는 작업.
☞ 거듭비비기 : 엉기기 시작하지는 않았으나 비빈 후 상당 시간이 지났거나 재료분리가 발생한 경우 다시 비비는 작업.

4) 설계기준강도(f_{ck})

콘크리트 부재 설계에서 기준으로 한 압축강도, 일반적으로 재령 28일 압축강도를 기준

5) 배합강도(f_{cr})

콘크리트 배합을 정하는 경우 목표로 하는 압축강도를 말함

6) 물-결합재비(W/B)

콘크리트의 골재가 표면 건조 포화 상태에 있을 때, 시멘트 풀 속에 있는 물과 시멘트, 혼화재 무게비

7) 단위량(kg/m^3)

콘크리트 $1m^3$ 만드는데 필요한 각 재료 양

8) 잔골재율(S/a)

골재에서 5mm 체를 통과하는 것을 잔골재, 5mm 체에 남는 것을 굵은 골재로 보아 산출한 잔골재량의 전체 골재량에 대한 절대 부피(%)

$$잔골재율(S/a) = \frac{S_V}{S_V + G_V} \times 100\,(\%)$$

9) 시방배합

시방서 또는 책임 감리원이 지시한 배합, 이 때 골재는 표면 건조 포화 상태에 있고, 잔골재는 5mm 체를 다 통과하고, 굵은 골재는 5mm 체에 다 남는 것으로 한다.

10) 현장배합

시방배합은 골재는 표면 건조 포화 상태에 있고, 잔골재는 5mm 체를 다 통과 하고, 굵은 골재는 5mm 체에 다 남는 것으로 하지만, 현장 골재 함수 상태나 입도 상태는 그렇지 않으므로 시방배합을 고치는 것을 현장배합

2 배합설계 (콘크리트 개정시방서 참고)

시 방 배 합

배합을 결정하는 방법은 ① 계산에 의한 방법 ② 배합표에 의한 방법 ③ 시험 배합에 의한 방법이 있다.

가장 합리적이고 실용적인 방법이 시험 배합에 의한 방법으로 이 방법에 의한 배합설계순서 및 방법을 소개 한다.

1) 배합강도 결정 (f_{cr})

배합강도는 설계기준압축강도 35MPa 이하의 경우와, 35MPa 초과의 경우로 나누어 계산하고 각 두 식에 의한 값 중 큰 값으로 정하여야 한다.

  □ $f_{ck} \leq 35 \,(\mathrm{MPa})$ 인 경우

$$f_{cr} = f_{ck} + 1.34s \,(\mathrm{MPa})$$

$$f_{cr} = (f_{ck} - 3.5) + 2.33s \,(\mathrm{MPa})$$

  □ $f_{ck} > 35 \,(\mathrm{MPa})$ 인 경우

$$f_{cr} = f_{ck} + 1.34s \,(\mathrm{MPa})$$

$$f_{cr} = 0.9f_{ck} + 2.33s \,(\mathrm{MPa})$$

여기서, s : 압축강도의 표준편차 (MPa)

2) 물-결합재비 (W/B) 결정

물-결합재비는 소요의 강도, 내구성, 수밀성, 균열 저항성 등을 고려하여 결정

① 압축강도를 기준으로 해서 물-결합재비를 정할 경우

  ■ 시험에 의하여 결정하는 것이 원칙이며, 재령 28일 압축강도를 표준

    ◇ 지금까지 실험 예) $f_{28} = -13.8 + 21.6\dfrac{\mathrm{B}}{\mathrm{W}} \,(\mathrm{MPa})$

  ■ 배합에 사용할 물-결합재비는 기준 재령의 결합재-물비와 압축강도와의 관계식에서 배합강도에 해당하는 결합재-물비 값의 역수로 한다.

≪알아두기≫
그동안 물-시멘트비(W/C)로 하였으나, 2009 개정 시방서는 물-결합재비(W/B) 로 바뀜. 이유는 결합재로서 시멘트뿐만 아니라 혼화재(고로 슬래그 등)를 사용하기 때문

② 수밀성을 기준으로 물-결합재비를 정하는 경우 : 50% 이하

③ 제빙화학제가 사용되는 콘크리트의 물-결합재비 : 45% 이하

④ 중성화 저항성을 고려해야 하는 경우 물-결합재비 : 55% 이하

⑤ 내동해성을 기준으로 물-결합재비를 정하는 경우

특수노출상태에 대한 요구사항

노출상태	보통골재 콘크리트 최대 물-결합재비	보통골재 콘크리트와 경량골재 콘크리트의 최소 설계기준압축강도 $f_{ck}(MPa)$
물에 노출되었을 때 낮은 투수성이 요구되는 콘크리트	0.50	27
습한상태에서 동결융해 또는 제빙화학제에 노출된 콘크리트	0.45	30
제빙화학제, 염, 소금물, 바닷물에 노출되거나 이런 종류들이 살포된 콘크리트의 철근부식방지	0.40	35

3) 슬럼프(slump) 값 결정

구조물의 종류		슬 럼 프(mm)
철근 콘크리트	일반적인 경우	80~150
	단면이 큰 경우	60~120
무근 콘크리트	일반적인 경우	50~150
	단면이 큰 경우	50~100

4) 슬럼프 플로 값 결정

슬럼프 플로(mm)	슬럼프 플로의 허용차
500	± 75
600	± 100
700	± 100

5) 굵은 골재 최대 치수(G_{max}) 결정, (공기량(A), 잔골재율(S/a), 단위 수량(W) 결정)

콘크리트 종류		굵은 골재의 최대 치수(mm)	
무근 콘크리트		40	
		부재 최소 치수의 $\frac{1}{4}$ 이하	
철근 콘크리트	일반적인 경우	20또는25	부재 최소 치수의 $\frac{1}{5}$ 이하
	단면이 큰 경우	40	피복 두께, 철근 간격의 $\frac{3}{4}$ 이하

(콘크리트의 단위 굵은 골재 용적, 잔골재율 및 단위 수량의 표준의 값)

굵은 골재 최대 치수 (mm)	공기량 (%)	양질의 AE제를 사용한 경우		AE콘크리트	
		잔골재율 s/a(%)	단위 수량 W(kg)	잔골재율 s/a(%)	단위 수량 W(kg)
15	7.0	47	180	48	170
20	6.0	44	175	45	165
25	5.0	42	170	43	160
40	4.5	39	165	40	155

- 이 표의 값은 골재로서 보통 입도의 모래(조립률 2.80 정도) 및 자갈을 사용한 물-시멘트비 55% 정도, 슬럼프 약 80mm의 콘크리트에 대한 것이다.
- 사용 재료 또는 콘크리트의 품질이 위 조건과 다를 경우에는 보정해야 한다.

배합의 보정표

구 분	S/a의 보정 (%)	W의 보정 (kgf)
모래의 조립률이 0.1 만큼 클(작을)때 마다	0.5 만큼 크게(작게) 한다.	보정하지 않는다.
슬럼프 값이 1cm 만큼 클(작을)때 마다	보정하지 않는다.	1.2% 만큼 크게(작게)한다.
공기량이 1% 만큼 클(작을)때 마다	0.5~1.0 만큼 작게(크게) 한다.	3% 만큼 작게(크게)한다.
물-결합재비가 0.05 클(작을)때 마다	1 만큼 크게(작게) 한다.	보정하지 않는다.
S/a가 1% 클(작을)때 마다	보정하지 않는다.	1.5kg 만큼 크게(작게)한다.
부순돌을 사용할 경우	3~5 만큼 크게 한다.	9~15 만큼 크게 한다.
바순모래를 사용할 경우	2~3 만큼 크게 한다.	6~9 만큼 크게 한다.

* 단위 굵은 골재 용적에 의하는 경우에는 모래의 조립률이 0.1 만큼 커질(작아질) 때 마다 단위 굵은 골재 용적을 1% 만큼 작게(크게)한다.

6) 공기량(A), 잔골재율(S/a), 단위 수량(W) 결정

① 콘크리트의 단위 굵은 골재 용적, 잔골재율 및 단위 수량의 표준의 값에 의하여 결정

② 결정된 값을 배합의 보정표에 의하여 수정한다.

7) 단위량 계산

① 단위 시멘트량(C) : $\dfrac{W}{C}$ 비에서 구한다. (kg)

② 골재의 절대 용적($S_V + G_V$)

$$S_V + G_V = 1 - \left(\frac{C\,(kg)}{1000 \times C_g} + \frac{W\,(kg)}{1000} + \frac{A\,(\%)}{100} + \frac{혼화재량\,(kg)}{1000 \times 혼화재비중} \right) (m^3)$$

③ 잔골재 절대 용적(S_V)

$$S_V = (S_V + G_V) \times S/a\,(m^3)$$

④ 단위 잔골재량(S)

$$S = S_V \times S_g \times 1000\,(kg)$$

⑤ 굵은 골재 절대 용적(V_G)

$$G_V = (S_V + G_V) - S_V\,(m^3)$$

⑥ 굵은 골재량(G)

$$G = G_V \times G_g \times 1000\,(kg)$$

여기서,

C	: 시멘트 무게 [kg]	W	: 물 무게 [kg]
A	: 공기량 [%]	S	: 잔골재량 [kg]
S_V	: 잔골재 부피 [m³]	S_g	: 잔골재 밀도 [g/cm³]
G	: 굵은 골재량 [kg]	G_V	: 굵은 골재 부피 [m³]
G_g	: 굵은 골재 밀도 [g/cm³]		

8) 배합 표시 방법

굵은 골재의 최대 치수 (mm)	슬럼프 범위 (mm)	공기량 범위 (%)	물-결합 재비[1] W/B (%)	잔골 재율 S/a (%)	단위질량(kg/m3)					
					물	시멘트	잔골재	굵은 골재	혼화재료	
									혼화재[1]	혼화제[2]

주 1) 포졸란반응성 및 잠재수경성을 갖는 혼화재를 사용하지 않는 경우에는 물-결합재비가 된다.

2) 같은 종류의 재료를 여러 가지 사용할 경우에는 각각의 난을 나누어 표시한다. 이 때 사용량에 대하여는 ml/m^3 또는 g/m^3로 표시하며, 희석시키거나 녹이거나 하지 않은 것으로 나타낸다.

현 장 배 합

시방배합은 골재는 표면건조포화상태에 있고, 잔골재는 5mm 체를 다 통과하고, 굵은 골재는 5mm 체에 다 남는 것으로 한다.

그러나 현장 골재 함수상태나 입도상태는 그렇지 않으므로 시방배합을 고쳐야 한다.

1) 입도 보정

현장 골재에서 잔골재 속에 들어 있는 굵은 골재량(5mm 체에 남은 양)과 그리고 굵은 골재 속에 들어 있는 잔골재량(5mm 체 통과량)에 따라 입도를 보정

2) 표면수 보정

현장 골재의 함수 상태에 따라 콘크리트의 함수량이 달라지고 골재량도 달라진다. 따라서 골재의 함수 상태에 따라 시방배합의 물의 양과 골재량을 보정

배합설계 예제

1. 설계조건

주어진 재료에 의하여 콘크리트 표준시방서의 규정에 따라 배합설계를 하시오.

설계기준강도(f_{ck})=23(MPa), 목표로 하는 슬럼프는 100mm이고, 공기량은 4.5%이다. 또 굵은 골재는 최대 치수 25mm이며, 구조물은 보통의 노출상태에 있으며, 기상작용이 심하고 단면이 보통이며, 수밀 콘크리트를 만들고 그밖에 것은 고려하지 않는다. 혼화제는 제조자가 추천한 AE제 사용량은 시멘트 질량의 0.02%

2. 재료시험

재료를 시험한 결과

시멘트 밀도 : 3.14g/cm^3

잔골재의 표건밀도 : 2.55g/cm^3

굵은 골재 표건밀도 : 2.60g/cm^3

잔골재의 조립률 : 2.85 (5mm 체 잔유분 제거 후 시험)

3. 배합강도(f_{cr}) 계산

콘크리트 압축강도의 표준편차 (s) : 3.5(MPa) 라고 한다면, 아래 계산에서 큰 값을 사용

$$f_{cr} = f_{ck} + 1.34s = 23 + 1.34 \times 3.5 = 27.69 \ (\text{MPa})$$

$$f_{cr} = (f_{ck} - 3.5) + 2.33s = (23 - 3.5) + 2.33 \times 3.5 = 27.66 (\text{MPa})$$

$$\therefore \ f_{cr} = 27.69 \ (\text{MPa}) \ 결정$$

4. 물-결합재비 결정

① 압축강도를 기준으로 해서 물-결합재비를 정할 경우

$$f_{28} = -13.8 + 21.6 \times \frac{B}{W} \ \text{에서} \ \therefore \ 27.69 = -13.8 + 21.6 \times \frac{B}{W}$$

$$\frac{B}{W} = \frac{27.69 + 13.8}{21.6}, \qquad \therefore \ \frac{W}{B} = \frac{21.6}{41.49} = 0.520 = 52\%$$

② 수밀성을 기준으로 물-결합재비를 정하는 경우 : 50% 이하

③ 내동해성 기준 (보통 노출상태에서 기상작용이 심하고 단면이 보통인 경우) :

55% 이하

위 조건에 의해 물- 결합재비가 가장 작은 값을 사용

$$\therefore \ \frac{W}{B} = 50 \ (\%) \ \text{로 결정}$$

5. 잔골재율 및 단위 수량의 결정

굵은 골재 최대 치수 25mm에 대하여 공기량 : 5(%), 잔골재율(S/a) : 42(%), 단위 수량(W) :
170(kg)으로 보정

보정항목	표 조건	배합 조건	S/a = 42%	W = 170kg
			S/a의 보정량	W의 보정량
잔골재의 조립률	2.8	2.85	$\dfrac{2.85-2.80}{0.1}\times0.5=+0.25\,(\%)$	$-$
슬럼프	8	10	$-$	$(10-8)\times1.2=+2.4\,(\%)$
물-결합재비	0.55	0.5	$\dfrac{0.5-0.55}{0.05}\times1=-1\,(\%)$	$-$
공기량	5.0	4.5	$\dfrac{5.0-4.5}{1}\times0.75=+0.4\,(\%)$	$(5.0-4.5)\times3=+1.5\,(\%)$
합계			$-\,0.35(\%)$	$+\,3.9(\%)$
보정한 설계치			$S/a=42-0.35 \fallingdotseq 41.7$	$W=170+(170\times0.039)$ $\fallingdotseq 177\ (kg)$

6. 단위량의 계산

① 단위 시멘트량 (C)

$$\frac{W}{C}=50\ (\%)\ \text{에서},\ \ C=\frac{W}{0.5}=\frac{177}{0.5}=354\ (kgf)$$

② 골재의 절대 용적(S_V+G_V)

$$S_V+G_V=1-\left(\frac{C\ (kg)}{1000\times C_g}+\frac{W\ (kg)}{1000}+\frac{A\,(\%)}{100}+\frac{\text{혼화재량}(kg)}{1000\times\text{혼화재 비중}}\right)(m^3)$$

$$=1-\left(\frac{354}{1000\times3.14}+\frac{177}{1000}+\frac{4.5}{100}\right)=0.665\ m^3$$

③ 잔골재의 절대 용적(S_V)

$$S_V\ =\ 0.665\times0.417=0.277\ (m^3)$$

④ 단위 잔골재량 (S)

$$S=0.277\times1000\times2.55=706\ (kgf)$$

⑤ 굵은 골재의 절대 용적(G_V)

$$G_V=0.665-0.277=0.388\ (m^3)$$

⑥ 단위 굵은 골재량(G)

$$G=0.388\times1000\times2.60=1009\ (kgf)$$

⑦ 단위 AE제량 (A)

$$A=354\times0.0002=70.8\ (gf)\ \ (\text{AE제 사용량 } 0.02\ \%=0.0002)$$

7. 시험비비기 및 시방 배합

계산된 단위량으로부터 시험 비비기를 실시하여 시방배합을 실시

가. 제1배치량 계산

골재의 함수상태는 표면 건조 포화 상태로 만든다. 1배치 콘크리트 양을 $50l$

(0.05m^3, $1m^3 = 1000l$) 라고 하면 1배치 각 재료의 양은 다음과 같다.

① 물의 양 (W) $= 177 \times \dfrac{50}{1000} = 8.85 \; (\text{kgf})$

② 시멘트량 (C) $= 354 \times \dfrac{50}{1000} \times 17.7 \; (\text{kgf})$

③ 잔골재량 (S) $= 706 \times \dfrac{50}{1000} = 35.3 \; (\text{kgf})$

④ 굵은 골재량(G) $= 1009 \times \dfrac{50}{1000} = 50.45 \; (\text{kgf})$

⑤ AE제량 (A) $= 70.8 \times \dfrac{50}{1000} = 3.54 \; (\text{gf})$

1배치 양에 의해 시험 비비기를 한 결과 슬럼프 값이 120mm, 공기량이 5.5%의 결과가 나왔다면, 목표로 하는 슬럼프값 100mm와 공기량 4.5%와는 차이가 있으므로 보정한다.

나. 제1배치 시험 비비기에 의한 보정

① 슬럼프값 보정 : 슬럼프 값을 보정하려면 물을 보정하면 되므로 슬럼프값이

1cm 만큼 클(작을)때 마다 물을 1.2% 만큼 크게(작게)보정한다.

$$W = 177 \times \left\{ 1 - (\frac{12-10}{1}) \times 0.012 \right\} = 173 \; (\text{kgf})$$

② 공기량 보정 : 공기량 보정도 물을 보정하면 된다. 공기량이 1% 만큼 클(작을)때 마다, 물을 3% 만큼 작게(크게) 한다. 따라서 잔골재율도 보정을 해야 한다.

$$W = 177 \times \left\{ 1 + (\frac{5.5-4.5}{1}) \times 0.03 \right\} = 178 \; (\text{kgf})$$

$$S/a = 41.7 + (\frac{5.5-4.5}{1}) \times 0.75 = 42.5 \; (\%)$$

③ 공기량 4.5 %로 하기 위한 AE제량 보정

$$0.02 \, (\%) \times \frac{4.5}{5.5} = 0.016 \; (\%)$$

다. 시방배합

① 단위 시멘트량 (C)

$$\frac{W}{C} = 50\ (\%) \ \text{에서},\ \ C = \frac{W}{0.5} = \frac{178}{0.5} = 356\ (\mathrm{kgf})$$

② 골재의 절대 용적($S_V + G_V$)

$$S_V + G_V = 1 - \left(\frac{356}{1000 \times 3.14} + \frac{178}{1000} + \frac{4.5}{100}\right) = 0.664\ \mathrm{m}^3$$

③ 잔골재의 절대 용적(S_V)

$$S_V = 0.664 \times 0.425 = 0.282\ (\mathrm{m}^3)$$

④ 단위 잔골재량 (S)

$$S = 0.282 \times 1000 \times 2.55 = 719\ (\mathrm{kgf})$$

⑤ 굵은 골재의 절대 용적(G_V)

$$G_V = 0.664 - 0.282 = 0.382\ (\mathrm{m}^3)$$

⑥ 단위 굵은 골재량(G)

$$G = 0.382 \times 1000 \times 2.60 = 993\ (\mathrm{kgf})$$

⑦ 단위 AE제량 (A)

$$A = 354 \times 0.00016 = 56.6\ (\mathrm{gf})\ \ (\text{AE제 사용량 } 0.016\ \% = 0.00016)$$

굵은 골재 최대 치수 (mm)	슬럼프 범위 (cm)	공기량 범위 (%)	물-결합재 비 W/B (%)	잔골재율 S/a (%)	단위량 (kgf/m³)				
					물 W	시멘트 C	잔골재 S	굵은 골재 G	혼화제 (gf/m³)
25	10	4.5	50	42.5	178	356	719	993	56.6

라. 제2배치

제1배치 시방배합으로 50l 에 대한 각 재료량을 계산하여 시험 배합한 결과 슬럼프값이 100mm, 공기량이 4.5%가 되어 설계조건이 만족하면 제1배치 시방 배합으로 결정

8. 현장배합 설계

시방배합 결과와 현장 골재 상태가 다음 표와 같을 때 현장배합으로 고치시오.

현 장 골 재 상 태			
잔골재 표면수량	1 %	5mm 체에 남는 잔골재량	4 %
굵은 골재 표면수량	3 %	5mm 체에 통과하는 굵은 골재량	3 %

가. 입도 조정

$$S + G = 719 + 993 = 1712 \quad \cdots\cdots\cdots\cdots\cdots\cdots ①$$

$$0.96S + 0.03G = 719 \quad \cdots\cdots\cdots\cdots\cdots\cdots ②$$

①식에 0.96를 곱하여 ②식과 연립하면

$$
\begin{array}{r}
0.96S \;+\; 0.96G = 1644 \\
-)\,0.96S \;+\; 0.03G = 719 \\
\hline
0 \;+\; 0.93G = 925
\end{array}
$$

$$\therefore G = \frac{925}{0.93} = 995 \; \mathrm{kgf} \quad \cdots\cdots\cdots ③$$

③식을 ①식에 대입하면

$$\therefore S = 1712 - 995 = 717 \; \mathrm{kgf}$$

나. 표면수 보정

① 잔골재 표면수 : $717 \times 0.01 = 7 \, (\mathrm{kgf})$

② 굵은 골재 표면수 : $995 \times 0.03 = 30 \, (\mathrm{kgf})$

다. 콘크리트 $1\mathrm{m}^3$을 만들기 위한 각 재료 양

① 시멘트 : $356 \, (\mathrm{kgf/m}^3)$

② 물 : $178 - (7 + 30) = 141 \, (\mathrm{kgf/m}^3)$

③ 잔골재 : $717 + 7 = 724 \, (\mathrm{kgf/m}^3)$

④ 굵은 골재 : $995 + 30 = 1025 \, (\mathrm{kgf/m}^3)$

7.3 시멘트 및 콘크리트 시험

7.3.1 시멘트 밀도(비중) 시험

1) **시험 목적** : 콘크리트의 배합설계 시 시멘트가 차지하는 절대 용적을 계산하는 데 필요

2) **시험 기구**

   ① 르샤틀리에 비중병

   ② 르샤틀리에 비중병의 눈금 1과 0의 위아래에 0.1ml 눈금이 2줄씩 여분으로 새겨져 있다.

3) **사용 재료**

   ① 광유(온도 23±2℃에서 비중 0.83인 완전 탈수된 등유나 나프타)

   ② 광유의 온도가 1℃ 변화하면 용적이 약 0.2 cc 변화되어 비중은 약 0.02의 차가 생기므로 시멘트를 넣기 전 후의 광유 온도차는 0.2℃를 넘어서는 안 된다.

   ③ 시멘트 : 64g

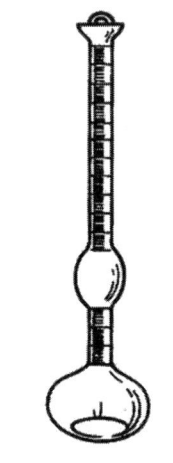

【 르샤틀리에 비중병 】

4) **관련 지식 및 유의 사항**

   ① 시멘트 비중의 적용 범위

      ㉠ 시멘트의 종류 및 품질을 판정하는 경우

      ㉡ 콘크리트 배합설계 시 단위 시멘트량을 구하는 경우

   ② 르샤틀리에 비중병의 광유 눈금 읽는 법 : 광유 곡면의 밑면을 읽는다.

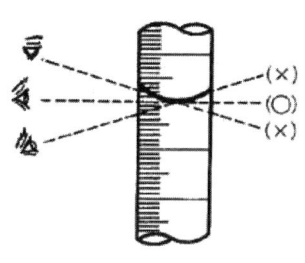

【 광유눈금 읽는 법 】

5) 시험 방법

　① 르샤틀리에 비중병의 눈금 0~1ml 사이에 광유를 넣고 눈금을 읽는다.

　② 시멘트 64g을 넣는다.

　③ 비중병을 알맞게 흔들어 공기를 제거한다.

　④ 비중병의 눈금을 읽는다.

6) 결과 계산

　① 시멘트의 비중 $= \dfrac{\text{시멘트 무게(g)}}{\text{비중병 눈금 차(ml)}}$　　(여기서, 시멘트 무게는 64 g)

　② 동일 시험자가 동일 재료에 대하여 2회 측정한 결과의 차이가 ±0.03 이내이어야 한다.

7.3.2 시멘트 분말도 시험

1) 시험 목적 :

　① 시멘트 입자 분말의 미세 정도를 알기 위한 시험(비표면적으로 표시 : cm^2/g)

　② 분말도는 시멘트의 수화속도, 수화열 및 강도 등의 물리적 성질을 좌우하는 요인으로 분말도에 따라서 콘크리트의 성질을 예측할 수 있다.

2) 시험 기구 : 블레인 공기 투과 장치, 스톱워치, 다공 금속판, 거름종이

3) 사용 재료 : 수은, 시멘트 20g, 마노미터 액

4) 시험 방법

　① 시료를 약 20g 준비한다.

　② 시멘트 베드의 부피를 측정한다.

$$V = \dfrac{W_a - W_b}{D}$$

【 블레인 공기투과장치 】

　여기서, W_a : 셀 안을 전부 채운 수은의 질량 (g)

　　　　　　W_b : 셀 안에 시멘트 베드를 만들고 남은 공간을 채운 수은의 질량 (g)

　　　　　　D : 시험하는 온도에서의 수은의 밀도 (cm^3/g)

③ 표준 시료의 투과 시험을 한다 : 블레인 공기 투과 장치 (45 μm 표준체)

  ㉠ 표준 시료의 질량

$$W = P_s \cdot V\,(1 - e)$$

  여기서, P_s : 시료의 밀도 (3.15 g/cm^3)

  V : 시멘트의 부피 (cm^3)

  e : 시멘트 베드의 기공율 (0.5)

  ㉡ 다공 금속판위에 거름종이를 놓고 투과 셀에 시료를 넣은 다음 거름종이를 덮는다.

  ㉢ 플런저를 가볍게 누르면서 빼고 투과 셀을 마노미터관에 밀착시킨 후 마노미터액을 제 1표선까지 올린다.

  ㉣ 마노미터액이 제 2표선에서 제 3표선까지 내려오는데 소요되는 시간 T_s(초)를 측정한다.

④ 시험 시료의 투과 시험

  ㉠ 시험 시료의 질량을 구한다.

  ㉡ 시험 시료를 이용했을 때 마노미터 액이 제 2표선에서 제 3표선까지 내려오는데 소요되는 시간 T(초)를 측정한다.

5) 시멘트 비표면적 계산

$$S = S_s \sqrt{\dfrac{T}{T_s}}$$

여기서, S : 시험 시료의 비표면적 (cm^2/g)

  S_s : 표준 시료의 비표면적 (cm^2/g)

  T : 시험 시료에 대한 마노미터액의 제 2표선에서 제 3표선까지 내려오는 소요시간 (초)

  T_s : 표준 시료에 대한 마노미터액의 제 2표선에서 제 3표선까지 내려오는 소요시간 (초)

7.3.3 시멘트 응결 시험

1) **시험 목적** : 시멘트의 응결 시간을 측정하여 모르타르나 콘크리트의 응결 시간을 예측하며 시멘트의 품질을 추정할 수 있고 혼화제의 효과를 측정할 수 있다.

2) **시험 기구**
   ① 비카 장치
   ② 길모어 장치

3) **사용 재료**
   ① 시멘트, 유리판

【 비카 장치 】

【 길모어 장치 】

4) **관련 지식 및 유의 사항**
   ① 시멘트 습도가 높고, 수량이 많고, 풍화되면 응결 시간이 늦어진다.
   ② 온도가 높고 분말도가 높으면 응결이 빨라진다.
   ③ 비카 장치 : 초결 측정에 사용
   ④ 길모어장치 : 초결과 종결 측정에 사용

5) **결과의 판정**
   ① 비카 침에 의한 초결 시간은 시멘트를 혼합한 후부터 30초 동안에 표준침이 시험체에 25mm 들어갔을 때의 시간으로 한다.
   ② 길모어 침에 의한 응결 시간은 시멘트를 물과 혼합한 후부터 초결은 초결침, 종결은 종결침을 시험체가 표면에 흔적을 내지 않고 받치고 있을 때까지의 시간으로 한다.

7.3.4 시멘트 모르타르의 압축강도 및 휨강도 시험 (2011 KS 규정 변경)

1) **시험 목적** : 표준사를 사용하여 제작한 공시체의 압축강도를 측정하며 시멘트의 강도 특성은 시멘트의 품질관리 및 콘크리트의 배합설계에 필요하다.

2) **시험 기구**

    ① 시험체 몰드(각주형 공시체)

      (40mm×40mm×160mm)

    ② 흐름 시험기

    ③ 압축강도 시험기

    ④ 모르타르 혼합기

【 시험체 몰드 】　　　【 흐름 시험기 】

3) **관련 지식 및 유의 사항**

모르타르의 압축강도는 수량이 적을수록, 분말도가 높을수록 커진다.

4) **주요 시험 방법 (압축강도 시험)**

    ① 모래알의 차이에 따른 영향을 없애기 위해 표준 모래를 사용한다.

    ② 모르타르 제작 시 시멘트 : 모래의 비는 1 : 3 비가 되게 한다.

    ③ 3개의 시험체를 한 조합된 시료로 할 경우의 각 1회분 재료의 양은 시멘트 450±2g, 모래 1,350±5g과 물 225±1g이다.

    ④ 혼합수는 포틀랜드 시멘트인 경우 시멘트 무게의 50%로 한다.

    ⑤ 혼합수를 혼합용 그릇에 넣은 다음 시멘트를 넣고, 제1속도로 30초 동안 혼합하면서 표준 모래 전량을 넣는다.

    ⑥ 혼합기를 정지하고 제2속도로 바꾸어 30초, 그 후 90초간 그냥 두었다가 15초 동안에 반죽을 긁어 내린다. 60초 동안 고속으로 혼합을 계속한다.

    ⑦ 시험체를 만들고 양생 후 매초 $2400 \pm 200\,\mathrm{N}$의 하중을 가해 압축강도 시험을 한다.

    ⑧ 압축강도$(\mathrm{MPa}) = \dfrac{\text{최대 하중}(\mathrm{N})}{\text{시험체의 단면적}(\mathrm{mm}^2)}$

여기서, 시험체(공시체)의 몰드는 40mm×40mm×160mm 각주형 공시체이다.

5) 주요 시험 방법 (휨강도 시험)

① 모르타르는 시멘트와 표준모래를 1 : 3의 질량비로 섞는다.

② 시험체를 만들고 양생 후 매초 $50 \pm 10\,\mathrm{N}$의 하중을 가해 압축강도 시험을 한다.

③ 각주의 양쪽 끝 부분을 지지봉에 얹어 놓고 각주의 긴축이 지지봉과 직교하도록 공시체를 시험기에 놓는다. 각주의 반대 측면 표면에 하중봉을 수직으로 재하 한다.

④ 휨강도$(\mathrm{MPa}) = \dfrac{1.5\,F_f\,l}{b^3}$

여기서, F_f : 파괴 시에 각주의 중앙에 가한 하중(N)

l : 지지물 사이의 거리(mm)

b : 각기둥의 직각을 이루는 절개면의 변(mm)

7.3.5 슬럼프 시험

1) **시험 목적** : 콘크리트 반죽질기를 측정하는 것으로, 워커빌리티 판단수단이 된다.

2) **시험 기구**

    ① 슬럼프 콘

        ㉠ 밑면 안지름 : 200mm

        ㉡ 윗면 안지름 : 100mm

        ㉢ 높이 : 300mm

    ② 다짐봉

        ㉠ 지름 : 16mm

        ㉡ 길이 : 500~600mm

【 슬럼프 시험 기구 】

3) **관련 지식**

    ① 콘크리트 슬럼프 시험은 굳지 않은 콘크리트의 반죽질기(컨시스턴시)를 측정하는 시험 방법으로, 워커빌리티를 판정하는 시험이다.

    ② 굵은 골재 최대 치수가 40mm를 넘을 경우 40mm를 넘는 골재는 제거한다.

    ③ 슬럼프 콘을 들어 올리는 시간은 높이 300mm에서 2~5초로 한다.

4) **시험 방법**

    ① 슬럼프 콘에 시료를 채우고 벗길 때까지 전 작업시간은 3분 이내로 한다.

    ② 슬럼프 콘은 강으로 된 평판 위에 설치하고 3층 25회 다진다.

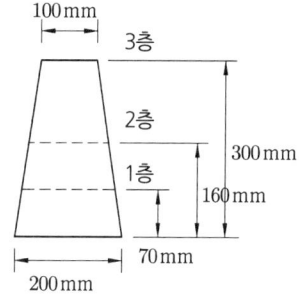

    ③ 2층은 슬럼프 콘 부피의 약 2/3 (깊이 약 160mm)까지 넣고 25회 고르게 다진다.

        각 층을 다질 때 다짐봉의 다짐 깊이는 그 앞 층에 거의 도달할 정도로 함.

    ④ 슬럼프 콘을 채운 콘크리트 윗면을 고르게 하고 즉시 슬럼프 콘을 연직으로 들어 올려 공시체 높이와 콘크리트가 무너진 상단부와 차를 5mm 단위로 측정하여 슬럼프 값으로

한다.

5) 결과의 계산

① 콘크리트가 내려앉은 길이를
   슬럼프 값으로 한다.

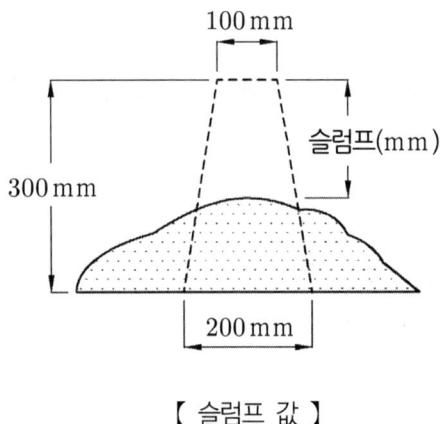

【 슬럼프 값 】

7.3.6 공기량 시험

1) 시험 목적 : 콘크리트의 워커빌리티, 강도, 내구성, 수밀성 및 단위 용적 질량 등에 공기량이
영향을 미치므로 콘크리트의 품질관리 및 적절한 배합설계에 이용한다.

2) 시험 기구

① 공기량계

㉠ 워싱턴 형

굵은 골재 최대치수 (mm)	용기 최소치수 (L)
50 이하	6
80 이하	12

【 워싱턴형 공기량계 】

3) 관련 지식 및 시험 방법

① 공기량 시험법은 질량 방법, 용적에 의한 방법, 공기실 압력법이 있다.

② 공기량 시험은 AE 공기량을 측정하기 위함

③ AE 공기는 연행 공기, 갇힌 공기는 혼화제를 쓰지 않고 자연적으로 발생한다.

④ 알맞은 공기량의 범위는 4~7% 이다.

4) 겉보기 공기량 측정 시험 방법

① 시료의 양은 필요한 양보다 5L 이상을 채취한다.

② 대표적인 시료를 용기에 3층으로 넣고, 각 층을 25회 다진다.

③ 용기 옆면을 고무망치로 가볍게 두들겨 빈틈을 없앤다.

④ 용기 윗부분의 남은 콘크리트를 목재 정규로 깎아내고 뚜껑을 덮은 다음 공기가 새지 않게 잠근다. 이때, 공기실의 주 밸브는 잠그고, 배기구 밸브와 주수구 밸브를 열어 놓는다.

⑤ 물을 넣을 경우 배기구에서 물이 나올 때까지 주수구에 물을 넣고, 배기구에서 기포가 나오지 않을 때까지 압력계를 두들긴 다음 배기구와 주수구를 잠근다.

⑥ 공기실 내의 압력을 초압력까지 올리고, 약 5초 지난 뒤에 주 밸브를 충분히 연다.

⑦ 콘크리트 각 부분에 압력이 잘 전달되도록 용기의 옆면을 고무망치로 두들긴다.

⑧ 지침이 안정되었을 때 압력계를 읽어 겉보기 공기량(A1)을 구한다.

5) 골재 수정 계수 시험 방법

① 잔골재와 굵은 골재의 시료를 채취한다.

    ㉠ 사용하는 잔골재의 질량

$$F_s = \frac{S}{B} \times F_b$$

여기서, F_s : 사용하는 잔골재의 질량(kg)

         S : 콘크리트 시료의 부피(L) = 용기의 부피

         B : 1배치의 콘크리트 부피(L)

         F_b : 1배치에 사용하는 잔골재의 질량(kg)

    ㉡ 사용하는 굵은 골재의 질량

$$C_s = \frac{S}{B} \times C_b$$

여기서, C_s : 사용하는 굵은 골재의 질량(kg)

         C_b : 1배치에 사용하는 굵은 골재의 질량(kg)

② 시료를 따로 따로 약 5분간 물에 담구어 둔다.

③ 용기에 물을 $\frac{1}{3}$ 정도 채운다.

④ 용기에 잔골재를 한 삽, 굵은 골재를 2삽 넣고 다짐대로 10번 정도 다진다.

⑤ 용기에 옆면을 고무망치로 두들겨 공기를 뺀다.

⑥ 압력계의 눈금을 읽어 골재 수정 계수(G)값을 구한다.

6) 결과의 계산

콘크리트 공기량 A(%) = A1 - G

여기서, A : 콘크리트의 공기량 (콘크리트 부피에 대한 비 [%])

A1 : 겉보기 공기량 (콘크리트 부피에 대한 비 [%])

G : 골재의 수정 계수 (콘크리트 부피에 대한 비 [%])

7.3.7 염화물 함유량 시험

1) **시험 목적** : 콘크리트에 포함된 염화물은 철근 콘크리트, 프리스트레스트 콘크리트 등의 강재를 부식시키는 원인이 되므로 굳지 않은 콘크리트의 염화물 이온량을 측정하여 사용성 여부를 판단한다.

2) **관련 지식 및 시험 방법**

① 슬럼프 50mm 이상의 굳지 않은 콘크리트 중의 염화물 함유량을 염화물 이온 선택 전극을 사용한 전위차 측정법을 통해 측정한다.

② 굳지 않은 콘크리트 중의 염화물 이온량은 0.30kg/m³ 이하로 한다.

7.3.8 블리딩 시험

1) **시험 목적** : 콘크리트의 다공질의 원인이 되며, 수밀성 및 내구성 감소의 원인이 되는 블리딩량을 측정하여 사용성 여부를 판단한다.

2) 시험 기구

① 용기

㉠ 안지름 : 25±0.5cm

㉡ 안높이 : 28±0.5cm

【 블리딩 시험 용기 】

3) 관련 지식 및 유의 사항

① 블리딩(bleeding)이란, 굳지 않은 콘크리트 또는 모르타르에서 물이 분리되어 위로 올라오는 현상을 말한다.

② 블리딩 시험은 콘크리트의 재료 분리의 경향을 알기 위해서 한다.

③ 블리딩에 의하여 콘크리트의 표면에 떠올라서 가라앉은 미세한 물질을 레이턴스(laitance) 라고 한다. 블리딩이 크면 레이턴스도 크다.

④ 블리딩이 심하면 콘크리트의 윗부분이 다공질이 되며, 강도, 수밀성, 내구성 등이 작아진다.

⑤ 블리딩이 크면, 굵은 골재가 모르타르로부터 분리되는 경향이 커진다.

⑥ 일반적으로 블리딩은 콘크리트를 친후 처음 15~30분에 대부분 생기며, 2~4시간에 거의 끝난다.

⑦ 블리딩 현상을 줄이려면, 분말도가 높은 시멘트, 혼화 재료, 응결 촉진제등을 사용하고, 단위 수량을 적게 해야 한다

4) 시험 방법(시험 온도 : 20±3℃)

① 대표적인 시료를 채취한다. 이때 채취량은 필요한 양보다 5L 이상으로 한다.

② 혼합된 콘크리트를 용기에 3층으로 나누어 넣고, 각 층을 다짐대로 25회 다진 후 용기의 바깥을 10~15번 정도 두드린다.

③ 콘크리트를 용기에 25±0.3cm 의 높이까지 채운 후, 윗부분을 흙손으로 평활하게 고른다.

④ 시료와 용기를 수평한 시험대 위에 놓고 뚜껑을 덮는다.

⑤ 처음 60분 동안은 10분 간격으로, 그 후는 블리딩이 정지할 때까지 30분 간격으로 표면에 생긴 블리딩 물을 피펫으로 빨아낸다.

⑥ 각각 빨아 낸 물을 메스실린더에 옮긴 후 물의 양을 기록한다.

⑦ 이 시험 방법은 굵은 골재 최대 치수가 50mm 이하인 경우에 적용된다.

5) 결과 계산

① 블리딩량$(cm^3/cm^2,\ ml/cm^2) = \dfrac{V}{A}$

　여기서, V : 규정된 측정 시간 동안에 생긴 블리딩 물의 양$(cm^3 = mL)$

　　　　A : 콘크리트 노출면의 면적 (cm^2)

② 블리딩률$(\%) = \dfrac{B}{C \times 1000} \times 100$

　여기서, $C = \dfrac{w}{W} \times S$

　　　　B : 시료의 블리딩 물의 총량 (cc)

　　　　C : 시료에 함유된 물의 총 무게 (kg)

　　　　W : 콘크리트 $1m^3$에 사용된 재료의 총 무게(kg)

　　　　w : 콘크리트 $1m^3$에 사용된 물의 총 무게(kg)

　　　　S : 시료의 무게(kg)

7.3.9 응결 시험

1) 시험 기구 : 프록터 관입 시험 장치, 5mm 체, 응결 시험 유리판 100mm×100mm, 관입 침

2) 관련 지식 및 시험 방법

① 콘크리트의 응결 시간은 콘크리트를 5mm 체로 쳐서 얻은 모르타르의 프록터 관입저항 시험으로 한다. 관입저항이 $3.5N/mm^2(MPa)$가 되기까지의 경과 시간을 초결 시간, $28.0N/mm^2$ (MPa)가 되기까지의 시간을 종결 시간으로 한다.

② 콘크리트의 초결은 재진동 다짐이 가능한 시간의 한도를 판단하는 기준으로 사용된다. 보통의 배합인 경우 20 - 25℃ 온도의 실험실에서 시험한다.

③ 콘크리트 응결 시간 시험에서 관입침은 $100mm^2$, $50mm^2$, $25mm^2$ 및 $12.5mm^2$의 단면적을 가지며 시료의 경화 상태에 따라 적당한 단면적을 갖는 것을 선택한다. 관입에

필요한 힘을 측정하기 때문에 초결 시간에 가까운 경우는 단면적이 큰침을 사용하고 종결 시간에 가까운 경우는 단면적이 작은 침을 사용한다.

④ 시험 방법

　㉠ 비카침 시험법

　㉡ 길모어침 시험법

7.3.10 압축강도 및 탄성계수 시험

1) 시험 기구

　① 압축강도용 시험체 몰드

　　㉠ 지름 150mm, 높이 300mm

　　㉡ 지름 100mm, 높이 200mm

　② 압축강도 시험기

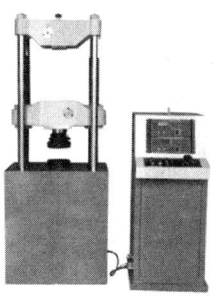

【 압축강도용 몰드 】　　【만능재료 시험기】

2) 관련 지식

　① 콘크리트의 강도라 함은 보통 압축강도를 말한다.

　② 압축강도 시험 목적

　　㉠ 경제적인 콘크리트 만들기 위한 재료를 선정한다.

　　㉡ 재료 및 배합한 콘크리트의 압축강도를 구한다.

　　㉢ 공사 현장의 콘크리트가 필요한 성질을 가진 콘크리트인지 확인한다.

　　㉣ 압축강도 시험 값으로부터 다른 여러 가지성질(휨 강도, 인장강도, 탄성계수)의 대략 값을 추정한다.

　　㉤ 콘크리트 품질관리가 용이하다.

　③ 압축강도 시험은 보통 재령 7일, 28일 (댐 콘크리트는 91일)의 강도를 설계표준으로 한다.

　④ 시험체 지름은 굵은 골재 최대치수의 3배 이상이며, 또 100mm 이상이어야 한다. 굵은 골재 최대 치수가 40mm를 넘을 경우, 40mm 망체를 쳐서 40mm를 넘는 입자를 제거한

시료를 사용하며 지름이 15cm의 공시체를 사용한다.

⑤ 시험체 가압면에는 0.05mm 이상의 홈이 있어서는 안 된다.

⑦ 공시체 지름을 0.1mm, 높이를 1mm까지 측정한다.

⑧ 공시체는 소정의 양생이 끝난 직후의 상태에서 시험한다.

3) 시험 방법

① 탈형을 쉽게 하고 이음새로 콘크리트가 새는 것을 방지하기 위해 공시체 내부에 그리스를 바른다.

② 콘크리트 몰드에 2층 이상 거의 같은 층으로 나눠서 다진다.

　콘크리트를 채울 때 1층 두께는 160mm를 넘어서는 안 되며, 다짐은 10cm^{2}당 1회 비율로 다짐

③ 콘크리트를 채운 후 된 반죽 콘크리트는 2~6시간, 묽은 반죽 콘크리트는 6~24시간 지나서 물-결합재비(W/B) 27~30%로 공시체를 캐핑한다.

④ 시험체에 콘크리트를 다 채우고 나서 16시간 이상 3일 이내에 몰드를 뗀다.

⑤ 시험체를 20±2℃에서 습윤 양생한다.

⑦ 압축강도 시험 시 공시체는 습윤 상태를 유지한다.

⑧ 공시체에 일정한 속도로 하중을 가한다, 하중, 속도, 압축 응력도의 증가율은 매초 0.6±0.2(MPa)로 한다.

⑨ 소정의 재령이 되면 시험체를 파괴한다. 이때 최대 파괴하중을 기록한다.

4) 결과 계산

$$압축강도(f_c) = \frac{P}{A} \, (MPa)$$

여기서, P : 최대하중(N)　　　　A : 공시체의 면적 $(\frac{\pi d^2}{4})$

　　　　$d = \frac{d_1 + d_2}{2}$　　　　d_1, d_2 : 두방향 지름(mm)

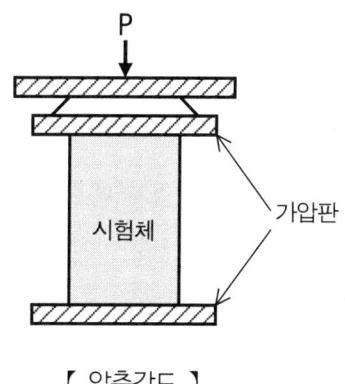

【 압축강도 】

≪알아두기≫
☞ 콘크리트 압축강도, 인장강도 공통사항
　① 몰드 떼는 시기 : 16시간~3일
　② 시험체 양생 : 20±2℃에서 습윤양생
　③ 캐핑(capping) : 일반적으로 물건 위를 감싸거나 또는 위에 씌우거나 부착하는 것
　　　a. 캐핑층의 압축강도는 콘크리트의 예상 강도 보다 작아서는 안된다.
　　　b. 캐핑층의 두께는 공시체 지름의 2%를 넘어서는 안된다.
　④ 국제단위(SI)단위에 따른 환산　　$1 kgf = 9.8N$,　$1MPa = 10.2 kgf/cm^2$

7.3.11 인장강도 시험

1) 콘크리트 인장강도 시험 방법은 직접 인장강도 시험법과, 쪼갬 인장강도 시험법이있으나, 직접 인장강도 시험법은 시험이 어려워 쪼갬 인장강도(할렬시험) 시험법을 표준으로 사용한다.

2) 인장강도 시험의 기계 기구, 시험체 제작은 압축강도와 동일하다.

3) 관련 지식

　① 시험하기 전의 재료의 온도는 20~25℃로 일정하게 유지한다.

　② 공시체의 지름은 굵은 골재 최대 치수의 4배 이상, 또한 100mm 이상으로 한다.

　③ 시험기의 위아래의 가압판은 평행이 되어야 한다.

　④ 시험체는 양생이 끝난 뒤, 즉시 젖은 상태에서 시험하여야 한다.

　⑤ 인장강도는 콘크리트 포장 슬래브, 물 탱크 등에서 중요

　⑥ 콘크리트 인장강도는 압축강도의 $\dfrac{1}{10} \sim \dfrac{1}{13}$ 정도이다.

4) 인장강도 시험

① 시험체를 시험하기 직전에 양생실에서 꺼내어 지름을 0.2mm까지 세 곳을 재어서 평균값을 구한다.

② 시험체의 길이를 2mm까지 두 곳 이상을 재어서 평균값을 구한다.

③ 시험체를 시험기의 가압판 위에 중심선과 일치하도록 옆으로 뉘어놓고, 인장응력도의 증가율이 매초 0.06±0.04(MPa)의 일정한 비율로 증가 하도록 하중을 준다.

④ 시험체가 파괴될 때, 시험기에 나타난 최대 하중을 기록한다.

5) 결과 계산

$$인장강도(f_{sp}) = \frac{2P}{\pi dl} \ (MPa)$$

여기서, P : 시험기에 나타난 최대하중(N)

l : 시험체의 길이(mm)

d : 시험체의 지름(mm)

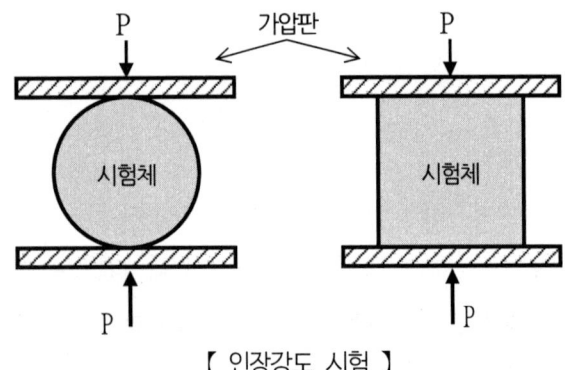

【 인장강도 시험 】

$$인장강도(f_{sp}) = \frac{2P}{\pi dl} (MPa)$$

- 하중받는 공시체의 단면적 :
  원기둥의 표면적 : πdl

- 전체 하중 : 2P

7.3.12 휨강도 시험

1) 시험 기구

① 휨 시험체 몰드

㉠ 150×150×530mm 몰드

㉡ 100×100×380mm 몰드

② 만능재료시험기

【 휨 시험체 몰드 】

2) 관련 지식

① 콘크리트 휨 강도는 압축강도의 $\frac{1}{5}$ ~ $\frac{1}{8}$ 정도이다.

② 콘크리트 휨 강도는 도로 포장용 콘크리트 품질 결정에 사용한다.

③ 공시체의 높이는 골재 최대 치수의 4배 이상이며, 100mm 이상으로 한다.

④ 공시체의 길이는 높이의 3배보다 8cm 이상 더 커야 한다.

⑤ 휨 강도용 공시체 (150×150×530mm, 또는 100×100×380mm)를 만들어 양생 후 시험체를 3등분하여 놓고 파괴한다. 이때 최대하중을 구하여 휨강도를 계산한다.

3) 시험체 제작 및 시험 방법

① 콘크리트를 몰드에 2층으로 나누어 넣는다.

② 각 층을 다짐대로 10cm^2당 1회 비율로 다진다.

③ 하중을 가하는 속도는 가장자리 응력도의 증가율이 매초 0.06±0.04(MPa)이 되도록 조정하고, 최대하중이 될 때까지 그 증가율을 유지하도록 한다.

④ 파괴 단면의 폭은 3곳에서 0.1mm 까지 측정하여 평균하고, 파괴 단면의 깊이는 2곳에서 0.1mm까지 측정한다.

4) 결과의 계산

① 시험체가 지간의 3등분 중앙에서 파괴 될 때

(중앙에서의 휨모멘트 : $M = \left(\frac{P}{2}\right)\left(\frac{1}{3}\right) = \frac{P\,l}{6}$)

$$휨강도(f_b) = \frac{M}{I}y = \frac{\left(\dfrac{Pl}{6}\right)}{\left(\dfrac{bd^3}{12}\right)}\left(\dfrac{d}{2}\right) = \frac{Pl}{bd^2} \ (MPa)$$

여기서, P : 시험기에 나타난 최대하중(N) b : 평균 폭(mm)

　　　　　l : 지간의 길이(mm)   　　　d : 평균 깊이(mm)

② 중앙점 하중법의 경우

$$휨강도(f_b) = \frac{M}{I}y = \frac{\left(\dfrac{Pl}{4}\right)}{\left(\dfrac{bd^3}{12}\right)}\left(\dfrac{d}{2}\right) = \frac{3Pl}{2bd^2} \ (MPa)$$

③ 공시체가 인장 쪽 표면의 지간 방향 중심선의 3등분점의 바깥쪽에서 파괴된 경우 그 시험은 무효로 한다.

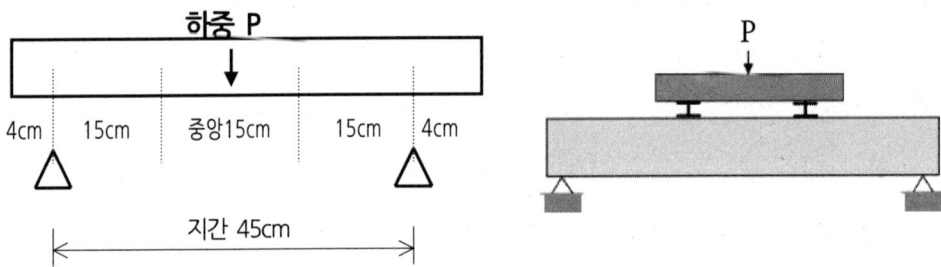

7.3.13 비파괴 시험

1) **시험 목적** : 비파괴 시험으로 콘크리트의 강도를 알기 위하여 실시한다.

2) **시험 방법** : 슈미트 해머(Schmidt hammer)로 타격하여 반발 경도를 구하고 이로부터 콘크리트 압축강도를 추정한다.

① 시험 부위 : 시험할 콘크리트 부재 두께는 100mm 이상, 하나의 구조체로 고정, 평활한 면을 선택한다.

② 타격 방향 : 수평 타격이 가장 안정적이다.

③ 시험 준비

㉠ 시험 영역 지름은 150mm 이상으로 한다.

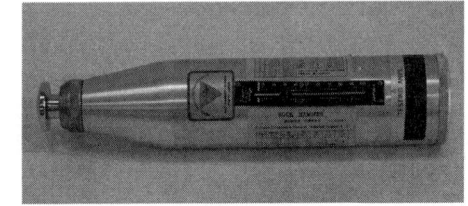

【 슈미트 해머 】

ⓒ 거친 면, 푸석푸석한 면은 연삭숫돌로 평활하게 한다.

④ 계산

시험 값 20개의 평균으로부터 오차가 20% 이상은 버리고 나머지 시험 값 평균을 이용한다. 이때 4개 이상 벗어나면 재시험을 실시한다.

⑤ 압축강도 추정 (일본재료학회에 발표한 강도 추정식)

$$R_0 = R + \Delta R$$

여기서, R_0 : 수정 반발 경도

R : 측정 반발 경도

ΔR : 보정 값

추정 압축강도 $F_c(\mathrm{MPa}) = -18.0 + 1.27\,R_o$ $[F_c(\mathrm{kgf/cm^2}) = -184 + 13R_o]$

3) 콘크리트 강도의 비파괴 시험의 종류

① 표면 경도법

　a. 반발경도에 의한 방법 (테스트 해머)

　b. 오목부분 지름 측정에 의한 방법 (수동식 해머, 낙하식 해머, 회전식 해머)

② 음향식 방법

　a. 공진법 (진동수 측정)

　b. 파동법 (종파의 속도 측정)

　c. 초음파법 (음파의 속도 측정)

③ 슈미트 해머의 종류

　a. N형 (보통 콘크리트용)

　b. M형 (매스 콘크리트용)

　c. L형 (경량 콘크리트용)

　d. P형 (저강도 콘크리트용)

시멘트 및 콘크리트 시험 문제 풀이

문제 1

시멘트 압축강도시험에 관한 다음 물음에 답하시오.

풀이　가. 시멘트 압축강도 시험 시 표준모래를 사용하는 이유를 설명하시오.

① 모래 입자의 크기에 따른 시험에 영향을 없애고

② 시험 조건을 일정하게 하기 위함

나. 시멘트 압축강도의 영향요인을 3가지만 쓰시오.

① 사용수량　② 시멘트 분말도　③ 시멘트 풍화　④ 양생조건

⑤ 양생기간　⑥ 배합(혼합)　⑦ 시멘트 밀도

다. 시멘트 몰타르의 흐름 시험을 실시한 결과 흐름 몰드의 아래 지름 102mm, 시험 후 퍼진 몰타르의 평균지름 112mm이 였을 때 흐름값(치)을 구하시오.

$$\frac{\text{퍼진 평균 지름}}{\text{몰드 아래지름}} \times 100 = \frac{112}{102} \times 100 = 109.8\,(\%)$$

라. 시멘트 압축강도에 쓰이는 표준모래와 시멘트(표준 몰타르)의 무게비를 쓰시오.

모래 : 시멘트 = 3 : 1

마. 흐름 시험에서 규정된 흐름값의 범위를 쓰시오.

110±5(%)

문제 2

시멘트 64g, 처음 광유 눈금 읽기 0.3ml, 시료와 광유읽기 21.3ml 일 때, 시멘트의 밀도는?

풀이　$\dfrac{\text{시멘트의 중량}}{\text{시료와 광유 눈금읽기} - \text{광유의 눈금읽기}} = \dfrac{64}{21.3 - 0.3} = 3.05\text{g/cm}^3$

문제 3

시멘트 시험에 대한 다음 물음에 답하시오.

풀이

가. 시멘트 모르타르의 압축강도 시험결과 공시체의 단면적 이 25.80cm², 최대 하중
이 1320kg이었다. 압축강도를 구하시오. (단, 소수점 2자리에서 반올림)

$$압축강도 = \frac{P}{A} = \frac{1320}{25.80} = 51.2 \ (kgf/cm^2)$$

나. 시멘트 모르타르의 인장 강도 시험 시 모르타르의 조제를 하는데 필요한시멘트와
모래 표준의 무게비는 얼마로 하는가?

시멘트 : 모래 = 1 : 2.7 (압축강도는 1 : 2.45)

※ 2011 KS 규격 변경
〈변경전〉 시멘트 : 모래 = 1 : 2.45, 인장강도는 1 : 2.7
〈변경후〉 압축강도 및 휨강도용 모르타르 제작 시 시멘트 : 모래의 비는 1 : 3비가 되
게 한다.(인장강도에 대한 규정 없음)

다. 시멘트의 밀도 시험에서 보통 포틀랜트 시멘트 64g으로 시험한 결과 처음에 광유
표면의 읽은 값이 0.48ml이고, 시료와 광유표면의 읽은 값은 20.8ml 였다. 밀도
값은? (단 소수점 3자리에서 반올림)

$$시멘트밀도 = \frac{시멘트의 무게}{나중 광유 표면 읽음 - 처음 광유 표면 읽음}$$

$$= \frac{64}{20.8 - 0.48} = 3.15 (g/cm^3)$$

라. 시멘트 응결시간 측정 시험 방법의 종류를 두 가지 쓰시오

① 비이카침   ② 길모아침

문제 4

모르타르 압축강도 시험에서 시멘트와 표준모래를 1:2.45 무게비로 하고 표준사를 1862g 사
용하여 공시체를 만들어 양생한 다음 측정한 시험체 한 변이 5.08cm이고 최대하중이
3880kg이다. 다음 물음에 답하시오.

풀이

가. 시멘트 사용량은?

$$C : S = 1 : 2.45 = C : 1862 \qquad \therefore C = \frac{1862}{2.45} = 760 \ (g)$$

나. 압축강도는 얼마인가?

$$f = \frac{P}{A} = \frac{3880}{5.08 \times 5.08} = 150.35 \ (kgf/cm^2)$$

문제 5

콘크리트 압축강도, 인장강도와 휨강도에 대한 물음에 답하시오.

풀이 가. 압축강도 :

　(1) 콘크리트를 몰드에 채운 후 몇 시간 후 캐핑을 하는가?

　　　2~6시간

　(2) 시험체를 만든 뒤 몇 시간 뒤 몰드를 떼어 내는가?

　　　16시간~3일

　(3) 시험체의 양생온도는 얼마인가?

　　　20±2℃에서 습윤양생

나. 인장강도

　(1) 시험 시 시험 전 재료의 유지 온도는 어느 정도인가?

　　　20~25℃

　(2) 콘크리트 인장강도는 압축강도의 몇 배인가?

　　　$\frac{1}{10} \sim \frac{1}{13}$

다. 휨강도

　(1) 시험체의 높이는 골재 최대치수의 (A)배 이상

　　　A : 4

　(2) 길이는 높이의 (B)배 보다 (C)cm 더 커야 한다

　　　B : 3, C : 8

≪해설≫
☞ 콘크리트 휨강도 하중장치

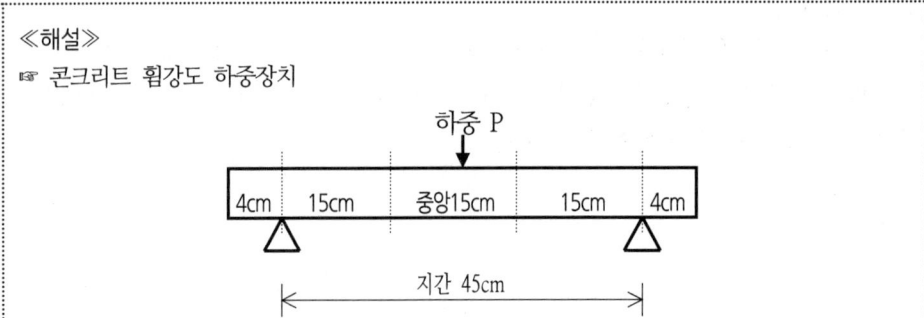

문제 6

지름 150mm, 높이 300mm의 원주형 공시체를 사용하여 인장 강도 시험을 한 결과 공시체는 최대 하중 150,000N에서 파괴되었다. 이 콘크리트의 인장 강도를 구하시오.

풀 이 $인장강도 = \dfrac{2P}{\pi dl} = \dfrac{2 \times 150,000}{3.14 \times 150 \times 300} = 2.12 \ (MPa)$

문제 7

콘크리트의 휨강도 시험 방법에서 공시체를 만들 때 15×15×53cm의 몰드를 쓰면 각 층을 몇 번씩 다져야 하는가?   (단, 정수로 쓸 것)

풀 이 $(15cm \times 53cm) \div 10회/cm2 = 79.5 \ \fallingdotseq 80회$

문제 8

콘크리트 휨강도시험에서 지간 450mm, 폭 150mm, 높이 150mm의 공시체를 최대하중이 32,000N이고 3등분 중앙에서 파괴 되었을 때 휨 강도를 구하시오.

풀 이 $휨강도 = \dfrac{PL}{bd^2} = \dfrac{32,000 \times 450}{150 \times 150^2} = 4.27 \ (MPa)$

문제 9

콘크리트 휨강도 시험에서 지간 450mm, 폭 150mm, 높이150mm, 공시체를 최대하중이 43kN 이고, 3등분중앙에서 파괴되었을 때 휨강도를 구하시오.

풀 이 $휨강도 = \dfrac{PL}{bd^2} = \dfrac{43 \times 1000 \times 450}{150 \times 150^2} = 5.73 \ (MPa)$

문제 10

콘크리트 공기량 측정법 3가지만 쓰시오.

풀 이 ① 무게법(질량법)   ② 공기실 압력법   ③ 부피법(용적법)

문제 11

다음은 슬럼프 시험에 관한 사항이다. (   )안에 채우시오.

풀이 가. 슬럼프 콘에 콘크리트를 채울 때 (   )층으로 넣고 (   )회 다짐한다.

3,   25

나. 슬럼프 콘은 (   )초 이내에 벗겨야 한다.

2~5

다. 슬럼프 콘에 시료를 채우고 벗길 때까지의 작업시간은 (   )이내로 해야 한다.

3분

문제 12

콘크리트의 워커빌리티(Workability)를 측정하기 위한 방법 5가지만 쓰시오

풀이 ① 슬럼프시험　　　② 구관입(커리볼)시험　　　③ 흐름시험

④ 비비(Vee Bee)시험　　⑤ 리몰딩(Remolding)시험

문제 13

슈미트 해머(Schmidt hammer)에 의한 콘크리트 강도의 비파괴시험에 대하여 다음 물음에 답하시오.

풀이 가. 측정할 곳(측정점)은 몇 cm의 간격으로 표시하는가?

3cm 간격

나. 1개소의 측정은 몇 점 이상 측정하여 평균값을 그곳의 반발경도(R)로 하는가?

20점 이상

다. 측정 반발경도(R)가 41, 보정값(ΔR)이 0일 때 표준 원주 시험체의 압축강도 (F_C)를 구하시오. (단, 소수점 1자리에서 반올림)

$$R_0 = R + \Delta R = 41 + 0 = 41$$

$$압축강도(F_C) = -184 + 13R_0 = -184 + 13 \times 41 = 349 \ (kgf/cm^2)$$

문제 14

다음 주어진 표를 보고 물음에 답하시오.

결 과	슈미트 해머형사용	20번 측정한 평균값 : 42
		보정값 : 1

풀이

가. 수정 반발경도(R_O)를 구하시오.

$$R_0 = R + \Delta R = 42 + 1 = 43$$

나. 표준 원주 시험체의 압축강도(σc)를 구하시오.

압축강도(σc) = $-184 + 13.0 \times R_O$

$$\sigma_c = -184 + 13 R_0 = -184 + 13 \times 43 = 375 \ (kgf/cm^2)$$

문제 15

콘크리트의 비파괴 시험방법의 종류를 4가지 쓰시오.

풀이

① 반발경도 방법(슈미터 해머 방법)

② 초음파법(음파속도 측정법)

③ 파동법(종파속도 측정법)

④ 진동수 측정법

문제 16

콘크리트 $1m^3$ 만드는데 필요한 재료량을 아래 배합표를 보고 구하시오.

굵은골 재의 최대치수	단위 수량 W	물시멘 트비 W/C	잔골 재율 S/a	잔골재 밀도	굵은골 재의 밀도	시멘트 밀도	AE 공기량	혼화재 밀도
40mm	165kg	45%	36%	2.63	2.70	3.15	1.2%	2.20

(단, 혼화재는 시멘트량의 3%로 한다.)

풀이

가. 단위 시멘트량(C)을 구하시오.(단, 소수 2자리에서 반올림하시오.)

$$\frac{W}{C} = 0.45, \quad \frac{165}{C} = 0.45, \quad \therefore C = \frac{165}{0.45} = 366.7 \ (kgf)$$

나. 단위 혼화재량을 구하시오. (단, 소수 1자리에서 반올림하시오.)

혼화재량 $= 366.7 \times 0.03 = 11 \ (kgf)$

다. 단위 골재량의 절대체적(V)을 구하시오.(단, 소수 4자리에서 반올림하시오.)

$$S_V + G_V = 1m^3 - \left\{ \frac{C(kg)}{1000 \times C_g} + \frac{W(kg)}{1000} + \frac{A(\%)}{100} + \frac{혼화재량(kg)}{1000 \times 혼화재밀도} \right\}$$

$$= 1 - \left\{ \frac{366.7}{1000 \times 3.15} + \frac{165}{1000} + \frac{1.2}{100} + \frac{11}{1000 \times 2.2} \right\} = 0.702 \ (m^3)$$

라. 단위 잔골재량의 절대 체적 (S_V)을 구하시오.

(단, 소수 4자리에서 반올림하시오.)

$$S_V = (S_V + G_V) \times S/a = 0.702 \times 0.36 = 0.253 \ (m^3)$$

마. 단위 굵은 골재량(G)을 구하시오.

① $G_V = (S_V + G_V) - S_V = 0.702 - 0.253 = 0.449 \ (m^3)$

② $G = G_V \times G_g \times 1000 = 0.449 \times 2.70 \times 1000 = 1212.3 \ (kgf)$

문제 17

굵은 골재의 최대치수가 40mm, 슬럼프값 7.5cm, 갇힌 공기량 2%, 잔골재율 37%, 물결합재비 55%, 단위수량 166kg일 때 다음 사항을 구하시오.
(단, 잔골재율과 단위 수량은 보정하지 않고 시멘트의 밀도는 3.15, 잔골재와 굵은 골재의 밀도는 각각 2.60, 2.65이다.)

풀이 가. 단위 시멘트량을 구하시오. (단, 소수 1자리에서 반올림하시오.)

$$\frac{W}{C} = 0.55, \quad \frac{166}{C} = 0.55, \quad \therefore C = \frac{166}{0.55} = 302 \ (kgf)$$

나. 단위 골재량의 절대부피를 구하시오.(단, 소수3자리에서 반올림하시오.)

$$S_V + G_V = 1m^3 - \left\{ \frac{302}{1000 \times 3.15} + \frac{166}{1000} + \frac{2}{100} \right\} = 0.72 \ (m^3)$$

다. 단위 잔골재량의 절대부피를 구하시오. (단, 소수3자리에서 반올림하시오.)

$$S_V = (S_V + G_V) \times S/a = 0.72 \times 0.37 = 0.27 \ (m^3)$$

문제 18

AE제를 사용하지 않는 콘크리트의 배합설계에서 다음과 같은 결과를 얻었다. 각항의 물음에 대한 산출근거와 답을 쓰시오.

굵은골재 최대치수 19mm	단위수량 140kg	물결합재비 56%
잔골재 밀도 2.50	잔골재율 42%	시멘트 밀도 3.20
굵은골재 밀도 2.62	골재의 표면 건조 포화상태이며 갇힌 공기는 1%이다.	

풀 이 가. 단위 시멘트량을 구하시오.(단, kg으로 나타내며 소수1자리에서 반올림)

$$\frac{W}{C} = 0.56, \quad \frac{140}{C} = 0.56, \quad \therefore C = \frac{140}{0.56} = 250 \ (kgf)$$

나. 단위 골재량의 절대부피를 구하시오.

(단, m^3로 나타내며 소수 4자리에서 반올림)

$$1m^3 - \left\{ \frac{C(kg)}{1000 \times C_g} + \frac{W(kg)}{1000} + \frac{A(\%)}{100} + \frac{혼화재량(kg)}{1000 \times 혼화재 비중} \right\}$$

$$= 1m^3 - \left\{ \frac{250}{1000 \times 3.20} + \frac{140}{1000} + \frac{1}{100} \right\} = 0.772 \ (m^3)$$

다. 단위 잔골재량의 절대부피를 구하시오. (단, 소수점 4자리에서 반올림)

$$S_V = (S_V + G_V) \times S/a = 0.772 \times 0.42 = 0.324 \ (m^3)$$

라. 단위 굵은골재량의 절대부피를 구하시오. (단, 4자리에서 반올림)

$$G_V = (S_V + G_V) - S_V = 0.772 - 0.324 = 0.448 \ (m^3)$$

마. 단위 잔골재량을 구하시오. (단, 소수 1자리에서 반올림)

$$S = S_V \times S_g \times 1000 = 0.324 \times 2.50 \times 1000 = 810 \ (kgf)$$

바. 단위 굵은 골재량을 구하시오 (단, 소수 1자리에서 반올림)

$$G = G_V \times G_g \times 1000 = 0.448 \times 2.62 \times 1000 = 1174 \ (kg)$$

문제 19

다음과 같은 배합 설계표에 의하여 콘크리트 $1m^3$ 을 배합하는데 필요한 요구 사항을 구하시오.

시멘트 밀도	단위시 멘트량 (kg)	물결합재 비 (%)	굵은골재 최대치수 (mm)	슬럼프 (cm)	잔골 재율 (%)	AE공 기량 (%)	잔골재 밀도	굵은골재 밀도
3.14	353	48.5	25	8.5	36	1.5	2.64	2.65

풀 이 가. 단위 수량을 구하시오. (정수로 하시오)

$$\frac{W}{C} = 0.485, \quad \frac{W}{353} = 0.485, \quad \therefore W = 0.485 \times 353 = 171 \ (kgf)$$

나. 단위 골재량의 절대체적을 구하시오. (소수점 4자리에서 반올림)

$$S_V + G_V = 1m^3 - \left\{ \frac{C(kg)}{1000 \times C_g} + \frac{W(kg)}{1000} + \frac{A(\%)}{100} + \frac{혼화재량(kg)}{1000 \times 혼화재 비중} \right\}$$

$$= 1m^3 - \left\{ \frac{353}{1000 \times 3.14} + \frac{171}{1000} + \frac{1.5}{100} \right\} = 0.702 \ (m^3)$$

다. 단위 잔골재량 절대체적을 구하시오

$$S_V = (S_V + G_V) \times S/a = 0.702 \times 0.36 = 0.253 \ (m^3)$$

라. 단위 굵은 골재량의 절대체적을 구하시오.

$$G_V = (S_V + G_V) - S_V = 0.702 - 0.253 = 0.449 \ (m^3)$$

마. 단위 잔골재량을 구하시오.

$$S = S_V \times S_g \times 1000 = 0.253 \times 2.64 \times 1000 = 668 \ (kgf)$$

바. 단위 굵은 골재량을 구하시오.

$$G = G_V \times G_g \times 1000 = 0.449 \times 2.65 \times 1000 = 1190 \ (kg)$$

문제 20

콘크리트 1m³ 만드는데 필요한 재료량을 아래 배합표를 보고 물음에 답하시오.

단위수량	물-결합재비	잔골재율	공기량
170kg	50%	35%	4%
잔골재 밀도	굵은골재 밀도	시멘트 밀도	
2.65	2.70	3.15	

풀 이 가. 단위 시멘트량을 구하시오.

$$\frac{W}{C} = 0.50, \quad \frac{170}{C} = 0.50, \quad \therefore C = \frac{170}{0.50} = 340 \ (kgf)$$

나. 단위 골재량의 절대 체적 (소수 4자리에서 반올림)

$$S_V + G_V = 1m^3 - \left\{ \frac{340}{1000 \times 3.15} + \frac{170}{1000} + \frac{4}{100} \right\} = 0.682 \ (m^3)$$

다. 단위 잔 골재량의 절대 체적 (소수 4자리에서 반올림)

$$S_V = (S_V + G_V) \times S/a = 0.682 \times 0.35 = 0.239 \ (m^3)$$

라. 단위 잔골재량 (소수 1자리에서 반올림)

$$S = S_V \times S_g \times 1000 = 0.239 \times 2.65 \times 1000 = 633 \ (kgf)$$

마. 단위 굵은골재량 (소수 1자리에서 반올림)

$$G = G_V \times G_g \times 1000 = (0.682 - 0.239) \times 2.7 \times 1000 = 1196 \ (kgf)$$

문제 21

배합강도=232kg/cm², W/C=48.6%, 시멘트 밀도 3.15, 굵은 골재의 밀도 2.65, 잔골재의 밀도 2.60, 공기량 1.5%, 잔골재율 40%일 때 단위 수량 W=167,7kg 일 때 concrete 1m³를 만드는데 필요한 재료의 양은?

(단, 산출근거와 답을 명시하시오. 답은 소수점이하 4자리에서 반올림하여 구하시오)

풀이 가. 단위 시멘트량

$$\frac{W}{C} = 0.486, \quad \frac{167.7}{C} = 0.486, \quad \therefore C = \frac{167.7}{0.486} = 345.062 \ (kgf)$$

나. 잔골재량

① $S_V + G_V = 1m^3 - \left\{ \frac{345.062}{1000 \times 3.15} + \frac{167.7}{1000} + \frac{1.5}{100} \right\} = 0.708 \ (m^3)$

② $S_V = 0.708 \times 0.4 = 0.283 \ (m^3)$

③ $S = 0.283 \times 2.60 \times 1000 = 735.8 \ (kgf)$

다. 굵은 골재량

$$G = (0.708 - 0.283) \times 2.65 \times 1000 = 1126.25 \ (kgf)$$

문제 22

콘크리트 1m³만드는데 필요한 재료량을 아래 배합표를 보고 물음에 답 하시오.

단위수량	물-결합재비	잔골재율	갇힌공기량
165kg	50%	41%	1.5%
잔골재 밀도	굵은골재 밀도	시멘트 밀도	
2.6	2.7	3.14	

풀이 가. 단위 시멘트량을 구하시오.

$$\frac{W}{C} = 0.50, \quad \frac{165}{C} = 0.50, \quad \therefore C = \frac{165}{0.50} = 330 \ (kgf)$$

나. 단위 골재량의 절대 체적(소수 4자리 반올림)

$$S_V + G_V = 1m^3 - \left\{ \frac{330}{1000 \times 3.14} + \frac{165}{1000} + \frac{1.5}{100} \right\} = 0.715 \ (m^3)$$

다. 단위 잔 골재량을 구하시오(정수로 표시)

$$S = S_V \times S_g \times 1000 = (0.715 \times 0.41) \times 2.60 \times 1000 = 762 \; (kgf)$$

라. 단위 굵은 골재량의 부피를 구하시오.(소수점 4자리에서 반올림)

$$G = G_V \times G_g \times 1000 = 0.715 - (0.715 \times 0.41) = 0.422 \; (m^3)$$

문제 23

콘크리트 배합설계에서 골재의 단위 용적과 밀도는 다음과 같다. 다음 물음에 산출근거와 답을 쓰시오

구분	밀 도	단위용적
굵은골재	2.68	0.462
잔 골재	2.62	0.248

풀 이　　가. 단위 골재의 절대용적을 구하시오.

$$S_V + G_V = 0.248 + 0.462 = 0.710 \; (m^3)$$

나. 잔골재율을 구하시오. (소수점 2자리에서 반올림)

$$S/a = \frac{S_V}{S_V + G_V} \times 100 = \frac{0.248}{0.248 + 0.462} \times 100 = 34.9 \; (\%)$$

다. 단위 잔골재량을 구하시오.

$$S = S_V \times S_g \times 1000 = 0.248 \times 2.62 \times 1000 = 649.76 \; (kgf)$$

라. 단위 굵은 골재량을 구하시오.

$$G = G_V \times G_g \times 1000 = 0.462 \times 2.68 \times 1000 = 1238.16 \; (kgf)$$

문제 24

다음과 같은 배합 설계표에 의하여 콘크리트 1m³을 배합하는데 필요한 다음 산출근거와 답을 답안지에 기록하시오. (단, 소수3자리에서 반올림)

굵은골재 최대치수 (mm)	슬럼 프값 (%)	W/B (%)	결합재 밀도	단위시멘 트량 (kg)	잔골 재율 (%)	잔골재 밀도	굵은골재 밀도	공기량 (%)
30	7.5	52	3.14	350	34	2.58	2.64	5

풀 이 가. 단위 수량을 계산 하시오.

$$\frac{W}{C} = 0.52, \quad \frac{W}{350} = 0.52, \quad \therefore W = 0.52 \times 350 = 182 \ (kgf)$$

나. 단위 골재량의 절대부피를 계산 하시오.

$$S_V + G_V = 1m^3 - \left\{ \frac{350}{1000 \times 3.14} + \frac{182}{1000} + \frac{5}{100} \right\} = 0.66 \ (m^3)$$

다. 단위 잔골재량의 절대체적을 계산 하시오.

$$S_V = (S_V + G_V) \times S/a = 0.66 \times 0.34 = 0.22 \ (m^3)$$

라. 단위 굵은골재량의 절대부피를 계산 하시오.

$$G_V = (S_V + G_V) - S_V = 0.66 - 0.22 = 0.44 \ (m^3)$$

마. 단위 잔골재량을 계산 하시오.

$$S = S_V \times S_g \times 1000 = 0.22 \times 2.58 \times 1000 = 567.6 \ (kgf)$$

바. 단위 굵은 골재량을 계산 하시오.

$$G = G_V \times G_g \times 1000 = 0.44 \times 2.64 \times 1000 = 1161.6 \ (kgf)$$

문제 25

콘크리트의 배합설계에서 단위 잔골재 부피 0.236m³와 잔골재 밀도 2.50이고, 단위 굵은골재의 부피가 0.400m³와 굵은 골재밀도 2.68이었다면 다음 물음에 답하시오.
(단, 소수1자리까지 구하시오.)

풀 이 가. 잔골재율(S/a)을 구하시오.

$$S/a = \frac{V_S}{V_S + V_G} \times 100 = \frac{0.236}{0.236 + 0.400} \times 100 = 37.1 \ (\%)$$

나. 단위 잔골재량을 구하시오.

$$S = S_V \times S_g \times 1000 = 0.236 \times 2.50 \times 1000 = 590 \ (kgf)$$

다. 단위 굵은골재량을 구하시오.

$$G = G_V \times G_g \times 1000 = 0.400 \times 2.68 \times 1000 = 1072 \ (kgf)$$

문제 26

콘크리트 배합설계에서 재료의 시험 결과가 다음과 같을 때 콘크리트 1m³를 배합하는데 필요한 다음 사항의 산출근거와 답을 쓰시오.

(단, 갇힌 공기량은 1.5%, 소수 4자리에서 반올림)

굵은골재최대치수 (mm)	물-시멘트비 (%)	잔골재율 (%)	단위수량 (kgf/m³)	잔골재밀도	굵은골재밀도	시멘트밀도
25	48.5	40.2	176	2.64	2.68	3.14

풀 이

가. 단위 시멘트량을 구하시오.

$$\frac{W}{C} = 0.485, \quad \frac{176}{C} = 0.485, \quad \therefore C = \frac{176}{0.485} = 362.887 \ (kgf)$$

나. 단위 골재량의 절대체적(V)를 구하시오.

$$S_V + G_V = 1 - \left\{ \frac{362.887}{1000 \times 3.14} + \frac{176}{1000} + \frac{1.5}{100} \right\} = 0.693 \ (m^3)$$

다. 단위 잔골재량의 절대체적을 구하시오.

$$S_V = (S_V + G_V) \times S/a = 0.693 \times 0.402 = 0.279 \ (m^3)$$

라. 단위 잔골재량을 구하시오.

$$S = S_V \times S_g \times 1000 = 0.279 \times 2.64 \times 1000 = 736.56 \ (kgf)$$

마. 단위 굵은골재량의 절대채적을 구하시오.

$$G_V = (S_V + G_V) - S_V = 0.693 - 0.279 = 0.414 \ (m^3)$$

바. 단위 굵은골재량을 구하시오.

$$G = G_V \times G_g \times 1000 = 0.414 \times 2.68 \times 1000 = 1109.52 \ (kgf)$$

문제 27

콘크리트용 재료 시험결과 최대치수 40mm, 굵은 골재밀도 2.62, 잔골재 비중 2.53, 시멘트 밀도 3.14 이었고, 단위수량(W) 165kgf, 물결합재비(W/C) 55%, 잔골재율(S/a) 36%, 슬럼프 8cm, 갇힌 공기량 1.2%인, 조건으로 콘크리트 1m³를 만들려고 한다. 아래 물음에 답하시오.

풀 이

가. 단위 시멘트량을 구하시오.

$$\frac{W}{C} = 0.55, \quad \frac{165}{C} = 0.55, \quad \therefore C = \frac{165}{0.55} = 300 \ (kg/m^3)$$

나. 단위 골재량의 절대부피를 구하시오. (단, 소수4자리에서 반올림)

$$S_V + G_V = 1m^3 - \left\{ \frac{300}{1000 \times 3.14} + \frac{165}{1000} + \frac{1.2}{100} \right\} = 0.727 \ (m^3)$$

다. 단위 잔골재량의 절대부피를 구하시오. (단, 소수4자리에서 반올림)

$$S_V = (S_V + G_V) \times S/a = 0.727 \times 0.36 = 0.262 \ (m^3)$$

라. 단위 굵은골재량의 절대부피를 구하시오.(단, 소수4자리에서 반올림)

$$G_V = (S_V + G_V) - S_V = 0.727 - 0.262 = 0.465 \ (m^3)$$

마. 단위 잔골재량을 구하시오.(단, 소수1자리에서 반올림)

$$S = S_V \times S_g \times 1000 = 0.262 \times 2.53 \times 1000 = 663 \ (kgf/m^3)$$

바. 단위 굵은 골재량을 구하시오 (단, 소수 1자리에서 반올림)

$$G = G_V \times G_g \times 1000 = 0.465 \times 2.62 \times 1000 = 1218 \ (kgf/m^3)$$

문제 28

다음과 같은 배합 설계도에 의하여 콘크리트 1m³을 배합하는데 필요한 요구사항을 구하시오.
(소수 4자리에서 반올림)

시멘트 밀도	단위 수량 (kg)	물-시멘트 비(%)	굵은 골재 최대치수 (mm)	슬럼프 (cm)	잔골 재율 S/a(%)	AE공 기량 (%)	잔골재 밀도	굵은골재 밀도
3.14	173	48	25	8.5	39	1.0	2.60	2.65

풀이 가. 시멘트량

$$\frac{W}{C} = 0.48, \quad \frac{173}{C} = 0.48, \quad \therefore C = \frac{173}{0.48} = 360.417 \ (kg/m^3)$$

나. 잔골재량

① $S_V + G_V = 1m^3 - \left\{ \dfrac{362.417}{1000 \times 3.14} + \dfrac{173}{1000} + \dfrac{1}{100} \right\} = 0.702 \ (m^3)$

② $S_V = 0.702 \times 0.39 = 0.274 \ (m^3)$

③ $S = 0.274 \times 2.60 \times 1000 = 712.4 \ (kgf)$

다. 굵은골재량

① $G_V = (S_V + G_V) - S_V = 0.702 - 0.274 = 0.428 \ (m^3)$

② $G = 0.428 \times 2.65 \times 1000 = 1134.2 \ (kgf)$

문제 29

굵은 골재 최대치수 25mm, 슬럼프 12cm, W/C 58.8%의 콘크리트 $1m^3$을 만들기 위하여 잔골재율 S/a, 단위수량 W을 보정하고 표를 보고 시방배합을 현장배합으로 수정하시오.
(단, 시멘트의 밀도 3.17, 잔골재 2.57, 잔골재 조립률 2.85, 굵은 골재 밀도 2.75, AE제를 쓰지 않았음)

시방배합표

물(W)	시멘트(C)	잔골재(S)	굵은골재(G)
180	306	653	1180

현장에서의 골재 상태

구 분	No.4통과한 양	No.4남은 양	표면수량
잔 골 재	95	5	2
굵은골재	3	97	1.5

콘크리트의 공기량, 단위수량, 잔 골재율의 대략의 값

굵은 골재의 최대 치수 (mm)	단위 굵은 골재의 용적 (%)	AE제를 사용하지 않는 콘크리트			AE 콘 크 리 트				
		갇힌 공 기 (%)	잔 골 재 율 S/a (%)	단 위 수 량 W (kg)	공기량 (%)	양질의 AE제를 사용하는 경우		양질의 감수제를 적당히 사용하는 경우	
						잔 골 재 율 S/a(%)	단 위 수 량 W(kg)	잔 골 재 율 S/a(%)	단 위 수 량 W(kg)
15	53	2.5	49	190	7.0	46	170	47	160
19	61	2.0	45	185	6.0	42	165	43	155
25	66	1.5	41	175	5.0	37	155	38	145
40	72	1.2	36	165	4.5	33	145	35	135
50	75	1.0	33	155	4.0	30	135	31	125
80	81	0.5	31	140	3.5	28	120	29	110

(주) 위 표의 값은 보통 입도를 가진 모래(조립률 2.80 정도)와 자갈을 사용한 물-결합재비 0.55정도, 슬럼프 약 8cm의 콘크리트에 대한 것이다.

잔 골재율(S/a)과 물(w)의 보정법

구분	S/a(%)의 보정	단위 수량 W(kg)의 보정
모래의 조립률이 0.1 만큼 클(작을)때마다	0.5 만큼 크게(작게) 한다.	보정하지 않는다.
슬럼프의 값이 1cm만큼 클(작을)때마다	보정하지 않는다.	1.2%만큼 크게(작게)한다.
물 - 결합재비를 0.05만큼 클(작을)때마다	1만큼 크게(작게)한다.	보정하지 않는다.
공기량이 1%만큼 클(작을) 때마다	0.5~1만큼 작게(크게)한다.	3%만큼 작게(크게) 한다.
부순돌을 사용할 경우	3~5만큼 크게 한다.	9~15만큼 크게 한다.
부순 모래를 사용할 경우	2~3만큼 크게 한다.	6~9만큼 크게 한다.

풀이

가. 잔골재율과 물의 보정을 하시오.

조건과 다른점	수 정 계 산	S/a(%)	W(kg)
잔골재의 조립률 =2.85이므로	$41 + \left(\dfrac{2.85 - 2.80}{0.1}\right) \times 0.5 = 41.25$	41.25	175
W/C가 58.8% 이므로	$41.25 + \left(\dfrac{0.588 - 0.55}{0.05}\right) \times 1 = 42.01$	42.01	175
슬럼프가 12cm 이므로	$175 + \left(\dfrac{12 - 8}{1}\right) \times 175 \times 0.012 = 183.4$	42.01	183.4

나. 단위 시멘트량을 구하시오.

$$\frac{W}{C} = 0.588, \ \frac{183.4}{C} = 0.588, \ \therefore C = \frac{183.4}{0.588} = 312 \ (kgf)$$

다. 단위 잔골재량을 구하시오.

① $S_V + G_V = 1m^3 - \left\{\dfrac{312}{1000 \times 3.17} + \dfrac{183.4}{1000} + \dfrac{1.5}{100}\right\} = 0.703 \ (m^3)$

② $S_V = 0.703 \times 0.4201 = 0.295 \ (m^3)$

③ $S = 0.295 \times 2.57 \times 1000 = 758 \ (kgf)$

라. 단위 굵은 골재량을 구하시오.

① $G_V = (S_V + G_V) - S_V = 0.703 - 0.295 = 0.408 \ (m^3)$

② $G = G_V \times G_g \times 1000 = 0.408 \times 2.75 \times 1000 = 1122 \ (kg)$

마. 시방배합을 현장배합으로 수정하시오.

① 입도조정

$$S + G = 653 + 1180 = 1833 \quad \cdots\cdots\cdots\cdots\cdots\cdots \quad (1)$$
$$0.05S + 0.97G = 1180 \quad \cdots\cdots\cdots\cdots\cdots\cdots\cdots \quad (2)$$

(1)번 식에 0.97을 곱하여 (2)식과 연립하면

$$0.97S + 0.97G = 0.97 \times 1833 = 1778.01$$
$$- \underline{)0.05S + 0.97G = 1180}$$
$$0.92S + 0 \quad\quad = 598.01$$

$$\therefore S = \frac{598.01}{0.92} = 650 \ (kgf) \quad \cdots\cdots\cdots\cdots \quad (3)$$

$$\therefore G = 1833 - 650 = 1183 \ (kgf)$$

② 표면수 보정

• 잔골재 표면수 : $650 \times 0.02 = 13 \ (kgf)$

• 굵은골재 표면수 : $1183 \times 0.015 = 18 \ (kgf)$

③ 계량할 재료양

• 잔골재량 : $650 + 13 = 663 \ (kgf)$

• 굵은골재량 : $1183 + 18 = 1201 \ (kgf)$

• 물 : $180 - (13 + 18) = 149 \ (kgf)$

문제 30

다음은 시방 배합 결과이다. 주어진 조건으로 현장배합으로 고치시오.
(단, 소수점 2자리에서 반올림)

조건 1.

시방 배합표

물	시멘트	잔골재	굵은골재
180	400	700	1090

조건 2. 현장골재의 상태 : 1. 잔골재의 표면수량 4%

　　　　　　　　　　　　　2. 굵은골재 표면수량 1%

　　　　　　　　　　　　　3. No. 4체 남는 잔골재량 3%

　　　　　　　　　　　　　4. No. 4체 통과하는 굵은 골재량 4%

풀 이 가. 골재량의 조정

$$S + G = 700 + 1090 = 1790 \cdots\cdots\cdots\cdots\cdots\cdots (1)$$
$$0.97S + 0.04G = 700 \cdots\cdots\cdots\cdots\cdots\cdots (2)$$

(1)번 식에 0.97을 곱하여 (2)식과 연립 하면

$$\begin{array}{r} 0.97S + 0.97G = 0.97 \times 1790 = 1736.3 \\ - \,)\,0.97S + 0.04G = 700 \qquad\qquad\qquad \\ \hline 0 + 0.93G = 1036.3 \end{array}$$

$$\therefore G = \frac{1036.3}{0.93} = 1114.3 \; (kgf) \cdots\cdots\cdots (3)$$

(3)번 값을 (1)식에 대입하면,

$$\therefore S = 1790 - 1114.3 = 675.7 \; (kgf)$$

나. 표면수 조정

① 잔골재 표면수 : $675.7 \times 0.04 = 27.0 \; (kgf)$

② 굵은골재 표면수 : $1114.3 \times 0.01 = 11.1 \; (kgf)$

다. 현장배합의 위 계산으로부터 1m3의 콘크리트를 만드는데 현장에 계량해야할 양

① 물 : $180 - (27.0 + 11.1) = 141.9 \; (kgf)$

② 잔골재량 : $675.7 + 27.0 = 702.7 \; (kgf)$

③ 굵은골재량 : $1114.3 + 11.1 = 1125.4 \; (kgf)$

④ 시멘트량 : $400 \; (kgf)$

문제 31

다음 표를 보고 물음에 산출근거와 답을 적으시오.

구 분	5mm체에 남은양	5mm체를 통과한양	표면수량
잔골재(%)	5	95	2
굵은골재(%)	97	3	1

시멘트	수량	잔골재	굵은골재
324 kg	159 kg	725 kg	1082 kg

풀 이 가. 입도조정에 의한 잔골재량을 구하시오

$$S + G = 725 + 1082 = 1807 \quad \cdots\cdots\cdots\cdots\cdots\cdots (1)$$
$$0.05S + 0.97G = 1082 \quad \cdots\cdots\cdots\cdots\cdots\cdots\cdots (2)$$

(1)번 식에 0.97을 곱하여 (2)식과 연립하면

$$0.97S + 0.97G = 0.97 \times 1807 = 1752.79$$
$$- 0.05S + 0.97G = 1082 $$
$$\overline{0.92S + 0 = 670.79}$$

$$\therefore S = \frac{670.79}{0.92} = 729 \ (kgf) \quad \cdots\cdots\cdots\cdots (3)$$

나. 입도조정에 의한 굵은 골재량을 구하시오

(3)번 값을 (1)식에 대입하면,

$$\therefore G = 1807 - 729 = 1078 \ (kgf)$$

다. 표면수율에 의한 잔골재량을 구하시오

① 잔골재 표면수 : $729 \times 0.02 = 15 \ (kgf)$

② 잔골재량 : $729 + 15 = 744 \ (kgf)$

라. 표면수율에 의한 굵은골재량을 구하시오

① 굵은골재 표면수 : $1078 \times 0.01 = 11 \ (kgf)$

② 굵은골재량 : $1078 + 11 = 1089 \ (kgf)$

마. 표면수율에 의한 수량을 구하시오

$$159 - (15 + 11) = 133 \ (kgf)$$

문제 32

시방배합에 의해 산출된 골재량을 현장 골재의 입도에 따라 수정하여 현장배합으로 잔골재의 단위량 700kg/m³, 굵은 골재의 단위량 1300kg/m³을 얻었다.
측정결과 잔골재의 표면수량이 2%, 굵은 골재의 표면수량이 1%라면 현장에서 실제 계량하여야 할 잔골재와 굵은 골재의 단위량은?

풀 이

가. 잔골재량

① 잔골재 표면수 : $700 \times 0.02 = 14 \ (kgf)$

② 잔골재량 : $700 + 14 = 714 \ (kgf/cm^3)$

나. 굵은골재량

① 굵은골재 표면수 : $1300 \times 0.01 = 13 \ (kgf)$

② 굵은골재량 : $1300 + 13 = 1313 \ (kgf/cm^3)$

건설재료시험 기능사 필답형

제8장

아스팔트 시험

제8장 아스팔트 시험

8.1 아스팔트 비중 시험

1) 보통 25℃에서의 아스팔트의 무게와 이와 같은 부피의 물의 무게와의 비(1.01~1.10정도), 아스팔트의 비중은 침입도가 작을수록(상대 굳기가 클수록) 커진다.

2) 용도 : 아스팔트 분류, 성질, 제법 등을 아는 데 참고 자료가 되고 아스팔트 혼합물(포장)의 배합설계에서 부피 계산에 사용됨.

8.2 아스팔트 침입도 시험

1) 아스팔트 굳기 정도를 나타냄, 침입도가 클수록 연하다

2) 시료의 준비

   ① 시료는 부분적인 과열을 피하고, 연화점보다 90℃ 이상 높지 않도록 가열하여, 가능한 저온에서 시료 속에 기포가 들어가지 않도록 천천히 혼합하면서 녹인다.

   ② 시료 양은 예정 진입 깊이보다 10mm 이상 깊은 양으로 한다.

   ③ 시료 용기에 먼지가 들어가지 않도록 뚜껑을 하고 이것을 15~30℃의 실온에서 1~1.5시간 방치한다. 다음에 삼각대에 넣은 유리 용기와 함께 25±0.1℃로 유지된 항온 수조의 지지대에 위에 놓고 1~1.5 시간 방치한다.

3) 시험 방법

   ① 표준 시험 조건 온도 25℃, 하중 100g, 시간 5초이다.

   ② 이동용 접시 속에 시료 용기를 넣고, 시료 용기에 충분히 물을 채운다.

   ③ 시료 용기를 침입도계의 시험대 위에 올려놓고 규정된 하중이 가해진 표준침을 시료의 표면에 닿도록 한다.

   ④ 표준침이 시료 표면에 닿으면 즉시 침입 되도록 하중 조정 나사를 빨리 풀어 시료에 자유 낙하시킨다.

   ⑤ 위와 같은 경우, 표준침의 침입량을 0.1mm 단위로 나타낸 값을 침입도로 한다.

   ⑥ 시험 결과는 동일 시료에 대하여 3회의 시험 결과의 평균값을 정수로 보고한다.

8.3 아스팔트 신도 시험

① 신도는 아스팔트의 늘어나는 능력을 나타내며, 연성의 기준이 된다.

② 신도란, 시료의 두 끝을 규정 온도 및 속도로 잡아당겼을 때에 시료가 끊어질 때까지 늘어난 길이를 말하며, 단위는 cm로 나타낸다.

③ 신도 시험기의 전동기에 의해 물의 온도 25±0.5℃에서 5±0.25cm/min의 속도로 잡아당겨 시료가 끊어졌을 때의 지침 눈금을 0.5cm 단위로 읽는다.

④ 도로 포장을 아스팔트는 신도가 크나, 블로운 아스팔트는 신도가 상당히 작다.

⑤ 3회의 시험 결과의 평균값을 신도로 한다.

⑥ 만일, 정상적인 시험을 계속 3회 하여 신도를 얻을 수 없다면, 이 시험조건 하에서는 신도를 측정할 수 없는 것으로 한다.

8.4 역청 재료 인화점 및 연소점 시험

1) 인화점 시험

규정 조건에서 시료를 가열하여 작은 불꽃을 유면에 가까이 대었을 때 기름의 증기와 공기의 혼합 기체가 섬광을 발하며 순간적으로 연소하는 최저 온도

2) 연소점

규정 조건에서 시료를 가열하여 작은 불꽃을 유면에 가까이 대었을 때 기름의 증기와 공기의 혼합 기체가 연속하여 5초 이상 연소하는 최저 온도

3) 연화점(환구법)이란 시료를 규정 조건하에서 가열하였을 때 시료가 연화되기 시작하여 규정된 거리(25.4mm)로 쳐졌을 때의 온도를 말한다.

4) 시료의 준비

① 시료는 부분적인 과열을 피하고, 연화점보다 90℃ 이상 높지 않도록 하고 가능한 저온으로 시료 속에 기포가 들어가지 않도록 교반 하면서 용융한다.

② 2개의 환을 시료와 같은 온도로 가열하고, 실리콘 그리스, 글리세린 텍스트린 혼합물 등의 박리제를 도포한 금속판 위에 놓는다.

③ 2개의 환에 시료를 조금 과잉으로 넣고 실온에서 30분 이상 냉각 후 항온 물중탕에서 10분 이상 냉각 후 과잉의 시료는 환의 상부와 같은 높이까지 맞춘다.

④ 시료를 환에 주입하고 4시간 이내에 시험을 종료한다.

5) 시험 방법

① 연화점이 80℃ 미만인 경우는 새로 끓여 5℃로 냉각한 증류수를, 또 연화점이 80℃ 이상인 경우는 약 32℃의 글리세린을 가열 100~110mm의 높이까지 채운다.

② 중탕 온도를 연화점 80℃ 미만의 경우는 5℃로, 80℃ 이상인 경우는 32℃로 15분간 유지한다.

③ 가열 시작 3분 후부터 연화점에 도달할 때까지 중탕 온도가 매분 5±0.5℃의 속도로 상승하도록 가열한다.

④ 2개 결과의 차가 1℃를 넘는 경우는 재시험 한다.

⑤ 2개의 측정값의 평균값을 0.5℃에 가까운 숫자를 연화점으로 한다.

⑥ 시료가 강구와 함께 25.4mm의 시험대에 닿는 순간의 온도를 연화점으로 한다.

8.5 마아샬(marshall) 안정도 시험

아스팔트 콘크리트 표층공사에 사용되는 가열 아스팔트 혼합물은 마아샬 안정도 시험 결과가 기준치에 합격하도록 시방서에 규정되어 있으며 시험시에 공시체의 다짐 횟수를 양면 각각 50회로 한 것이다.

아스팔트 시험 문제 풀이

문제 1

아스팔트 침입도 시험시 표준조건을 물음에 답하시오.

풀이

가. 표준 온도 : 25℃

나. 표준 침하하중 : 100 g

다. 표준 침입시간 : 5초

문제 2

아스팔트 침입도 시험에 대하여 답하시오.

풀이

가. 표준침의 침입량을 몇 mm단위로 나타낸 값을 침입도라 하는가?

$$0.1mm\left(\frac{1}{10}mm\right)$$

나. 표준 시험조건 온도(℃)는?

25℃

다. 시료를 이동 접시와 함께 규정온도 (25±0.1℃)로 유지된 항온 물탱크에 넣고 몇 시간 두는가?

1~1.5 시간, 용기가 깊으면 90~120분

문제 3

다음 빈칸을 채우시오.

풀이

가. 아스팔트의 비중이라. 함은 보통( )℃에서의 아스팔트의 무게와 이와 같은 부피의 무게와의 비를 말한다.

25℃

나. 아스팔트의 침입도 시험에 있어서 특별한 시험 조건을 제외하고 표준온도는 ( )℃, 침입하중은( )g, 침입시간( )초이다.

25℃, 100g, 5초

다. Marshall시험기를 사용하는 아스팔트 혼합물의 소성흐름에 대한 저항력 시험방법은 골재의 최대지름이 (　)mm 이하의 가열 아스팔트 혼합물에 적용한다.

25mm

문제 4

아스팔트 신도 시험에 대해서 다음 물음에 답하시오.

풀이　가. 별도의 규정이 없는 한 몇 도에서 시험하는가?

25±0.5 ℃

나. 시험할 때의 인장 속도는 얼마인가?

5±0.25 cm/min

다. 신도의 단위를 써라.

cm

라. 시료가 든 몰드를 실온에서 약 몇 분간 냉각시키는가?

30~40분

문제 5

아스팔트 연화점 시험에 대한 물음에 답하시오.

풀이　가. 시료를 환에 넣고 몇 시간 안에 시험을 마쳐야 하는가?

4 시간

나. 시료가 강구와 함께 시료 대에서 몇 mm 떨어진 밑판에 닿는 순간의 온도를 연화점으로 하는가?

25.4 mm

다. 시험 온도는 매분 몇 ℃의 비율로 하는가?

5±0.5℃

문제 6

침입도 시험이다 물음에 답하시오.

풀 이

가. 무게가 100g 이고 표준침이 5mm 관입 하였을 때 침입도를 구하시오.

$$5mm \times 10 = 50 \ (\because 1mm를 10으로 나타내므로)$$

나. 시험조건 온도는?

25℃

다. 표준침을 침입 시킨 후 초시계를 가동시켜 정확하게 몇 초에 눈금을 읽는가?

5 초

문제 7

다음 물음에 ( )를 채우시오.

풀 이

아스팔트 침입도 시험은 시료의 온도 (①)℃에서 표준침에 하중 (②)g을 (③)sec 동안에 주었을 때 표준침이 시료 속으로 들어간 길이(④)mm 단위를 침입도라고 한다.

① 25,　　② 100,　　③ 5,　　④ 0.1

문제 8

아스팔트 연화점(환구법) 시험에 대해 다음 물음에 답하시오.

풀 이

가. 시료가 강구와 함께 규정거리의 시험대에 닿는 순간의 온도를 측정하여 연화점으로 한다. 이 규정거리는 얼마인가?

25.4mm

나. 연화점 시험의 수온 가열속도를 쓰시오.

5±0.5℃/min

다. 시료를 환에 넣고 몇 시간 내에 시험을 끝내야 하는가?

4 시간

문제 9

아스팔트(Aaphalt) 점도시험에서 25℃의 증류수 50ml가 채워질 때의 시간이 15초이고 에멀션화 아스팔트가 50ml 채워질 때의 시간이 105초 걸렸다. 이때 엥글러점도는 얼마인가?

풀 이

$$\eta = \frac{t_s}{t_w} = \frac{105초}{15초} = 7 \quad (t_s : 시료의 유출시간, \ t_w : 증류수의 유출시간)$$

문제 10

아스팔트 침입도 시험결과 무게 100g의 표준침이 5mm관입 하였다. 아래 물음에 답하시오.

풀 이   가. 침입도를 구하시오

$$5mm \times 10 = 50$$

나. 침입도 시험의 표준온도를 쓰시오.

25℃

다. 표준침을 침입시킨 후 초시계를 가동시켜 정확하게 몇 초가 되었을 때 눈금판의 값을 읽어야 하는가?

5 초

건설재료시험 기능사 필답형

제9장

강재 시험

제9장 강재 시험

9.1 강재 인장 시험

① 상항복점 $f_{SU}(kgf/mm^2) = \dfrac{F_{SU}}{A_0}$

② 하항복점 $f_{SL}(kgf/mm^2) = \dfrac{F_{SL}}{A_0}$

③ 인장강도 $f_B(kgf/mm^2) = \dfrac{F_{max}}{A_0}$

④ 파단 연신율 $\delta(\%) = \dfrac{l - l_0}{l_0} \times 100$

⑤ 단면 수축률 $\phi(\%) = \dfrac{A_0 - A}{A_0} \times 100$

여기서, F_{SU} : 시험편 평행부가 항복하기 이전의 최대 하중(kg)

$\quad\quad\quad F_{SL}$: 시험편 평행부가 항복을 시작한 다음 거의 일정한 하중상태에 있어서의 최소 하중(kg)

$\quad\quad\quad F_{max}$: 최대 인장 하중(kg)

$\quad\quad\quad l$: 시험편의 양 파단면의 중심선이 일직선상에 오도록 주의해서 파단면을 맞붙여 측정한 길이(mm)

$\quad\quad\quad l_0$: 표점 거리(mm)

$\quad\quad\quad A$: 시험편의 파단면을 주의해서 맞붙여 측정한 최소 단면적(mm²)

$\quad\quad\quad A_0$: 원 단면적(mm²)

9.2 강재 굽힘 시험

1) 굽힘 방법

　① 눌러 굽히는 방법　　② 감아 굽히는 방법　　③ V 블록 방법

2) 굽힘 각도 : $180°$

9.3 경도 시험 방법

　① 브리넬 경도 시험　　　　② 록웰 경도 시험

　③ 비커스 경도 시험　　　　④ 쇼어 경도 시험

9.4 충격 시험 방법

　① 샤르피 충격 시험　　　　② 아이로드 충격 시험

강재 시험 문제 풀이

문제 1

강제 굴곡 시험에 대해서 물음에 답하시오.

풀이　가. 굴곡 시험의 방법을 3가지 쓰시오

　　　① 눌러 굽히는 방법

　　　② 감아 굽히는 방법

　　　③ V 블록 방법

　　나. 강재의 굽힘 각도는 얼마인가?

　　　$180°$

문제 2

D16 이형철근이 인장시험을 통하여 최대 인장하중 P_{max}=12000kgf, A_o=198.6mm^{2}일 때 인장강도를 구하시오.

풀이　$f_B = \dfrac{P}{A} = \dfrac{12000}{198.6} = 60.42 \; kg/mm^2$

문제 3

직경 1.5cm인 봉강을 인장시험을 하여 항복점(Py)=2550kgf, 최대하중(Qu)=4150kgf을 얻었다. 물음에 답하시오.

풀이　가. 항복점 강도(Fy)를 구하시오.

$$A = \frac{\pi d^2}{4} = \frac{3.14 \times 15^2}{4} = 176.625 \; mm^2$$

$$F_y = \frac{P_y}{A} = \frac{2550}{176.625} = 14.44 \; kg/mm^2$$

　　나. 인장 강도(Fa)를 구하시오.

$$F_a = \frac{Q_u}{A} = \frac{4150}{176.625} = 23.50 \; kg/mm^2$$

문제 4

다음은 강재 시험에 대한 것이다. 물음에 답하시오.

풀이 가. 강의 경도 시험방법의 종류 3가지만 쓰시오.

① 브리넬 경도 시험

② 록웰 경도 시험

③ 비커스 경도 시험

④ 쇼어 경도 시험

나. 강재 충격 시험의 목적을 쓰시오.

금속재료의 인성을 알기위해

(충격시험은 시험편을 파괴하는데 필요한 에너지)

문제 5

강재의 굽힘 시험에서 굽히는 방법 3가지를 쓰시오.

풀이 ① 눌러 굽히는 방법

② 감아 굽히는 방법

③ V블록방법

건설재료시험 기능사 작업형

제 10장

작업형

10.1 작업형 문제 유형

◎ 시험시간 : 2시간 (흙의 액성한계 시험:1시간, 잔골재 밀도 시험:1시간)

1. 요구 사항

주어진 기구 및 시료를 가지고 아래 시험을 실시하여 그 결과를 주어진 양식에 기록하시오.

1) 액성한계 시험

2) 잔골재 밀도 시험

2. 수검자 유의 사항

1) 필답형 시험과 작업형 시험 중 하나라도 응시치 않으면 실격으로 처리한다.

2) 시험 방법은 한국공업규격(KS F)에 따라 실시한다.

3) 잔골재 밀도 시험용 시료는 함수비를 적게 하여 건조시킬 수 있도록 한다.

4) 잔골재 밀도 시험 도중 시료와 물의 온도를 20±5℃에 일치시키는 작업은 시간 관 계상 생략하고 실온 그대로 사용한다.

5) 잔골재의 밀도는 표면 건조 포화 상태의 밀도를 계산하여 제출한다.

6) 사용하는 기구는 조심하여 다루고 시험 중에는 일체 잡담을 금한다.

7) 작업형 시험에서 시험한 결과 치는 볼펜으로 기록한다.

8) 밀도 시험을 할 때 플라스크가 깨지지 않도록 주의한다.

9) 각 시험을 시험시간 이내에서 2회 이상 평균값을 취하여도 좋다.

3. 성과표

1) 흙의 액성한계 시험 성과표

흙의 액성한계 시험

시 험 회 수	1	2	3
용기 번호			
(습윤토+용기) 무게 (g)			
(건조토+용기) 무게 (g)			
물의 질량 (g)			
용기 질량 (g)			
건조토 질량 (g)			
타격 횟수 (회)			
함 수 비 (%)			

계산란)

2) 잔골재 밀도 시험 성과표

잔골재 밀도 시험

측 정 번 호	1	2
플라스크 번호		
(플라스크+물)의 질량 (g)		
시료의 질량 (g)		
(플라스크+물+시료)의 질량 (g)		
표면 건조 포화 상태의 밀도		

(단, 시험 온도에서의 물의 밀도는 $1g/cm^3$으로 한다.)

계산란)

유형 2

◎ 시험시간 : 2시간 (잔골재 밀도 시험:1시간, 시멘트 비중 시험:1시간)

1. 요구 사항

준비된 기구 및 시료를 가지고 아래 시험을 실시하고 그 결과를 주어진 양식에 기록하시오.

1) 잔골재 밀도 시험

2) 시멘트 비중 시험

2. 수검자 유의 사항

1) 습윤 상태의 잔골재를 표면 건조 포화 상태로 만들 때는 모래 건조기를 사용

2) 잔골재 밀도 시험 도중 시료와 물의 온도를 20±5℃에 일치시키는 작업은 시간 관계상 생략하고 실온 그대로 사용한다.

3) 잔골재의 밀도는 표면 건조 포화 상태의 밀도를 계산하여 제출한다.

4) 사용하는 기구는 조심하여 다루고 시험 중에는 일체 잡담을 금한다.

5) 수검자는 시험한 결과치를 볼펜으로 기록하고 정정 시에는 감독위원의 확인 도장을 받아야 한다.

6) 밀도 시험을 할 때 플라스크가 깨지지 않도록 주의한다.

7) 각 시험은 1회를 원칙으로 하여 제한시간 이내에서는 수검자의 의향에 따라 2회 이상 실시하여 평균값을 취하여도 좋다.

8) 필답형 시험과 작업형 시험 중 하나라도 응시치 않으면 실격으로 처리한다.

9) 각 공정별 시험시간은 초과할 수 없다.

3. 성과표

1) 잔골재 밀도 시험 성과표

잔골재 밀도 시험

측 정 번 호	1	2
플라스크 번호		
(플라스크+물)의 질량 (g)		
시료의 질량 (g)		
(플라스크+물+시료)의 질량 (g)		
표면 건조 포화 상태의 밀도		

(단, 시험 온도에서의 물의 밀도는 $1g/cm^3$ 으로 한다.)

계산란)

2) 시멘트 비중 시험 성과표

시멘트 비중 시험

측 정 번 호	1	2
비중병 번호		
처음 광유 읽기 (cc)		
시료의 중량 (g)		
시료를 넣은 후 광유 읽기 (cc)		
비 중		

계산란)

유형 3

◎ 시험시간 : 2시간 (흙의 다짐 시험:1시간, 시멘트 비중 시험:1시간)

1. 요구 사항

※ 지급된 재료 및 시설을 사용하여 아래 시험들을 실시하고 그 결과 값을 주어진 양식에 작성하여 제출하시오.

가. 흙의 다짐 시험(KS F 2312)

　1) 다짐시험은 A다짐시험을 하여 공시체로부터 함수비 측정용 시료를 채취하여 건조기에 넣는 것 까지만 실시하고, 몰드는 한 개만 시험하여 답안지를 완성하시오.

나. 시멘트 비중 시험(KS L 5110)

　1) 시험시 실온에서 광유의 온도차는 적정하다고 가정하고 시험하여 답안지를 완성하시오.

2. 수험자 유의 사항

※ 다음 유의사항을 고려하여 요구사항을 완성하시오.

※ 항목별배점은 흙의 다짐 시험 25점, 시멘트의 비중 시험 25점입니다.

1) 수험자 인적사항 및 답안 작성은 반드시 검은색 필기구만 사용하여야 하며, 그 외 연필류, 유색 필기구, 지워지는 펜 등을 사용한 답안은 채점하지 않으며 0점 처리됩니다.

2) 답안 정정 시에는 정정하고자 하는 단어에 두 줄(=)을 긋고 다시 작성하거나 수정테이프(수정액 제외)를 사용하여 정정하시기 바랍니다.

3) 계산문제는 반드시 「계산과정」과 「답」란에 계산과정과 답을 정확히 작성하여야 하며 계산과정이 틀리거나 없는 경우 0점 처리됩니다.

4) 계산문제는 최종 결과 값(답)에서 소수 셋째자리에서 반올림하여 둘째자리까지 구하여야 하나 개별문제에서 소수 처리에 대한 요구사항이 있을 경우 그 요구사항에 따라야 합니다. (단, 문제의 특수한 성격에 따라 정수로 표기하는 문제도 있으며, 반올림한 값이

0이 되는 경우는 첫 유효숫자까지 기재하되 반올림하여 기재하여야 합니다. 예: 0.235 →
0.24)

5) 답에 단위가 없으면 오답으로 처리됩니다. (단, 문제의 요구사항에 단위가 주어졌을
경우는 생략되어도 무방합니다.)

6) 시험방법은 한국산업표준(KS F)에 의해 실시하여야 합니다.

7) 사용하는 기구는 조심하여 다루고 시험 중에는 일체의 잡담을 금하여야 합니다.

8) 각 시험은 1회를 원칙으로 하나 시험시간 내에서 수험자의 의향에 따라 2회까지 실시할
수 있습니다.

9) 시험을 할 때 비중병이 깨지지 않도록 주의합니다.

10) 시험 중 수험자는 반드시 안전수칙을 준수해야하며, 작업 복장상태, 정리정돈상태, 안전
사항 등이 채점대상이 됩니다. (작업에 적합한 복장과 마스크를 항시 착용하여야 합니다.)

11) 다음 사항은 실격에 해당하여 채점 대상에서 제외됩니다.

가) 수험자 본인이 수험 도중 시험에 대한 포기 의사를 표현하는 경우

나) 전과정(필답형+작업형)에 응시하지 아니한 경우

다) 시험의 전과제(1~2과제) 중 하나라도 수행하지 아니하거나 0점인 경우

3. 성과표

1) 흙의 다짐 시험 성과표

흙의 다짐 시험

A다짐 몰드의 용량		$1000 \, cm^3$
측 정 번 호	1	2 (재시험 시)
(몰드+밑판+습윤시료)의 질량 (g)		
(몰드+밑판)의 질량 (g)		
습윤시료의 질량 (g)		
습윤밀도 (g/cm^3)		

○ 계산과정 :

2) 시멘트 비중 시험 성과표

시멘트의 비중 시험

측 정 번 호	1	2 (재시험 시)
비중병의 번호		
처음의 광유의 읽기 (mL)		
시료의 질량 (g)		
시료를 넣은 광유의 읽기 (mL)		
비 중		

○ 계산과정 :

10.2 잔골재 밀도 시험

1. 기계 기구

① 원뿔형 몰드
② 다짐대
③ 시료 분취기
④ 저울
⑤ 플라스크(500ml)
⑥ 건조기(드라이기)
⑦ 항온수조
⑧ 데시게이터
⑨ 피펫

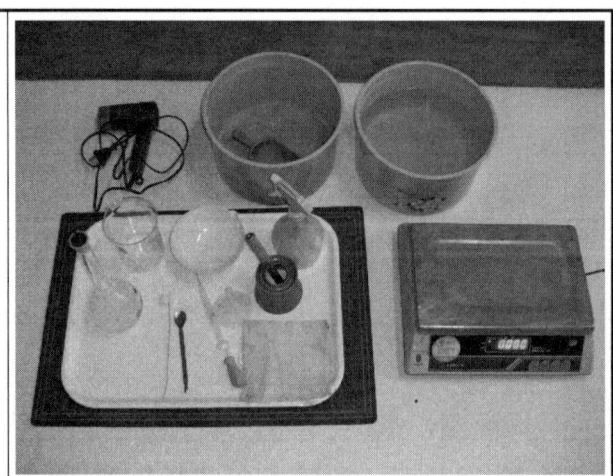

2. 잔골재 시료의 준비

① 시료를 시료 분취기로 채취한다.
② 시료 약 1000g을 단다.
③ 시료를 시료 용기에 담아 일정 무게가 될 때까지 105±5℃의 온도로 건조시킨다.

④ 시료를 24±4시간 동안 물 속에 담근다.

⑤ 시료를 편평한 그릇에 펴놓고 따뜻한 공기로 천천히 건조시킨다.

⑥ 시료의 표면에 물기가 거의 없을 때, 시료를 원뿔형 몰드에 채워 넣는다.

⑦ 다짐대로 시료의 표면을 가볍게 25번 다진다.

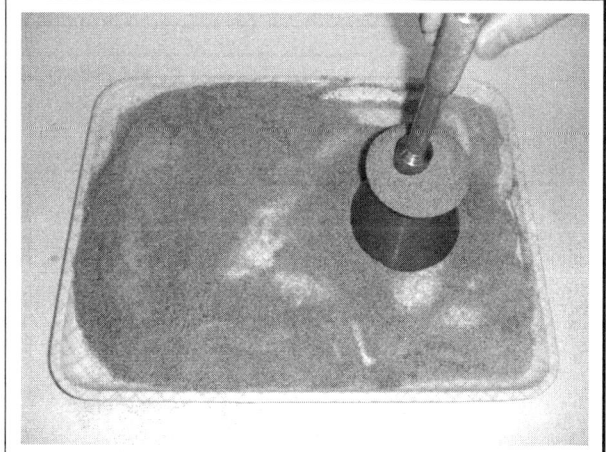

⑧ 원뿔형 몰드를 수직으로 빼 올린다. 이 때 원뿔 모양이 흘러내리지 않고 그 상태를 유지하면 잔골재에 표면수가 있을 것이다.

⑨ 원뿔형 몰드를 빼 올렸을 때 잔골재의 원뿔 모양이 흘러내리기 시작할 때까지 ⑥~⑧항의 방법을 되풀이하고, 이것을 잔골재의 표면 건조 포화 상태로 한다.

3. 잔골재 밀도 시험

① 표면 건조 포화 상태의 시료 500g
과 플라스크 표시선 까지 물을 채
우고 0.1g까지 정확하게 단다.

② 시료를 곧 플라스크에 넣고 용량의
90%까지 물을 채운다.

③ 플라스크를 편평한 면에 굴리어 뒤
흔들어서 공기를 모두 없앤다.

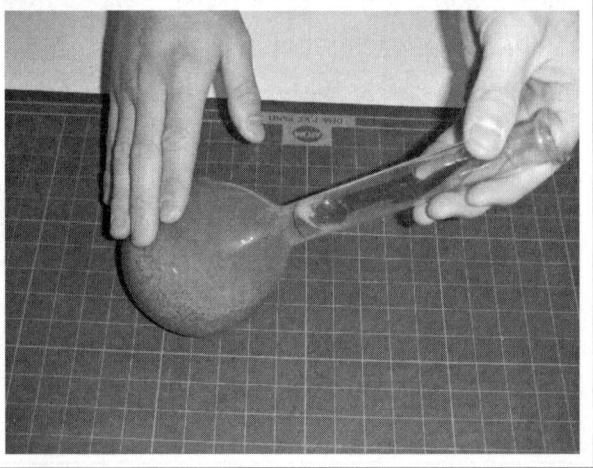

④ 플라스크를 항온 수조에 담가 20±5℃의 온도로 조절한다.

⑤ 약 1시간 지난 후 플라스크의 검정선까지 물을 채운다.

⑥ 플라스크, 시료, 물의 무게를 0.1g까지 단다.

⑦ 20±5℃ 온도의 물을 빈 플라스크의 검정선까지 채우고 무게를 단다.

4, 잔골재 밀도 시험 항목별 채점 기준

항목 번호	항목별 채점 기준	배점
1	습윤 상태의 잔골재를 건조기에 골고루 펴서 건조한다.	2
2	시료를 원뿔형 몰드에 넣을 때 다지지 않고 천천히 넣는다.	2
3	원뿔형 몰드에 시료를 가득 채우고 맨 위의 표면을 다짐대로 가볍게 25회 다진다.	2
4	원뿔형 몰드를 빼 올렸을 때 시료가 조금씩 흘러내리는 상태가 되도록 반복한다.	2
5	플라스크에 물을 채울 때 500cc의 눈금에 정확하게 일치시킨다.	2
6	시험 도중 플라스크를 편평한 면에 굴려서 플라스크 내부에 있는 기포를 없앤다.	2
7	플라스크에 물 또는 시료를 넣은 후 무게를 측정할 때 플라스크의 표면을 수건으로 깨끗이 닦아낸다.	2
8	플라스크와 저울을 사용할 때 조심스럽게 실험한다. ※ 위 항목에 결격이 없으면 항목 당 2점씩 배점 　(2점×8항목=16점)	2
9	시험한 결과치를 가지고 계산할 줄 알면 4점 틀리면 0점	4
	계	20

10.3 시멘트 비중 시험

1. 기계 기구 및 재료

① 르 샤트리에 비중병
② 저울
③ 항온 수조
④ 온도계
⑤ 스포이드
⑥ 시멘트 시료
⑦ 광유
⑧ 마른천 또는 탈지면

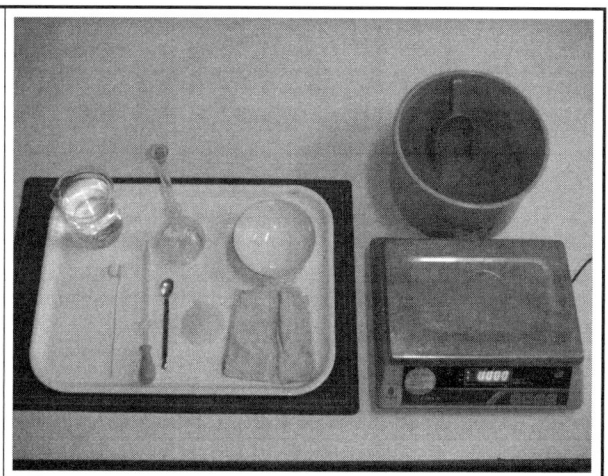

2. 시멘트 비중 시험

① 비중병의 눈금 0~1ml 사이에 광유를 넣는다.
② 비중병의 목 부분에 묻은 광유를 마른 천으로 닦아낸다.
③ 비중병을 수조 속에 넣고, 광유의 온도차가 0.2℃ 이내로 되었을 때 광유 표면의 눈금을 읽는다.

④ 시멘트 약 64g을 소수점 이하 1자리까지 정확히 단다.

⑤ 시멘트를 비중병에 넣는다.

⑥ 비중병에 넣은 시멘트 속의 공기를 없앤다.

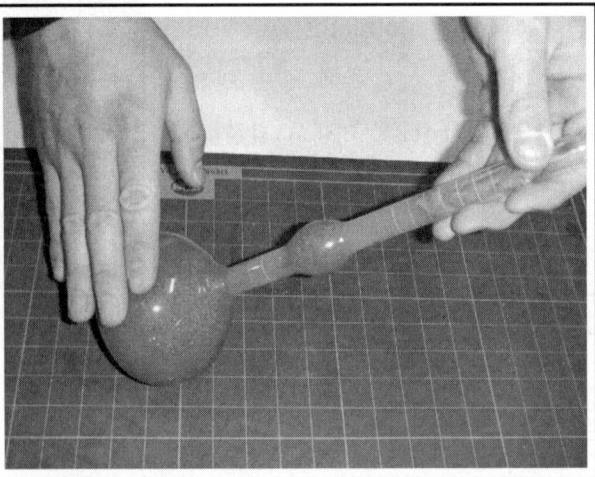

⑦ 비중병을 다시 수조에 넣고 온도차
   가 0.2℃ 이내일 때 광유의 표면 눈
   금을 읽는다.

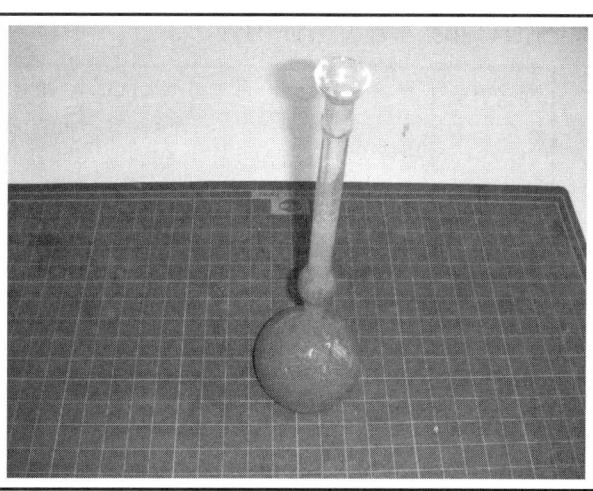

3. 결과의 계산

$$시멘트\ 비중 = \frac{시멘트의\ 무게\ (g)}{비중병의\ 눈금\ 차\ (ml)}$$

4. 시멘트 비중 시험 항목별 채점 기준

항목번호	항목별 채점 방법	배점
1	비중병을 눈금 0~1mL 사이에 광유를 채운 후 비중병의 목 부분에 묻은 광유는 마른걸레로 닦아낸다. (※ 눈금을 읽기 전에 목부분의 광유를 닦지 않으면 0점)	3
2	(1)항의 상태에서 광유의 표면눈금을 읽어 기록한다. (※ 광유의 모세관 기둥 하단부 눈금을 읽지 않으면 0점)	3
3	시멘트 약 64g 정도를 0.05g 단위까지 정확하게 칭량하여 기록한다.	3
4	시멘트를 비중병에 넣을 때 목 부분에 넣어 유실되지 않도록 조심하면서 넣는다. (※ 시멘트가 막혀서 철선 등으로 찌르거나 시멘트를 파내어도 시멘트의 유실로 간주하여 0점)	3
5	시멘트가 비중병 안에 묻어 있지 않도록 적당히 진동시킨다. (※ 비중병 목부분에 시멘트가 남아있으면 0점)	3
6	시멘트를 전부 넣은 다음 비중병의 마개를 막고 내부의 공기를 없앤다.	3
7	광유의 표면이 가리키는 눈금을 읽는다. (※ 광유의 모세관 기둥 하단부 눈금을 읽지 않으면 0점)	3
8	답안지 기재가 옳고, 비중 값의 계산과정과 답이 맞으면 4점, 틀리면 0점 (※ 비중의 계산 값은 무차원 및 밀도 단위(g/mL, g/cm^3)를 사용하여도 무관)	4
9	작업 복장(작업복 작업화, 마스크)을 한 가지라도 착용하지 않거나 정리 정돈 상태가 미흡하면 2점 감점 (작업복 및 작업화는 시험에 적합한 복장으로, 일상복은 가능하나 슬리퍼, 굽이 높은 신발 및 반바지 등 작업에 부적합한 복장은 감점 대상이며 각 과제별로 감점)	-2

10.4 흙의 액성한계 시험

1. 기계 기구

① 액성한계 측정기
② 시료팬
③ 분무기
④ 홈파기 날
⑤ 반죽용 주걱
⑥ 시험용 체
⑦ 함수비용 캔

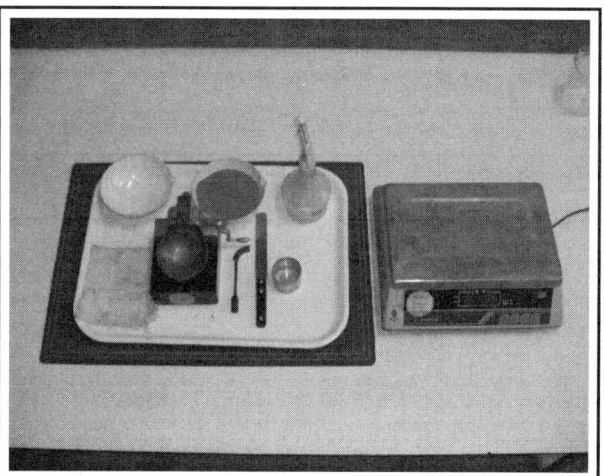

2. 흙의 액성한계 시험

① 황동 접시의 낙하 높이가
   10±1mm가 되도록 조정한다.

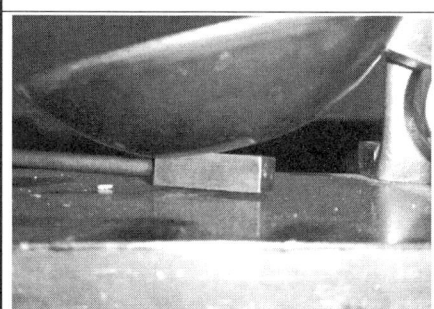

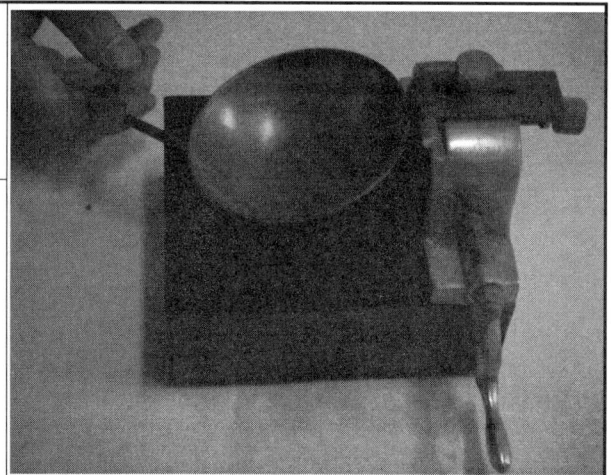

② 시료를 0.425mm 체로 체가름한다.

③ 0.425mm 체 통과 시료 약 200g
  을 준비한다.

④ 시료를 유리판 또는 팬 위에 펼치거
  나 증발 접시에 담아 둔다.

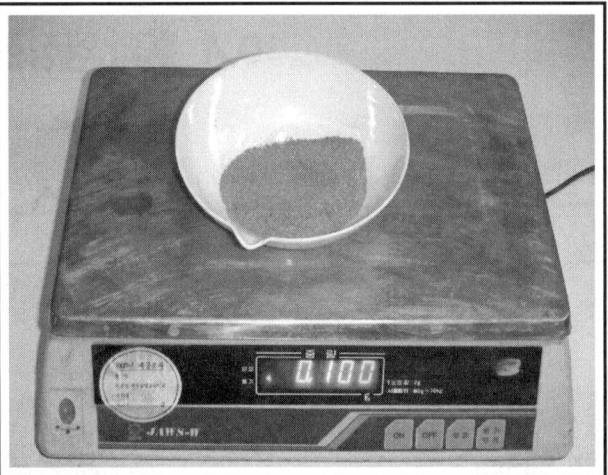

⑤ 분무기로 증류수를 뿌리면서 반죽용
  주걱으로 잘 혼합한다.

⑥ 반죽된 시료를 젖은 헝겊으로 덮어
  흙을 포화시킨다.

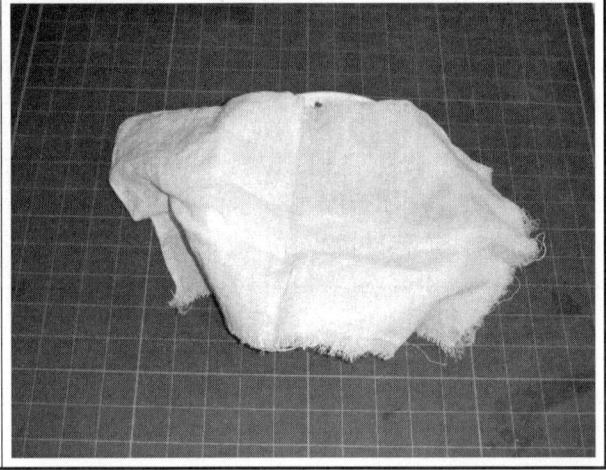

⑦ 황동 접시를 손에 쥐고 접시 중앙의 시료 두께가 1cm가 될 때까지 반죽용 주걱으로 누르면서 깐다.

⑧ 홈파기 날로 접시 밑에 수직으로 대고 접시의 지름에 따라 시료를 2등분한다.

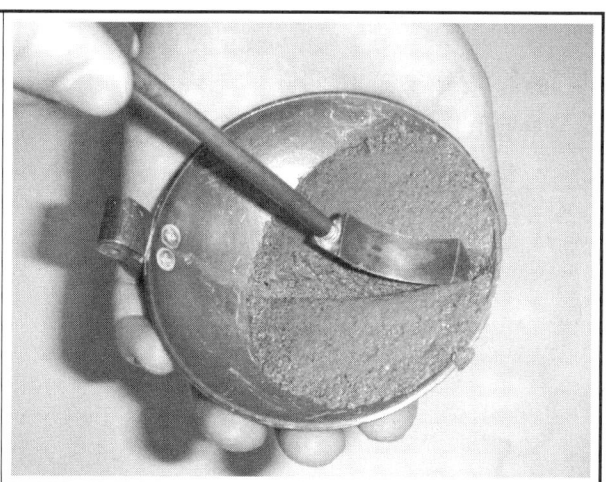

⑨ 황동 접시를 액성한계 측정기에 부착한다.

⑩ 황동 접시를 경질 고무 받침대에 낙하시켜, 홈이 팬 밑부분 흙의 접촉 길이가 15mm가 될 때까지 이 조작을 반복한다. 이때 크랭크를 1초에 2회 속도로 회전한다.

⑪ 양분된 흙의 홈이 15mm 합류할 때까지의 낙하 횟수를 기록한다.

⑫ 합류한 부분의 흙을 취하여 함수비를 측정한다.

3. 결과의 정리

반죽된 흙의 함수비를 달리 하여 각 함수비에 대한 황동 접시의 낙하 횟수와의 관계를 반대수 모눈종이에 그리면 직선이 되는데, 이것을 유동곡선이라 하며, 유동곡선에서 낙하 횟수 25회에 해당하는 함수비를 액성한계라 함.

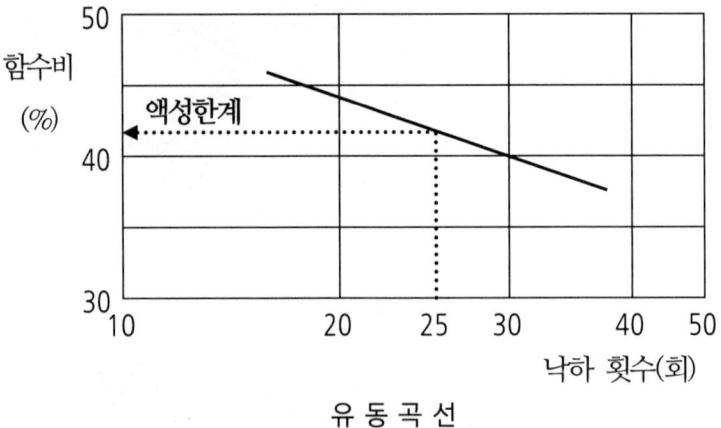

유 동 곡 선

4. 액성한계 시험 항목별 채점 기준

항목번호	항목별 채점 기준	배점
1	NO.40(0.425mm)체로 체가름한다.	3
2	시료를 약 200g 정도 채취한다.	3
3	시료를 증발 접시에 넣고 분무기로 증류수를 가하여 스패출러로 잘 혼합한다.	3
4	여기에 습한포를 덮고 방치해 둔다.	3
5	측정기의 조정판 나사를 풀어서 접시의 밑판에서 정확히 1cm의 높이가 되도록 조절하여 고정시킨다.	3
6	홈파기 날을 황동 접시의 밑에 직각으로 놓고 캠끝의 중심선을 통하는 황동 접시의 지름에 따라 시료를 둘로 나눈다.	3
7	황동 접시를 대에 설치하여 크랭크를 회전시켜 1초 동안에 2회의 비율로 대위에 떨어뜨린다.	3
8	홈의 밑부분에 흙 접촉부 1.5cm가 되도록 이 조작을 계속한다.	3
	※ 위 항목에 결격이 없으면 항목 당 3점씩 배점 　(3점×8문항)=24점	
9	시험 결과치를 주어진 양식에 기재하고 계산과정이 옳으면 6점, 아니면 0점	6
	계	30

10.5 흙의 다짐 시험

1. 기계 기구 및 재료

① 몰드(지름10cm, 지름15cm)

② 칼라

③ 저울

④ 시료 추출기

⑤ 시험용 체

⑥ 곧은 날

⑦ 분무기

⑧ 함수비 측정 기구

⑨ 흙 시료, 헝겊, 그리스

2. 흙의 다짐 시험

① 시료를 19mm 체로 체가름 한다.

② 19mm 체 통과 시료 약 3kg 정도를 준비한다.

③ 시료에 분무기로 물을 가하여 작은 삽으로 잘 혼합하고 시료의 함수비를 측정한다.

④ 브러시 또는 큰 솔로 몰드를 깨끗하게 한 다음 내부에 그리스를 엷게 바른다.
⑤ 몰드의 지름과 높이를 측정한다.
⑥ (몰드+밑판)의 무게(W_1)을 측정한다.

⑦ 몰드에 밑판 및 칼라를 조립하여 두꺼운 콘크리트 판에 올려놓는다.
⑧ 3층으로 다질 경우 한층 다짐 두께는 4.5cm 정도가 되도록 시료를 몰드에 채우고 래머로 25회 다진다. 래머는 자유 낙하시킨다.

⑨ 다짐이 끝나면 칼라를 떼어내고 몰드 윗면의 여분의 흙을 곧은 날로 수평이 되도록 조심스럽게 깎아낸다.

⑩ 몰드와 밑판의 외부에 붙은 흙을 잘 닦아내고 (몰드+밑판+습윤 시료)의 무게 (W_2)를 측정한다.

⑪ 다짐한 시료를 시료 추출기 사용하여 몰드에서 빼낸다.

⑫ 함수비 측정용 시료는 측정개수가 한 개인 경우에는 중심부에서, 두 개인 경우에는 상부 및 하부에서 채취하여 함수비를 구한다.

3. 결과의 계산

① 습윤 단위 무게$(\gamma_t) = \dfrac{W_2 - W_1}{V}$ (g/cm^3)

W_1 : (몰드 + 밑판)의 무게 (g)

W_2 : (몰드 + 밑판 + 습윤 시료)의 무게 (g)

② 건조 단위 무게$(\gamma_d) = \dfrac{\gamma_t}{1 + \dfrac{\omega}{100}}$

4. 흙의 다짐 시험 항목별 채점 기준

항목번호	항목별 채점 방법	배점
1	흙덩이를 부수고 체가름 하여 19mm 체를 통과한 시료를 사용한다.	2
2	시료에 적당량의 물을 가하여 충분히 혼합한다.	2
3	다짐을 하기 전에 빈 몰드 및 밑판의 무게를 측정한다.	2
4	혼합한 시료를 칼라를 붙인 몰드에 채우고 무게 25N 짜리 래머를 사용하여 매 층당 25회씩 다진다.	2
5	몰드는 ϕ100mm를 사용하여 3층으로 나누어 다진다.	2
6	래머를 스토퍼까지 확실하게 들어올려 자유 낙하시킨다. (자유 낙하기 아닌 힘을 가한 경우 0점)	3
7	칼라를 떼어낼 때 파괴없이 제거하고, 몰드 상부의 여분의 흙을 곧은 날로 평평하게 한다.	3
8	다짐을 한 후 몰드 및 밑판 주위를 깨끗이 하여(몰드+밑판+시료)의 무게를 측정한다.	2
9	함수비 측정용 시료를 채취할 때 추출시킨 몰드를 중앙수직으로 절단하여 중심부에서 골라 채취한다. (※ 시료 측정개수가 1개인 경우 흙의 중심부에서, 2개인 경우 상부 및 하부에서 채취한다.)	3
10	답안지 기재가 옳고, 습윤밀도 값의 계산과정과 답이 맞으면 4점, 틀리면 0점 (단위는 주어졌으므로 단위가 없어도 무관하다.)	4
11	작업 복장(작업복 작업화, 마스크)을 한 가지라도 착용하지 않거나 정리정돈 상태가 미흡하면 2점 감점 (작업복 및 작업화는 시험에 적합한 복장으로, 일상복은 가능하나 슬리퍼, 굽이 높은 신발 및 반바지 등 작업에 부적합한 복장은 감점 대상이며 각 과제별로 감점)	-2

건설재료시험 기능사

기출문제 해설
(필답형)

핵심 필답형 기출문제 해설 (1)

문제 1

다음은 흙의 직접전단 시험결과이다. 그래프를 그려 점착력(c)과 내부마찰각(ϕ)을 구하시오.

수직응력(σ) kg/cm^2	0.1	0.3	0.25
최대전단응력(τ) kg/cm^2	0.15	0.25	0.35

풀이 가. 아래의 그래프를 그리시오.

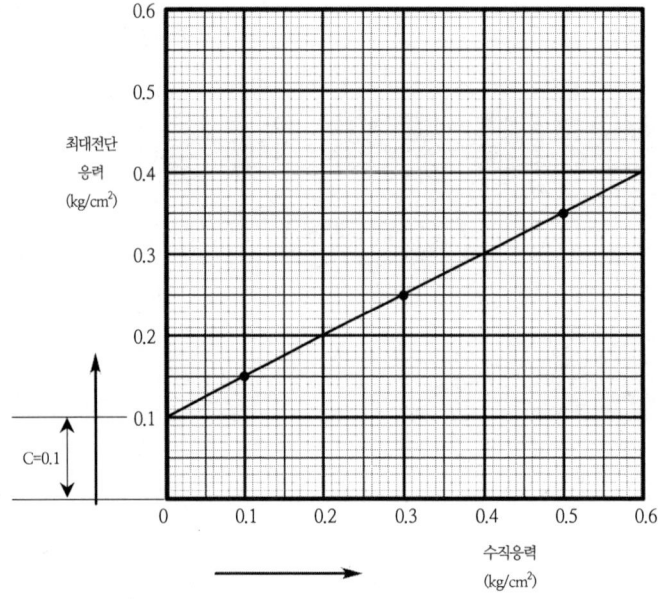

나. 점착력(c)을 구하시오.

0.1kg/cm^2

다. 내부마찰각(ϕ)을 구하시오.

$$\phi = \tan^{-1} \frac{0.4 - 0.15}{0.6 - 0.1} = 26°33'54''$$

문제 2

현장에서 모래 치환법에 의한 흙의 밀도 시험을 한 결과이다. 다음 요구사항을 구하시오.
(단, 소수 4째 자리에서 반올림하시오.)

(시험 전 표준모래+병) 무게 (g)	6371
(시험 후 표준모래+병) 무게 (g)	3913
깔때기 속의 표준모래 무게 (g)	1460
구멍 속에 파낸 흙 무게 (g)	1158
흙의 함수비 (%)	8.72
표준 모래의 단위중량 (g/cm^3)	1.34
실내 다짐시험에 의한 최대건조단위중량 (g/cm^3)	1.56

풀이

가. 구멍 속을 채운 표준모래 무게를 구하시오.

$$W_{sand} = 6371 - (3913 + 1460) = 998\,g$$

나. 시험 구멍의 부피를 구하시오.

$$V_H = \frac{W_{sand}}{\gamma_{sand}} = \frac{998}{1.34} = 744.776\ cm^3$$

다. 현장 흙의 습윤단위중량을 구하시오.

$$\gamma_t = \frac{W}{V_H} = \frac{1158}{744.776} = 1.555\ g/cm^3$$

라. 현장 흙의 다짐도를 구하시오.

$$\gamma_d = \frac{\gamma_t}{1 + \dfrac{w}{100}} = \frac{1.555}{1 + \dfrac{8.72}{100}} = 1.430$$

$$C_d = \frac{\gamma_d}{\gamma_{dmax}} \times 100 = \frac{1.430}{1.56} \times 100 = 91.667\,\%$$

문제 3

자연 함수비가 50%인 점성토의 토질 시험 결과 액성한계가 70%, 소성한계가 40%, 수축한
계가 25%였다. 다음 물음에 답하시오.

풀이 가. 소성지수를 구하시오.

$$I_P = W_L - W_P = 70 - 40 = 30\ \%$$

나. 액성지수를 구하시오.

$$I_L = \frac{W_n - W_P}{I_P} = \frac{50 - 40}{30} = 0.33$$

다. 컨시스턴시(consistency) 지수를 구하시오.

$$I_C = \frac{W_L - W_n}{I_P} = \frac{70 - 50}{30} = 0.67$$

문제 4

콘크리트의 워커빌리티(Workability)를 측정하기 위한 시험방법을 3가지만 쓰시오.

풀이 ① 슬럼프 시험   ② 구관입 시험   ③ 흐름 시험

문제 5

콘크리트 슬럼프(slump) 시험에서 시멘트 20 kg, W/C = 50%이고, 중량 배합(시멘트:모래:자갈)=1:2:4의 비율로 혼합할 때 다음 물음에 답하시오.

풀이 가. 물의 양을 구하시오.

$$20 \times 0.5 = 10kg$$

나. 모래의 양을 구하시오.

$$20 \times 2 = 40kg$$

다. 자갈의 양을 구하시오.

$$20 \times 4 = 80kg$$

문제 6

다음 (   )안에 알맞은 숫자를 써 넣으시오.

풀이 가. 아스팔트 혼합물의 비중이라 함은 보통 (①   )℃에서의 아스팔트 무게와 이와 같은 부피를 갖는 물 무게의 비를 말한다.

25℃

나. 아스팔트의 침입도 시험에 있어서 특별한 시험 조건을 제외하고 표준온도는
(②)℃, 침입하중은 (③)g, 침입시간은 (④)초이다.

25℃, 100g, 5초

다. 마샬 시험기를 사용하는 아스팔트 혼합물의 소성흐름에 대한 저항력 측정방법은 아
스팔트와 최대 치수 (⑤)mm의 골재를 혼합한 가열 혼합물에 적용한다.

25mm

문제 7

체분석 시험을 위한 잔골재의 건조무게가 500 g이고, 체가름 시험결과 각체에 남은 양이 다음
과 같을 때 표(잔류율, 가적잔류율)를 완성하고 조립률을 구하시오.

풀이 가. 표를 완성하시오.

체(mm)	잔유량(g)	잔유율(%)	가적잔유율(%)
20 mm	0	(0)	(0)
10 mm	5	(1)	(1)
5 mm	20	(4)	(5)
2.5 mm	66	(13.2)	(18.2)
1.2 mm	140	(28)	(46.2)
0.6 mm	212	(42.4)	(88.6)
0.3 mm	41	(8.2)	(96.8)
0.15 mm	14	(2.8)	(99.6)
팬	2	(0.4)	(100)
계	500	(100)	

나. 조립률을 구하시오.

$$\frac{1+5+18.2+46.2+88.6+96.8+99.6}{100} = 3.55$$

문제 8

콘크리트 시방배합 결과가 다음과 같다. 현장골재 상태를 보고 다음 물음에 답하시오.
(단, 소수 첫째자리에서 반올림하시오.)

[시방배합표 (kg/m³)]

물(w)	시멘트(C)	잔골재(S)	굵은 골재(G)
159	324	725	1082

[현장골재의 상태]

구 분	5mm체에 남는 양(%)	5mm체 통과량(%)	표면수량(%)
잔골재	5	95	2
굵은 골재	97	3	1

풀이

가. 입도에 대한 골재량을 수정하시오.

$$S + G = 725 + 1082 = 1807 \cdots\cdots\cdots\cdots\cdots (1)$$
$$0.05S + 0.97G = 1082 \cdots\cdots\cdots\cdots\cdots (2)$$

(1)번 식에 0.97을 곱하여 (2)식과 연립하면

$$\begin{aligned} 0.97S + 0.97G &= 0.97 \times 1807 = 1752.79 \\ -\ )\ 0.05S + 0.97G &= 1082 \\ \hline 0.92S + 0\ \ \ &= 670.79 \end{aligned}$$

$$\therefore S = \frac{670.79}{0.92} = 729 \ kg \cdots\cdots\cdots (3)$$

(3)번 값을 (1)식에 대입하면,

$$\therefore G = 1807 - 729 = 1078 \ kg$$

나. 표면수량에 대한 수정을 하여 계량할 각 재료량을 구하시오.

표면수량에 의한 잔골재량

① 잔골재 표면수 : $729 \times 0.02 = 15 \ kg$

② 잔골재량 : $729 + 15 = 744 \ kg$

표면수량에 의한 굵은 골재량

① 굵은골재 표면수 : $1078 \times 0.01 = 11 \ kg$

② 굵은골재량 : $1078 + 11 = 1089 \ kg$

표면수량에 의한 물의 양

$159 - (15 + 11) = 133 \ kg$

핵심 필답형 기출문제해설 (2)

문제 1

자연 상태 흙의 함수비가 41.2%, 액성한계 48.4%, 소성한계 34.6% 이었다. 다음 물음에 답하시오.

풀이 가. 소성지수를 구하시오.

$$I_P = W_L - W_P = 48.4 - 34.6 = 13.8\,\%$$

나. 컨시스턴시 지수를 구하시오.

$$I_C = \frac{W_L - W_n}{I_P} = \frac{48.4 - 41.2}{13.8} = 0.52$$

다. 액성지수를 구하시오.

$$I_L = \frac{W_n - W_P}{I_P} = \frac{41.2 - 34.6}{13.8} = 0.48$$

문제 2

아스팔트(Asphalt) 점도시험에서 25℃의 증류수 50 mL의 유출 시간이 15초이고, 유화 아스팔트 50 mL의 유출 시간이 105초 걸렸다. 이때 엥글러 점도를 구하시오.

풀이 $\dfrac{\text{시료의 유출 시간}}{\text{증류수의 유출 시간}} = \dfrac{105초}{15초} = 7$

문제 3

어떤 점성토의 일축 압축 시험한 결과이다. 다음 물음에 답하시오.

공시체 파괴면과 수평면과의 각도(θ) = 60°
흐트러지지 않은 시료의 일축압축강도(qu) = 420 kPa
되비빔하여 만든 시료의 일축압축강도(qur) = 60 kPa

풀이 가. 자연상태를 기준으로 한 이 시료의 내부마찰각(φ)을 구하시오.

$$\theta = 45° + \frac{\phi}{2} \quad \therefore \; \phi = 2\theta - 90 = 2 \times 60 - 90 = 30°$$

나. 자연상태를 기준으로 한 이 시료의 점착력(c)을 구하시오.

$$C = \frac{q_u}{2} \tan \left(45 - \frac{\phi}{2} \right) = \frac{420}{2} \tan \left(45 - \frac{30}{2} \right) = 121.24 \, kPa$$

다. 이 흙의 예민비(St)를 구하시오.

$$S_t = \frac{q_u}{q_{ur}} = \frac{420}{60} = 7$$

라. 이 흙의 예민비에 따른 점토 특성을 분류하시오.

$4 \leq S_t \leq 8$ 이므로 예민성 점토

문제 4

굵은 골재의 체가름 시험을 통해 얻은 결과가 아래 표와 같다. 다음 물음에 답하시오.

체의 크기	75mm	40mm	25mm	20mm	10mm	5mm	2.5mm	1.2mm	0.6mm	0.3mm	0.15mm
잔류율(%)	0	4	2	24	18	17	34	1	0	0	0
누적 잔류율(%)	0	4	6	30	48	65	99	100	100	100	100

풀이

가. 조립률을 구하시오.

$$\frac{4 + 30 + 48 + 65 + 99 + 100 + 100 + 100 + 100}{100} = 6.46$$

나. 시료의 상태(양호/불량)를 판정하시오.

굵은 골재 조립률이 6~8 범위 안에 있으므로 양호하다.

다. 시험기구 중 건조기는 몇 도의 온도를 유지해야 하는지 쓰시오.

$105 \pm 5℃$

문제 5

습윤 상태에서의 중량 100 g의 모래를 건조시켜 표면건조 포화상태에서 97 g, 공기 중 건조 상태에서 95 g, 절대 건조 상태에서 92 g이 되었을 때 다음 물음에 답하시오.

풀이

가. 표면수율을 구하시오.

$$\frac{습윤 \, 상태 - 표면건조 \, 포화상태}{표면건조 \, 포화상태} \times 100 = \frac{100 - 97}{97} \times 100 = 3.09 \, \%$$

나. 유효흡수율을 구하시오.

$$\frac{표면건조\ 포화상태-공기\ 중\ 건조\ 상태}{공기\ 중\ 건조\ 상태}\times 100 = \frac{97-95}{95}\times 100 = 2.11\ \%$$

다. 흡수율을 구하시오.

$$\frac{표면건조\ 포화상태-절대\ 건조\ 상태}{절대\ 건조\ 상태}\times 100 = \frac{97-92}{92}\times 100 = 5.43\ \%$$

라. 전 함수율을 구하시오.

$$\frac{습윤\ 상태-절대\ 건조\ 상태}{절대\ 건조\ 상태}\times 100 = \frac{100-92}{92}\times 100 = 8.70\ \%$$

문제 6

다음 배합 설계 표에 의해 물음에 답하시오.

시멘트 비중	단위수량(kg)	물-시멘트 비(%)	혼화재량
3.14	159	53	단위 시멘트량의 5%

풀이 가. 단위 시멘트량을 구하시오.

$$단위수량 \div 물 \cdot 시멘트비 = 159 \div 0.53 = 300kg$$

나. 단위 혼화재량을 구하시오.

$$단위\ 시멘트량 \times 0.05 = 300 \times 0.05 = 15kg$$

문제 7

아스팔트 침입도 시험의 표준조건에 대한 다음 물음에 답하시오.

풀이 가. 시험온도 : 25℃

나. 표준침이 관입하는 시간 : 5초

문제 8

흙의 습윤단위중량(γ_t) = 1.65 g/cm3, 함수비(ω) = 56.86%, 흙의 비중(G_s) = 2.716 일 때 다음 물음에 답하시오.

풀이 가. 흙의 건조단위중량(γ_d)을 구하시오.

$$r_d = \frac{r_t}{1 + \dfrac{\omega}{100}} = \frac{1.65}{1 + \dfrac{56.86}{100}} = 1.05 g/cm^3$$

나. 간극비(e)를 구하시오.

$$e = \frac{G_s}{\gamma_d} \times r_w - 1 = \frac{2.716}{1.05} \times 1 - 1 = 1.59$$

다. 포화도(S)를 구하시오.

$$S = \frac{G_s \times \omega}{e} = \frac{2.716 \times 56.86}{1.59} = 97.13\,\%$$

핵심 필답형 기출문제해설 (3)

문제 1

어떤 현장에서 다짐시험을 한 결과이다. 다음 물음에 답하시오.
(단, 몰드의 부피는 1000cm3이고, 이 흙의 비중은 2.60이다.)

시험번호	1	2	3	4	5	6
몰드무게(g)	4000	4000	4000	4000	4000	4000
(시료+몰드)무게(g)	5990	6050	6090	6100	6080	6060
함수비(%)	11.1	12.4	13.5	14.5	15.4	16.6

풀이   가. 습윤시료무게, 습윤단위무게, 건조단위무게를 구하시오.

시 험 번 호	1	2	3	4	5	6
습윤시료의 무게(g)	1990	2050	2090	2100	2080	2060
습윤단위무게(g/cm^3)	1.99	2.05	2.09	2.10	2.08	2.06
건조단위무게(g/cm^3)	1.79	1.82	1.84	1.83	1.80	1.77

나. 다짐곡선을 작도하시오.

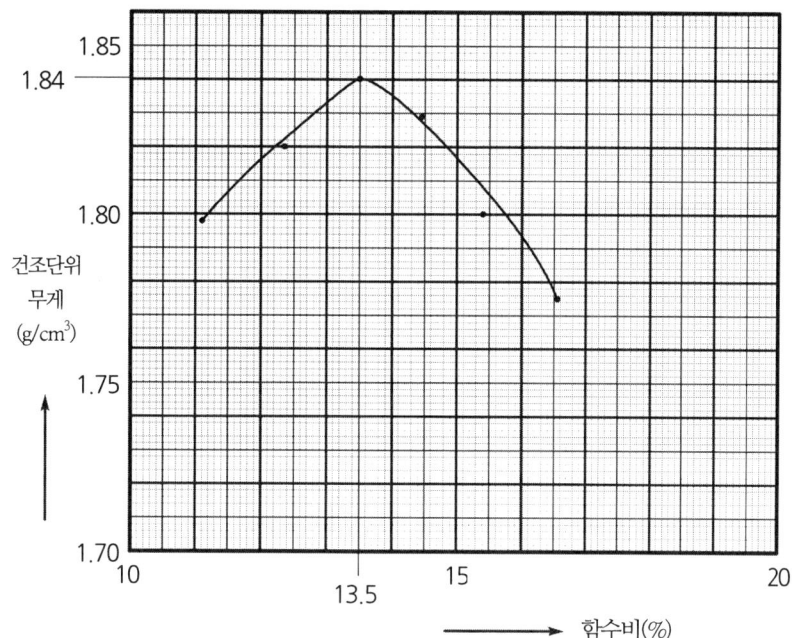

다. 최적함수비(O.M.C)와 최대건조밀도 (γ_{dmax})를 구하시오.

최적함수비 : 13.5%

최대건조밀도 : $1.84\,g/cm^3$

문제 2

어느 자연시료인 실트질 점토흙의 시험체에 대하여 일축압축 강도시험을 하여 일축압축 강도가 qu=7.6kg/cm²이고 파괴면의 각도가 시험체 수평방향과 이루는 각이 60°였다. 이 흙을 다시 이겨 성형한 시료의 일축압축강도가 1.2kg/cm²였다. 아래 물음에 답하시오.

풀이 가. 이 시료의 내부마찰각(ϕ)을 구하시오.

$$\theta = 45° + \frac{\phi}{2} \quad \therefore \quad \phi = 2\theta - 90 = 2 \times 60 - 90 = 30°$$

나. 이 시료의 점착력(c)을 구하시오.

$$c = \frac{q_u}{2}\tan\left(45 - \frac{\phi}{2}\right) = \frac{7.6}{2}\tan\left(45 - \frac{30}{2}\right) = 2.19kg/cm^2$$

다. 이 시료의 예민비(St)를 구하시오.

$$S_t = \frac{q_u}{q_{ur}} = \frac{7.6}{1.2} = 6.33$$

문제 3

시멘트의 강도시험(KS L ISO 679)을 실시하기 위해 모르타르를 제작할 때 시멘트 450g을 사용하였다면, 모래와 물의 양을 구하시오.

풀이 가. 모래(표준사)의 양을 구하시오.

시멘트 : 모래 = 1 : 3
$450 \times 3 = 1350g$

나. 물의 양을 구하시오.

$$물의\ 양 = 시멘트\ 양 \times \frac{1}{2}$$
$$= 450 \times \frac{1}{2} = 225g$$

문제 4

아스팔트 시험에 대한 아래의 물음에 답하시오.

풀이

가. 아스팔트의 침입도 시험에서 규정조건에서 표준침의 관입깊이가 20mm인 경우 침입도를 구하시오.

$$20 \times 10 = 200$$

나. 아스팔트의 신도시험에서 별도의 규정이 없는 경우 시험온도와 속도를 쓰시오.

① 시험온도 : 25 ± 0.5 ℃

② 시험속도 : 5 ± 0.25 cm/min

문제 5

콘크리트의 강도시험에 대한 아래의 물음에 답하시오.

풀이

가. 강도시험용 공시체를 제작할 때 양생온도의 범위를 쓰시오.

20 ± 2℃

나. 콘크리트의 압축강도 시험에서 공시체에 하중을 가하는 속도에 대한 아래 표의 설명에서 ( )에 들어갈 알맞은 속도범위를 쓰시오.

공시체에 충격을 주지 않도록 똑같은 속도로 하중을 가한다. 하중을 가하는 속도는 압축응력도의 증가율이 매초 (   )MPa이 되도록 한다.

0.6 ± 0.2

다. 3등분점 재하법에 따라 콘크리트의 휨강도시험을 실시한 결과가 아래의 표와 같을 때 이 콘크리트의 휨강도를 구하시오.

(단, 시험체가 인장쪽 표면 지간 방향 중심선의 3등분점 사이에서 파괴되었다.)

- 사용공시체 규격 : 150mm×150mm×530mm
- 지간의 길이 : 450mm
- 파괴시 최대 하중 : 35000N

$$휨강도 = \frac{Pl}{bd^2} = \frac{35000 \times 450}{150 \times 150^2} = 4.67 MPa$$

라. 쪼갬인장강도(f_{sp})를 구하는 식을 쓰시오.

(단, P : 시험에서 구한 최대 하중, d : 공시체의 지름(mm), l : 공시체의 길이 (mm))

$$인장강도 = \frac{2P}{\pi dl}$$

문제 6

현장에서 흙 시료를 실험한 결과 습윤단위무게(γ_t)=1.98t/m³, 함수비(ω)=20%, 흙입자의 비중(G_s)=2.70을 얻었다. 다음 물음에 답하시오.

풀이 가. 건조단위무게(γ_d)를 구하시오.

$$\gamma_d = \frac{\gamma_t}{1+\frac{\omega}{100}} = \frac{1.98}{1+\frac{20}{100}} = 1.65\ t/m^3$$

나. 간극비(e)를 구하시오.

$$e = \frac{G_s}{\gamma_d}\times\gamma_w - 1 = \frac{2.70}{1.65}\times 1 - 1 = 0.64$$

다. 간극률(n)을 구하시오.

$$n = \frac{e}{1+e}\times 100 = \frac{0.64}{1+0.64}\times 100 = 39.02\ \%$$

라. 포화단위무게(γ_{sat})를 구하시오.

$$\gamma_{sat} = \frac{G_s+e}{1+e}\gamma_w = \frac{2.70+0.64}{1+0.64}\times 1 = 2.04\ t/m^3$$

마. 수중단위무게(γ_{sub})를 구하시오.

$$\gamma_{sub} = \gamma_{sat} - 1 = 2.04 - 1 = 1.04\ t/m^3$$

문제 7

시멘트 응결시험방법 2가지를 쓰시오.

풀이 ① 비카 침에 의한 방법

② 길모어 침에 의한 방법

핵심 필답형 기출문제해설 (4)

문제 1

다음 표를 보고 물음에 산출근거와 답을 적으시오

풀이

시방배합표(kg/m³)

물	시멘트	잔골재	굵은골재
159	324	725	1082

현장골재상태

구분	5mm체에 남은 양	5mm체 통과한 양	표면수량
잔골재(%)	5	95	2
굵은골재(%)	97	3	1

풀이

가. 입도조정에 의한 잔골재량을 구하시오.

$$S + G = 725 + 1082 = 1807 \quad \cdots\cdots\cdots\cdots\cdots\cdots (1)$$
$$0.05S + 0.97G = 1082 \quad \cdots\cdots\cdots\cdots\cdots\cdots\cdots (2)$$

(1)번 식에 0.97을 곱하여 (2)식과 연립하면

$$\begin{array}{r} 0.97S + 0.97G = 0.97 \times 1807 = 1752.79 \\ -) \ \underline{0.05S + 0.97G = 1082} \\ 0.92S + 0 \quad\quad = 670.79 \end{array}$$

$$\therefore S = \frac{670.79}{0.92} = 729 \ kg \quad \cdots\cdots (3)$$

나. 입도조정에 의한 굵은골재량을 구하시오.

(1)식 에서 $S + G = 1807 \quad G = 1807 - S$

$$\therefore G = 1807 - 729 = 1078 \, kg$$

다. 표면수율에 의한 잔골재량을 구하시오.

① 잔골재 표면수 $= 729 \times 0.02 = 15 \ kg$

② 잔골재량 $= 729 + 15 = 744 \ kg$

라. 표면수율에 의한 굵은골재량을 구하시오.

① 굵은골재표면수 $= 1078 \times 0.01 = 11 \, kg$

② 굵은골재량 $= 1078 + 11 = 1089 \ kg$

마. 표면수율에 의한 물의 양을 구하시오.

$$단위수량 = 159 - (15 + 11) = 133\,kg$$

문제 2

현장에서 젖은 흙을 채취하여 무게를 측정하니 193kgf, 부피는 120cm³, 이 흙을 110±5℃로 항온노건조한 무게를 측정하였더니 155gf 이었다. 이 흙의 비중 GS=2.73이라고 할 때 다음 물음에 답하시오.

풀이

가. 함수비를 구하시오.

$$w = \frac{W_W}{W_S} \times 100 = \frac{W - W_S}{W_S} \times 100 = \frac{193 - 155}{155} \times 100 = 24.52\,\%$$

나. 습윤 단위무게를 구하시오

$$\gamma_t = \frac{W}{V} = \frac{193}{120} = 1.61\,g/cm^3$$

다. 건조단위무게를 구하시오

$$\gamma_d = \frac{W_S}{V} = \frac{155}{120} = 1.29\,g/cm^3$$

라. 간극비를 구하시오.

$$e = \frac{G_S}{\gamma_d} \times \gamma_w - 1 = \frac{2.73}{1.29} \times 1 - 1 = 1.12$$

마. 간극률을 구하시오.

$$n = \frac{e}{1+e} \times 100 = \frac{1.12}{1+1.12} \times 100 = 52.83\,\%$$

바. 포화도를 구하시오.

$$S = \frac{G_S \cdot w}{e} = \frac{2.73 \times 24.52}{1.12} = 59.77\,\%$$

문제 3

시멘트 모르타르 인장강도 시험에 사용하는 표준모르타르 제조시 시멘트 510g을 사용할 때 표준모래는 몇g을 넣어야 하는가?

풀이 시멘트 모르타르 인장강도 배합비 시멘트:표준모래=1:2.7이므로

1:2.7=510:표준모래 ∴ 표준모래=2.7×510=1377g

〈2011년 시방서 변경〉

압축 및 휨강도 표준모르타르 제조시 시멘트 : 모래비는 1 : 3으로 한다.

인장강도에 대한 규정 없음

문제 4

현장모래의 건조단위 무게가 1.62gf/cm³ 이었다. 이 모래를 시험실에서 시험을 실시한 결과 최대건조 단위무게가 1.78gf/cm³, 최소건조단위무게 1.46gf/cm³일 때 다음 물음에 답하시오.

풀이　가. 현장모래의 상대밀도를 구하시오.

$$Dr = \frac{e_{\max} - e}{e_{\max} - e_{\min}} \times 100 = \frac{\gamma_d - \gamma_{dmin}}{\gamma_{dmax} - \gamma_{dmin}} \times \frac{\gamma_{dmax}}{\gamma_d} \times 100 \ (\%)$$

$$= \frac{1.62 - 1.46}{1.78 - 1.46} \times \frac{1.78}{1.62} \times 100 = 54.94 \ (\%)$$

　나. 현장모래의 상대밀도를 판정하시오.
　　(단, 판정사유를 반드시 기재하시오)
　　D_r =54.94% 이므로 중간 상태

사질토의 상대밀도 판정

상　태	상대밀도(%)
매우 느슨	0~20
느 슨	20~40
중 간	40~60
조 밀	60~80
매우 조밀	80~100

문제 5

잔골재 표면수 시험에 대한 아래 물음에 답하시오.

풀이　가. 잔골재 표면수 측정방법 2가지를 쓰시오.
　　　질량법, 용적법
　나. 잔골재 표면수 시험은 몇 ℃인가?
　　　15~25℃
　다. 표면수 시험결과 아래와 같을 때 표면수율은 몇 % 인가?

용기+표시선까지 물(g)	962.4
시료의 질량(g)	500
용기+표시선까지 물+시료(g)	1261.5
시료의 표준밀도(g/cm3)	2.61

① $m = m_1 + m_2 - m_3 = 500 + 962.4 - 1261.5 = 200.9\,(g)$

여기서, m_1 : 시료의 질량(g)
m_2 : 용기와 물의 질량(g)
m_3 : 용기, 시료 및 물의 질량(g)
m : 시료에서 치환된 물의 질량(g)

② $H = \dfrac{m - m_s}{m_1 - m} \times 100\,(\%) = \dfrac{200.9 - 191.6}{500 - 200.9} \times 100 = 3.1\,(\%)$

여기서, $m_s = \dfrac{m_1}{d_s} = \dfrac{500}{2.61} = 191.6$
d_s : 잔골재 표건밀도(g/cm^3)

문제 6

흙의 자연함수비가 45%인 점성토의 토성시험 결과 액성한계가 60%, 소성한계 40%, 수축한계 30% 였다. 물음에 산출근거를 쓰고 답하시오.

풀이 가. 소성지수를 구하시오.

$$I_P = w_L - w_p = 60 - 40 = 20\,(\%)$$

나. 액성지수를 구하시오.

$$I_L = \frac{w_n - w_p}{I_p} = \frac{w_n - w_p}{w_L - w_P} = \frac{45 - 40}{20} = 0.25$$

다. 컨시스턴시지수를 구하시오.

$$I_C = \frac{w_L - w_n}{I_P} = \frac{60 - 45}{20} = 0.75$$

문제 7

아스팔트 연화점 시험에 대한 물음에 답하시오.

풀이 가. 시료를 환에 넣고 몇 시간 안에 시험을 마쳐야 하는가?

4시간

나. 시료가 강구와 함께 시료대에서 몇 mm 떨어진 밑판에 닿는 순간의 온도를 연화점으로 하는가?

25.4mm

다. 시험 온도는 매분 몇 ℃의 비율로 하는가?

5±0.5℃

핵심 필답형 기출문제해설 (5)

문제 1

흙의 습윤 단위무게가 1.75g/cm^3, 함수비 30%, 비중 2.60일 때 다음 물음에 답하시오.

풀이 가. 건조단위무게를 구하시오.

$$\gamma_d = \frac{\gamma_t}{1+\frac{w}{100}} = \frac{1.75}{1+\frac{30}{100}} = 1.346 g/cm^3$$

나. 간극비를 구하시오.

$$e = \frac{G_s}{\gamma_d}\gamma_w - 1 = \frac{2.60}{1.346} \times 1 - 1 = 0.932$$

다. 포화도를 구하시오.

$$S = \frac{G_s \cdot w}{e} = \frac{2.60 \times 30}{0.932} = 83.69\%$$

문제 2

일축압축시험 결과 q_u=3.4kg/cm^2, 파괴면 각도 55° 이었다. 다음 물음에 답하시오.

풀이 가. 내부 마찰각을 구하시오.

$$\theta = 45° + \frac{\phi}{2}, \quad 55° = 45° + \frac{\phi}{2}$$

$$\therefore \phi = 20°$$

나. 이 흙의 점착력을 구하시오.

$$C = \frac{q_u}{2\tan(45°+\frac{\phi}{2})} = \frac{3.4}{2\times\tan(45°+\frac{20°}{2})} = 1.19 kg/cm^2$$

문제 3

현장 모래의 건조단위무게(γ_d)가 1.50g/cm^3, 최대 건조단위무게(γ_{dmax})가 1.70g/cm^3, 최소 건조단위무게(γ_{dmin})1.40g/cm^3 일 때 이 흙의 상대밀도를 구하시오.

풀이 $D_r = \frac{\gamma_d - \gamma_{dmin}}{\gamma_{dmax} - \gamma_{dmin}} \times \frac{\gamma_{dmax}}{\gamma_d} \times 100 = \frac{1.50-1.40}{1.70-1.40} \times \frac{1.70}{1.50} \times 100 = 37.8\%$

문제 4

굵은 골재의 밀도 및 흡수량 시험한 결과가 다음과 같을 때 물음에 답 하시오.

- 표면건조포화상태 : 2225g
- 물속 철망의 무게 : 1917g
- 물속 시료와 철망의 무게 : 3218g
- 노건조의 시료무게 : 2138g

풀이

가. 표면건조 포화상태의 밀도

$$\frac{B}{B-C} \times \rho_w = \frac{2225}{2225-1301} \times 1 = 2.41 g/cm^3$$

C값(물속에서 시료무게) 계산

물속(철망태+시료무게) − 물속 철망태무게 = 3218 − 1917 = 1301g

나. 진밀도

$$\frac{A}{A-C} \times \rho_w = \frac{2138}{2138-1301} \times 1 = 2.55 g/cm^3$$

다. 흡수율

$$\frac{B-A}{A} \times 100 = \frac{2225-2138}{2138} \times 100 = 4.07 \ (\%)$$

문제 5

흙의 자연 함수비가 50%인 점성토의 토성시험 결과 액성한계가 70%, 소성한계 40%, 수축한계가 25%였다. 물음에 산출근거를 쓰고 답하시오.

풀이

가. 소성지수를 구하시오.

$$I_P = w_L - w_P = 70 - 40 = 30 \ (\%)$$

나. 액성지수를 구하시오.

$$I_L = \frac{w_n - w_P}{I_P} = \frac{50-40}{30} = 0.33$$

다. 컨시스턴시(consistency)지수를 구하시오.

$$I_C = \frac{w_L - w_n}{I_P} = \frac{70-50}{30} = 0.67$$

문제 6

침입도 시험이다 물음에 답하시오.

[풀이] 가. 무게가 100g 이고 표준침이 5mm 관입 하였을 때 침입도를 구하시오.

$$5mm \times 10 = 50 \; (\because 1mm을 \, 10으로 \, 나타내므로)$$

나. 시험조건 온도는?

25℃

다. 표준침을 침입 시킨 후 초시계를 가동시켜 정확하게 몇 초에 눈금을 읽는가?

5 초

문제 7

다음 콘크리트는 시방배합표이다. 현장배합으로 수정하시오.

시방 배합표

굵은골재최대 치수(mm)	슬럼프 (mm)	물-결합재비 (%)	잔골재율 (%)	물 (kg)	시멘트 (kg)	잔골재 (kg)	굵은골재 (kg)
25	120	45	40	179	390	700	1089

현장골재상태

-. 잔골재 속에 5mm체에 남은양 3% -. 굵은골재속에 5mm체에 통과량 2%	-. 잔골재 표면수 3% -. 굵은골재 표면수 1%

[풀이] 1) 입도보정

$$S + \; G = 700 + 1089 = 1789 \;\; \cdots\cdots\cdots\cdots\cdots\cdots (1)$$
$$0.03S + 0.98G = 1089 \cdots\cdots\cdots\cdots\cdots\cdots\cdots\cdots (2)$$

(1)번 식에 0.98을 곱하여 (2)식과 연립 하면

$$\begin{aligned} 0.98S \; + 0.98G &= 0.98 \times 1789 = 1753.22 \\ -) \; \underline{0.03S \; + 0.98G} \; &\underline{= 1089} \\ 0.95S \; + 0 \quad\;\; &= 664.22 \end{aligned}$$

$$\therefore S = \frac{664.22}{0.95} = 699.18 \; kg \cdots\cdots (3)$$

$$\therefore G = 1789 - 699.18 = 1089.82 \; kg$$

2) 표면수 보정

① 잔골재 표면수 : $699.18 \times 0.03 = 20.98 kg$

② 굵은골재 표면수 : $1089.82 \times 0.01 = 10.90 \, kg$

가. 단위 잔골재량을 구하시오.

$699.18 + 20.98 = 720.16 \, kg$

나. 단위 굵은골재량을 구하시오.

$1089.82 + 10.90 = 1100.72 \, kg$

다. 단위 수량을 구하시오.

$179 - (20.98 + 10.90) = 147.12 \, kg$

문제 8

어떤 현장에서 다짐시험을 한 결과이다. 다음 물음에 답하시오.
(단, 몰드의 체적은 1000cm³이고, 이 흙의 비중은 2.60이다.)

시 험 번 호	1	2	3	4	5	6
몰드무게(g)	4000	4000	4000	4000	4000	4000
(시료+몰드)무게(g)	5990	6050	6090	6100	6080	6060
함수비(%)	11.1	12.4	13.5	14.5	15.4	16.6

풀이

가. 습윤 시료무게, 습윤밀도, 건조밀도를 구하시오.

시 험 번 호	1	2	3	4	5	6
습윤시료의 무게(gf)	1990	2050	2090	2100	2080	2060
습윤밀도(gf/cm³)	1.99	2.05	2.09	2.10	2.08	2.06
건조밀도(gf/cm³)	1.791	1.824	1.841	1.834	1.802	1.767

계산근거)

습윤시료 무게 $=$ (시료 $+$ 몰드)무게 $-$ 몰드무게 $= 5990 - 4000 = 1990 \, (gf)$

습윤밀도 $(\gamma_t) = \dfrac{W}{V} = \dfrac{1990}{1000} = 1.99 \, (gf/cm^3)$

건조밀도 $(\gamma_d) = \dfrac{\gamma_t}{1 + \dfrac{w}{100}} = \dfrac{1.99}{1 + \dfrac{11.1}{100}} = 1.791 \, (gf/cm^3)$

나. 다짐곡선을 작도하시오.

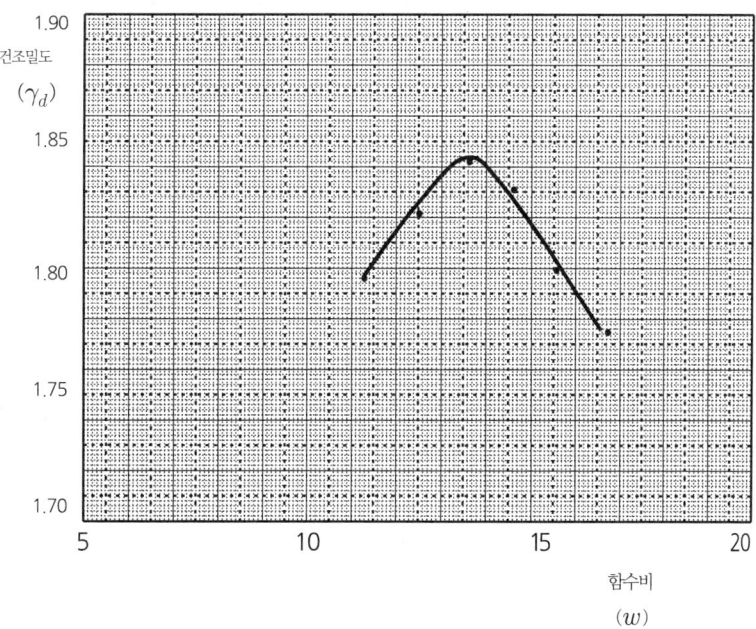

다. 최적함수비(O.M.C)와 최대건조밀도 (γ_{dmax})를 구하시오.

최적함수비 ($O.M.C$) : 13.5%

최대건조밀도 (γ_{dmax}) : 1.84 g/cm^3

핵심 필답형 기출문제해설 (6)

문제 1

흐트러진 시료를 되비빔 했을 때와 흐트러지지 않은 시료의 압축강도의 비를 쓰시오.

> 예민비

문제 2

교란된 흙을 함수비의 변화가 없도록 그대로 두면 시간이 지남에 따라 손실된 강도를 일부 회복하는 현상을 쓰시오.

> 틱소트로피 현상(Thixotropy)

문제 3

자연함수비(w_n) 36%, 액성한계(w_L)가 41% 습윤시료의 부피(V)가 20.4cm^2 건조시료의 부피(V_0) 16.2cm^3 건조시료무게(W_S) 30.6g, 소성한계 (w_P) 32% 이었을 때 다음 물음에 답하시오.

풀이 가. 수축한계를 구하시오

$$w_s = w_n - \left[\frac{(V-V_0)\gamma_w}{W_S} \times 100 \right] = 36 - \left[\frac{(20.4-16.2)\times1}{30.6} \times 100 \right]$$

$$= 22.27 \,(\%)$$

나. 수축지수를 구하시오

$$I_S = w_P - w_s = 32 - 22.27 = 9.73 \,(\%)$$

다. 수축비를 구하시오

$$R = \frac{W_S}{V_0 \times \gamma_w} = \frac{30.6}{16.2 \times 1} = 1.89$$

문제 4

콘크리트 표준 시방서에 의한 다음 조건에서의 배합강도(MPa)는 얼마인가?
(단, f_{ck} = 27 MPa, 30회 이상 압축강도 시험에 의한 표준편차 s = 2.7 MPa)

풀이 $f_{ck} \leq 35\mathrm{MPa}$ 인 경우이므로

- $f_{cr} = f_{ck} + 1.34s \ (\mathrm{Mpa}) = 27 + 1.34 \times 2.7 = 30.62 \ \mathrm{MPa}$

- $f_{cr} = (f_{ck} - 3.5) + 2.33s \ \ (\mathrm{Mpa})$
  $= (27 - 3.5) + 2.33 \times 2.7 = 29.79 \ \mathrm{MPa}$

- 두 값 중 큰 값을 배합강도로 한다. $\therefore$ 30.62 (MPa)

문제 5

골재에 포함된 잔입자 (0.08mm체를 통과하는) 시험 방법이다. 물음에 답하시오.

풀이 가. 씻기 전 시료의 건조질량이 500g, 씻은 후 시료의 건조 질량이 477.5g 이다. 0.08mm체를 통과하는 잔입자의 질량비를 구하시오.

$$\text{통과율}(\%) = \frac{\text{씻기 전 시료의 건조질량} - \text{씻은 후 시료의 건조질량}}{\text{씻기 전 시료의 건조질량}} \times 100(\%)$$

$$= \frac{500 - 477.5}{500} \times 100 = 4.5\%$$

나. 휘젓는 작업은 굵은 입자와 잔입자를 완전히 분리 시키고 (　)mm체를 통과하는 것을 잔입자로 하는가?

　　　0.08

문제 6

현장의 습윤밀도가 1.75g/cm^3, 함수비는 8.2%였다. 실험실에서 최대 습윤밀도는 1.80g/cm^3, 최소 습윤밀도는 1.70g/cm3로 측정되었다. 물음에 답하시오.

풀이 가. 현장 모래의 상대밀도를 구하시오.

① 건조밀도 $\gamma_d = \dfrac{\gamma_t}{1 + \dfrac{w}{100}} = \dfrac{1.75}{1 + \dfrac{8.2}{100}} = 1.617g/cm^3$

② 최대 건조밀도 $\gamma_{dmax} = \dfrac{\gamma_{tmax}}{1 + \dfrac{w}{100}} = \dfrac{1.80}{1 + \dfrac{8.2}{100}} = 1.664g/cm^3$

③ 최소 건조밀도 $\gamma_{dmin} = \dfrac{\gamma_{tmin}}{1 + \dfrac{w}{100}} = \dfrac{1.70}{1 + \dfrac{8.2}{100}} = 1.571g/cm^3$

$$④ \ D_r = \frac{\gamma_d - \gamma_{dmin}}{\gamma_{dmax} - \gamma_{dmin}} \times \frac{\gamma_{dmax}}{\gamma_d} \times 100$$

$$= \frac{1.617 - 1.571}{1.664 - 1.571} \times \frac{1.664}{1.617} \times 100 = 50.9\%$$

나. 현장 모래의 상대밀도를 판정하시오.

40~60% 사이이므로 중간(보통) 정도임

해설 ☞ 상대밀도 판정

상 태	상대밀도(%)
매우 느슨	0~20
느 슨	20~40
중 간	40~60
조 밀	60~80
매우 조밀	80~100

문제 7

체분석 시험을 위한 잔골재의 건조무게가 500g이고, 체가름 시험결과 각체에 남은양이 다음과 같을 때 표(잔유율, 가적잔유율)을 완성하고 조립률을 계산 하시오

풀이 가. 빈칸 (잔유율, 가적잔유율)을 계산하여 기록하시오

체(mm)	잔유량(g)	잔유율(%)	가적잔유율(%)
20	0	(0)	(0)
10	5	(1)	(1)
5	20	(4)	(5)
2.5	66	(13.2)	(18.2)
1,2	140	(28)	(46.2)
0.6	212	(42.4)	(88.6)
0.3	41	(8.2)	(96.8)
0.15	14	(2.8)	(99.6)
팬	2	(0.4)	(100)
계	500		

나. 조립률을 계산 하시오. (단, 소수점이하 2자리에서 반올림)

$$FM = \frac{1 + 5 + 18.2 + 46.2 + 88.6 + 96.8 + 99.6}{100} = 3.6$$

핵심 필답형 기출문제해설 (7)

문제 1

콘크리트 압축강도의 표준 편차를 알지 못할 때, 또는 시험 횟수가 14회 이하인 경우 설계기준강도 (f_{ck}) 18MPa와, 40MPa일 때 콘크리트 배합강도를 구하시오

풀이

① 설계기준강도 (f_{ck}) 18MPa인 경우

$$f_{ck} + 7 = 18 + 7 = 25 \ MPa$$

② 설계기준강도 (f_{ck}) 40MPa인 경우

$$f_{ck} + 10 = 40 + 10 = 50 MPa$$

해설

표준편차를 알지 못하거나 시험횟수가 14회 이하인 경우 배합강도

설계기준강도 f_{ck} (Mpa)	배합강도 f_{cr} (Mpa)
21 미만	$f_{ck} + 7$
21 이상 35이하	$f_{ck} + 8.5$
35초과	$f_{ck} + 10$

문제 2

콘크리트 배합설계에서 단위수량이 157kg, 물-결합재비(W/B) 50%, 갇힌 공기 2%, 잔골재율 40%, 잔골재 밀도 2.50g/cm^3, 굵은 골재 밀도 2.60g/cm^3 시멘트 밀도 3.14g/cm^3 일 때 다음 물음에 답하시오.

풀이

가. 단위 시멘트량을 구하시오

$$\frac{W}{C} = 50\% = 0.5, \quad \therefore C = \frac{W}{0.5} = \frac{157}{0.5} = 314 \ (kgf/m^3)$$

나. 단위 골재의 절대부피를 구하시오.

$$S_V + G_V = 1 - \left(\frac{C(kg)}{1000 \times C_g} + \frac{W(kg)}{1000} + \frac{A(\%)}{100} + \frac{\text{혼화재량}(kg)}{1000 \times \text{혼화재 비중}} \right)$$

$$= 1 - \left(\frac{314kg}{1000 \times 3.14} + \frac{157kg}{1000} + \frac{2}{100} \right) = 0.723 \ (m^3)$$

다. 단위 잔골재량을 구하시오.

$$① \ S_V = (S_V + G_V) \times S/a = 0.723 \times 0.4 = 0.289 m^3$$

$$S = S_V \times S_g \times 1000 = 0.289 \times 2.50 \times 1000 = 723 kgf/m^3$$

라. 단위 굵은골재량을 구하시오.

$$G = ((S_V + G_V) - S_V) \times G_g \times 1000$$

$$= (0.723 - 0.289) \times 2.60 \times 1000 = 1128 kgf/m^3$$

문제 3

포화 점토층의 두께가 5m이며, 점토층의 위는 모래층이고 아래는 암반이다. 이 점토에 일정하게 작용하여 최종 압밀 침하량이 50cm 였다. 다음 물음에 답하시오.

풀이 가. 침하량이 10cm 일 때, 이 점토의 평균 압밀도를 구하시오.

$$U = \frac{\triangle H_t}{\triangle H} \times 100 = \frac{10}{50} \times 100 = 20 \, (\%)$$

나. 같은 하중에 대한 압밀계수 CV 값이 $3 \times 10{-}3cm^2/sec$ 라 할 때 50% 침하가 일어나는데 걸리는 시간을 구하시오. (단, 단위는 일로 표시)

$$t_{50} = \frac{T_V H^2}{C_V} = \frac{0.197 \times 500^2}{3 \times 10^{-3}} = 16,416,666초$$

$$= \frac{16,416,666}{60 \times 60 \times 24} = 190일$$

여기서, 아래층이 암반이므로 1면 배수임

문제 4

어떤 흙의 수축 한계 시험을 한 결과가 다음과 같았다. 다음 물음에 답 하시오.

수축접시내의 습윤시료의 용적	21.6cm³
노건조시료의 용적	15.1cm³
노건조시료의 중량	26.2g
습윤시료의 함수비	44.6%

풀이 가. 수축한계를 구하시오.

$$w_s = w - \left[\frac{(V - V_0)\gamma_w}{W_S} \times 100 \right]$$

$$= 44.6 - \left[\frac{(21.6 - 15.1) \times 1}{26.2} \times 100 \right] = 19.79 \, (\%)$$

나. 수축비를 구하시오.

$$R = \frac{C}{w - w_s} = \frac{W_S}{V_0 \times \gamma_w} = \frac{26.2}{15.1 \times 1} = 1.74$$

다. 흙의 비중을 구하시오.

$$G_S = \frac{\gamma_w}{\dfrac{1}{R} - \dfrac{w_s}{100}} = \frac{1}{\dfrac{1}{1.74} - \dfrac{19.79}{100}} = 2.65$$

문제 5

현장의 모래 건조밀도가 1.56g/cm^{3}이었다. 이 모래를 실험실에서 1000cm^{3}의 용기를 사용하여 최대로 느슨한 상태로 채우고, 또 최대로 조밀하게 채운 다음 건조단위무게를 측정하였더니 1450g, 1630g 이었다. 물음에 답하시오.

풀이

① $\gamma_{dmax} = \dfrac{W_s}{V} = \dfrac{1630}{1000} = 1.63 g/cm^3$

② $\gamma_{dmin} = \dfrac{W_s}{V} = \dfrac{1450}{1000} = 1.45 g/cm^3$

③ $D_r = \dfrac{\gamma_d - \gamma_{dmin}}{\gamma_{dmax} - \gamma_{dmin}} \times \dfrac{\gamma_{dmax}}{\gamma_d} \times 100$

$\quad = \dfrac{1.560 - 1.450}{1.630 - 1.450} \times \dfrac{1.630}{1.560} \times 100 = 63.85\%$

문제 6

현장에서 젖은 흙을 채취하여 무게를 측정하니 200gf, 부피는 100cm^{3}이 흙을 110±5℃로 항온노건조한 후 무게를 측정하였더니 160gf 이었다. 이 흙의 비중 Gs=2.70 이라고 할 때 다음 물음에 답하시오.

풀이

가. 함수비(w)를 구하시오.

$$w = \frac{W_W}{W_S} \times 100 = \frac{40}{160} \times 100 = 25 \ (\%)$$

$$(W_W = 200 - 160 = 40 \ g)$$

나. 습윤 단위무게(γ_t) 를 구하시오.

$$\gamma_t = \frac{G_S + \dfrac{S.e}{100}}{1+e}\gamma_w = \frac{W}{V} = \frac{200}{100} = 2.0 \ (gf/cm^3)$$

다. 건조단위무게(γ_d)를 구하시오.

$$\gamma_d = \frac{G_S}{1+e}\gamma_w = \frac{W_S}{V} = \frac{160}{100} = 1.6 \ (gf/cm^3)$$

라. 간극비(e)를 구하시오.

$$e = \frac{G_S}{\gamma_d} \times \gamma_w - 1 = \frac{2.70}{1.6} \times 1 - 1 = 0.69$$

마. 간극률 (n)을 구하시오.

$$n = \frac{e}{1+e} \times 100 = \frac{0.69}{1+0.69} \times 100 = 40.83 \ \%$$

바. 포화도 (S)를 구하시오.

$$S = \frac{G_S \cdot w}{e} = \frac{2.7 \times 25}{0.69} = 97.83 \ (\%)$$

문제 7

잔골재 밀도시험을 한 결과 다음과 같은 결과를 얻었다. 물음에 답하시오.

결과 : 시료의 무게 500g   A : 시료의 노건조 무게 490g

B : (플라스크+물) 무게 689g   C : (플라스크+물+시료) 무게 990g

풀이   가. 절대건조 밀도를 구하시오

$$\frac{A}{B+m-C} \times \rho_w = \frac{490}{689+500-990} \times 1 = 2.46 g/cm^3$$

나. 표면건조포화상태의 밀도를 구하시오

$$\frac{m}{B+m-C} \times \rho_w = \frac{500}{689+500-990} \times 1 = 2.51 g/cm^3$$

다. 진밀도를 구하시오

$$\frac{A}{B+A-C} \times \rho_w = \frac{490}{689+490-990} \times 1 = 2.59 g/cm^3$$

라. 흡수율은 몇 %인가?

$$\frac{m-A}{A} \times 100 = \frac{500-490}{490} \times 100 = 2.04 \, (\%)$$

핵심 필답형 기출문제해설 (8)

문제 1

다음 물음에 답하시오.

풀이 가. 아스팔트 침입도 시험시 온도는 얼마인가 쓰시오.

25℃

나. 아스팔트 신도 시험시 시료는 시료를 (   ) μm 체로 걸러 금속판 위에 조립된 형틀에 어느 정도 과잉으로 유입한다.

$300\mu m$

다. 아스팔트 연화점 시험시 시료가 강구와 함께 규정거리의 시험대에 닿는 순간의 온도를 측정하여 연화점으로 한다. 이 규정거리는 얼마인가?

25.4mm

문제 2

다음 물음에 답하시오.

풀이 가. 아스팔트 침입도 시험을 실시하는 이유를 쓰시오.

아스팔트 굳기정도를 알기 위하여

나. 아스팔트 신도시험을 하는 이유를 쓰시오.

아스팔트의 늘어나는 능력을 알기 위하여

다. 교란된 흙은 시간이 지남에 따라 손실된 강도 일부가 회복되는 현상을 무엇 이라 하는가?

틱스트로피 현상

문제 3

콘크리트 압축강도의 표준 편차를 알지 못할 때, 또는 시험 횟수가 14회 이하인 경우 설계기준강도 (f_{ck}) 18MPa와, 40MPa일 때 콘크리트 배합강도를 구하시오.

풀이 ① 설계기준강도 (f_{ck}) 18MPa인 경우

$f_{ck} + 7 = 18 + 7 = 25 \; MPa$

② 설계기준강도 (f_{ck}) 40MPa인 경우

$f_{ck} + 10 = 40 + 10 = 50 MPa$

문제 4

모래치환법으로 현장 단위무게 시험을 했다. 시험구멍의 부피(V)가 836.63m³이었고, 이 구멍에서 파낸 흙무게(W)가 1650.5g 이었다. 이 흙의 토질 실험 결과 함수비(w)는 9.5%, 흙의 비중(Gs)이 2.65, 최대 건조단위무게(γ_{dmax})가 1.87g/cm³ 이었을 때 다음 물음에 답하시오.

풀이

가. 현장 습윤단위무게(γ_t)를 구하시오

$$\gamma_t = \frac{W}{V_H} = \frac{1650.5}{836.63} = 1.97 \, (gf/cm^3)$$

나. 현장 건조단위무게(γ_d)를 구하시오

$$\gamma_d = \frac{W_S}{V} = \frac{\gamma_t}{1 + \frac{w}{100}} = \frac{1.97}{1 + \frac{9.5}{100}} = 1.80 \, (gf/cm^3)$$

다. 간극비(e)를 구하시오.

$$e = \frac{Gs \cdot \gamma_w}{\gamma_d} - 1 = \frac{2.65 \times 1}{1.80} - 1 = 0.47$$

라. 간극률(n)을 구하시오.

$$n = \frac{e}{1 + e} \times 100 = \frac{0.47}{1 + 0.47} \times 100 = 31.97 \, (\%)$$

마. 다짐도를 구하시오.

$$C_d = \frac{\gamma_d}{\gamma_{dmax}} \times 100 = \frac{1.80}{1.87} \times 100 = 96.26 \, (\%)$$

문제 5

다음 표는 시료의 체가름 결과이다. 물음에 답하시오.

풀이

가. 잔유율, 가적잔유율을 구하시오.

체 눈금(mm)	잔유량(g)	잔유율(%)	가적잔유율(%)
20	0	(0)	(0)
10	5	(1)	(1)
5	20	(4)	(5)
2.5	66	(13.2)	(18.2)
1.2	140	(28)	(46.2)
0.6	212	(42.4)	(88.6)
0.3	41	(8.2)	(96.8)
0.15	14	(2.8)	(99.6)
PAN	2	(0.4)	(100)

나. 조립률을 구하시오.

$$F.M = \frac{1 + 5 + 18.2 + 46.2 + 88.6 + 96.8 + 99.6}{100} = 3.6$$

문제 6

아래 조건으로 콘크리트 1m³를 만드는데 필요한 다음 물음에 답하시오.

- 물–결합재비 : 50%
- 단위시멘트량 : 350kg/m³
- 잔골재율 : 40%
- 굵은골재 밀도 : 2.62g/cm³
- 잔골재 밀도 : 2.59g/cm³
- 시멘트 밀도 : 3.15g/cm³
- 공기량 : 4%

풀이

가. 단위수량을 구하시오.

$$\frac{W}{C} = 0.5, \quad \therefore W = 0.5 \times C = 0.5 \times 350 = 175 kg/m^3$$

나. 단위잔골재량을 구하시오.

① $V = S_V + G_V = 1 - (\frac{350}{1000 \times 3.15} + \frac{175}{1000} + \frac{4}{100}) = 0.674 m^3$

② $S = 0.674 \times 0.4 \times 2.59 \times 1000 = 698.264 kg/m^3$

다. 단위굵은골재량을 구하시오.

$$G = 0.674 \times 0.6 \times 2.62 \times 1000 = 1059.528 kg/m^3$$

문제 7

포화점토의 일축 압축 시험을 한 결과 자연상태의 일축 압축강도(q_u)가 2.64 kg/cm², 흐트러진 상태의 일축 압축 강도(q_{ur})는 0.6kg/cm² 이었다. 또한 파괴 면과 수평면이 이루는 각도가 65°일 때 아래의 물음에 답하시오

풀이

가. 이 흙의 내부마찰각(ϕ)을 구하시오.

$$\phi = 2\theta - 90 = 2 \times 65 - 90 = 40^\circ$$

나. 이 흙의 점착력(C)을 구하시오.(단, 소수점 3자리에서 반올림)

$$C = \frac{q_u}{2} tan(45 - \frac{\phi}{2}) = \frac{2.64}{2} tan(45 - \frac{40}{2}) = 0.62 \ (kgf/cm^2)$$

274 건설재료시험 기능사 실기

다. 이 흙의 예민비(Sensitivity ratioist)를 구하시오.

(단, 소수점 2자리에서 반올림)

$$S_t = \frac{q_u}{q_{ur}} = \frac{2.64}{0.6} = 4.4$$

라. 이 흙의 예민비의 특성을 분류하시오.(단, 구체적인 사유를 쓸 것)

$4 \le S_t \le 8$ 이므로 예민성 점토

핵심 필답형 기출문제해설 (9)

문제 1

어느 점섬토에 대한 애터버그시험 결과이다. 다음 물음에 대한 산출근거와 답을 쓰시오.
(단, 소수점 3자리에서 반올림)

* 자연상태의 함수비 : 43.26%   액성한계 : 65.38%
  소성한계 : 30.43%   수축한계 : 16.72%

풀이

가. 이 흙의 소성지수(I_P)를 구하시오.

$$I_P = w_L - w_P = 65.38 - 30.43 = 34.95 \, (\%)$$

나. 이 흙의 액성지수(I_L)를 구하라.

$$I_L = \frac{w_n - w_P}{I_P} = \frac{43.26 - 30.43}{34.95} = 0.37$$

다. 이 흙의 수축지수(Is)를 구하라.

$$I_S = w_P - w_s = 30.43 - 16.72 = 13.71 \, (\%)$$

라. 애터버그 한계와 연경도(Consistency) 사이의 관계로 보아 자연 상태에서 이 시료는 어떤 상태에 속하는가?

$$w_P = 30.43 < w_n < w_L = 65.38 \quad \text{이므로 소성 상태}$$

문제 2

콘크리트 압축강도 시험에 관한 다음 물음에 답하시오.

풀이

가. 지름 150mm, 높이 300mm인 원주형 시험체를 만들 때, 몇 층, 몇 회로 다지는가?

3층, 25회

나. 압축강도 시험용 시험체를 만든 뒤 몰드에서 몇 시간 안에 떼어 내는가?

16시간 이상 3일 이내

다. 콘크리트의 압축강도 시험에서 지름 150mm, 높이 300mm의 공시체에 최대하중이 389kN이 작용하였다. 이때 콘크리트의 압축강도는 얼마인가?

$$압축강도\,(f_c) = \frac{P}{A} = \frac{389 \times 1000}{\dfrac{3.14 \times 150^2}{4}} = 22.02 \, (MPa)$$

문제 3

골재 체가름시험에 대하여 물음에 답하시오.

풀이 가. 조립률구하는 10개 체 모두 쓰시오
　　　80, 40, 20, 10, 5, 2.5, 1.2, 0.6, 0.3, 0.15mm
　　나. 체가름 시험 시료 표준량을 쓰시오.
　　　1) 잔골재 1.2mm체를 95%(질량비)이상 통과한 것
　　　　100g
　　　2) 잔골재 1.2mm체에 5%(질량비) 이상 남은 것
　　　　500g
　　　3) 굵은골재 최대치수 25mm 정도의 것
　　　　5kg

문제 4

비중이 2.3인 점토시료에 대해 압밀 시험을 실시했다. 하중이 7.2kg/cm^{2}에서 14.5kg/cm^{2}로 변화하는 동안 공극비가 1.15에서 0.96으로 감소하였다. 평균 시료 높이 1.45cm, t_{50}=83초, t_{90}=327초 일 때 다음 물음에 답하시오. (단, 양면 배수임)

풀이 가. 압밀 계수(C_V) 값을 구하시오.
　　① $\sqrt{t}$ 법

$$C_V = \frac{0.848\left(\dfrac{H}{2}\right)^2}{t_{90}} = \frac{0.848 \times \left(\dfrac{1.45}{2}\right)^2}{327} = 1.3631 \times 10^{-3} \ (cm^2/\sec)$$

　　② $\log t$ 법

$$C_V = \frac{0.197\left(\dfrac{H}{2}\right)^2}{t_{50}} = \frac{0.197\left(\dfrac{1.45}{2}\right)^2}{83} = 1.2476 \times 10^{-3} \ (cm^2/\sec)$$

　　나. 압축계수(a_V)값을 구하시오. (단, 소수 4자리에서 반올림)

$$a_V = \frac{e_1 - e_2}{p_2 - p_1} = \frac{1.15 - 0.96}{14.5 - 7.2} = 0.026 \ (cm^2/kg)$$

　　다. 체적변화계수(m_V) 값을 구하시오.(단, 소수 4자리에서 반올림)

$$m_V = \frac{a_V}{1 + e} = \frac{0.026}{1 + 1.15} = 0.012 \ (cm^2/kg)$$

　　라. 압축지수(Cc) 값을 구하시오.(단, 소수 4자리에서 반올림)

$$Cc = \frac{e_1 - e_2}{\log\frac{p_2}{p_1}} = \frac{1.15 - 0.96}{\log\frac{14.5}{7.2}} = 0.625$$

마. 투수계수(k)값을 구하시오.

① $\sqrt{t}$ 법

$$k = C_V \times m_V \times \gamma_w = 1.3631 \times 10^{-3} \times 0.012 \times 0.001$$

$$= 1.636 \times 10^{-8} \ (cm/\sec)$$

② $\log t$ 법

$$k = C_V \times m_V \times \gamma_w = 1.2476 \times 10^{-3} \times 0.012 \times 0.001$$

$$= 1.497 \times 10^{-8} cm/\sec$$

여기서 $\gamma_w = 1 g/cm^3 = 0.001 \ (kg/cm^3)$

문제 5

다음 아스팔트 신도시험에 대한 물음에 답하시오.

풀이 가. 신도의 단위를 쓰시오.

cm

나. 신도시험의 물의온도를 쓰시오.

$25 \pm 0.5℃$

다. 신도시험은 얼마의 속도로 잡아당기는가?

$5 \pm 0.25 cm/min$

문제 6

포화점토의 일축 압축 시험을 한 결과 자연상태 일 때의 일축 압축강도(q_u)가 2.64kg/cm^2, 흐트러진 상태의 일축 압축 강도(q_{ur})는 0.6kg/cm^2 이었다.

또한 파괴 면과 수평면이 이루는 각도가 65°일 때 아래의 물음에 답하시오.

풀이 가. 이 흙의 내부마찰각(ϕ)을 구하시오.

$$\phi = 2\theta - 90 = 2 \times 65 - 90 = 40°$$

나. 이 흙의 점착력(C)를 구하시오.(단, 소수점 3자리에서 반올림)

$$C = \frac{q_u}{2} tan\left(45 - \frac{\phi}{2}\right) = \frac{2.64}{2} tan\left(45 - \frac{40}{2}\right) = 0.62 \ (kgf/cm^2)$$

다. 이 흙의 예민비(Sensitivity ratioist)를 구하시오.

　(단, 소수점 2자리에서 반올림)

$$S_t = \frac{q_u}{q_{ur}} = \frac{2.64}{0.6} = 4.4$$

라. 이 흙의 예민비의 특성을 분류하시오.(단, 구체적인 사유를 쓸 것)

　$4 \leq S_t \leq 8$　이므로 예민성 점토

핵심 필답형 기출문제해설 (10)

문제 1

콘크리트의 강도시험에 대한 아래의 물음에 답하시오.

풀이 가. 강도시험용 공시체를 제작할 때 양생 온도의 범위를 쓰시오.

$20 \pm 2℃$

나. 콘크리트의 압축강도 시험에서 공시체에 하중을 가하는 속도에 대한 아래 표의 설명에서 ( )에 들어갈 알맞은 속도범위를 쓰시오.

> 공시체에 충격을 주지 않도록 똑같은 속도로 하중을 가한다. 하중을 가하는 속도는 압축 응력도의 증가율이 매초 ( )MPa이 되도록 한다.

0.6 ± 0.2

다. 3등분점 재하법에 따라 콘크리트의 휨 강도 시험을 실시한 결과가 아래 표와 같을 때 이 콘크리트의 휨강도를 구하시오.

(단, 공시체가 인장쪽 표면 지간 방향 중심선의 3등분점 사이에서 파괴되었다.)

> • 사용공시체 규격 : 150mm×150mm×530mm
> • 지간의 길이 : 450mm
> • 파괴시 최대 하중 : 35000N

$$휨강도 = \frac{Pl}{bd^2} = \frac{35000 \times 450}{150 \times 150^2} = 4.67 MPa$$

라. 쪼갬인장강도(f_{sp})를 구하는 식을 쓰시오.

(단, P : 시험에서 구한 최대 하중(N), d : 공시체의 지름(mm), l : 공시체의 길이(mm))

$$f_{sp} = \frac{2P}{\pi dl}$$

문제 2

아스팔트 시험에 대한 다음 물음에 답하시오.

풀이　가. 아스팔트의 굳기 정도를 측정하여 아스팔트를 분류함으로써, 사용목적 또는 기상 조건 등에 알맞은 아스팔트를 선정하기 위해 실시하는 시험이 무엇인지 쓰시오.

　　　침입도 시험

　　나. 아스팔트의 늘어나는 능력을 알기위해 실시하는 시험이 무엇인지 쓰시오.

　　　신도 시험

문제 3

자연 상태의 함수비가 40.4%인 어떤 흙 시료의 액성한계·소성한계 시험결과 액성한계가 64.2%, 소성한계가 29.2%, 수축한계가 15.4% 일 때 아래 물음에 답하시오.

풀이　가. 흙의 소성지수를 구하시오.

$$I_p = W_L - W_P = 64.2 - 29.2 = 35 \%$$

　　나. 흙의 액성지수를 구하시오.

$$I_L = \frac{W_n - W_P}{I_P} = \frac{40.4 - 29.2}{35} = 0.32$$

문제 4

부피가 100 cm³이고 무게가 200 g인 습윤 흙을 건조기에 건조하여 무게를 측정하니 180 g이었다. 이 흙의 비중이 2.65인 경우 아래 물음에 답하시오.

풀이　가. 습윤단위중량(γ_t)을 구하시오.

$$\gamma_t = \frac{W}{V} = \frac{200}{100} = 2.0 \ g/cm^3$$

　　나. 건조단위중량(γ_d)을 구하시오.

$$\gamma_d = \frac{W_s}{V} = \frac{180}{100} = 1.8 \ g/cm^3$$

　　다. 함수비(w)를 구하시오.

$$w = \frac{W_w}{W_s} \times 100 = \frac{20}{180} \times 100 = 11.11 \%$$

라. 간극비(e)를 구하시오.

$$e = \frac{G_s}{\gamma_d} \times \gamma_w - 1 = \frac{2.65}{1.8} \times 1 - 1 = 0.47$$

마. 포화도(S)를 구하시오.

$$S = \frac{G_s \cdot w}{e} = \frac{2.65 \times 11.11}{0.47} = 62.64\,\%$$

문제 5

굵은 골재의 밀도 및 흡수율 시험결과가 아래의 표와 같을 때 다음 물음에 답하시오.

측정 항목	측정값
표면 건조 포화 상태 시료의 질량	4000 g
물속에서 철망태와 시료의 질량	3360 g
물속에서 철망태의 질량	870 g
절대 건조 상태 시료의 질량	3940 g
시험온도에서의 물의 밀도	0.997 g/cm^3

풀이

가. 절대 건조 상태의 밀도를 구하시오.

$$\frac{A}{B-C} \times \rho_w = \frac{3940}{4000 - (3360 - 870)} \times 0.997 = 2.60\,g/cm^3$$

나. 표면 건조 포화 상태의 밀도를 구하시오.

$$\frac{B}{B-C} \times \rho_w = \frac{4000}{4000 - (3360 - 870)} \times 0.997 = 2.64\,g/cm^3$$

다. 진밀도를 구하시오.

$$\frac{A}{A-C} \times \rho_w = \frac{3940}{3940 - (3360 - 870)} \times 0.997 = 2.71\,g/cm^3$$

라. 흡수율(%)을 구하시오.

$$\frac{B-A}{A} \times 100 = \frac{4000 - 3940}{3940} \times 100 = 1.53\,\%$$

문제 6

굵은 골재의 최대치수가 40 mm, 슬럼프값 75 mm, 갇힌 공기량 1%, 단위수량 173 kg/m³, 잔골재율 39%, 물-시멘트비 48%, 시멘트비중 3.14, 잔골재 비중 2.60, 굵은 골재 비중 2.65 일 때 다음 사항을 구하시오.

(단, 소수점 넷째자리에서 반올림하시오.)

풀이　가. 단위 시멘트량을 구하시오.

$$단위수량 \div 물 \cdot 시멘트비 = 173 \div 0.48 = 360.417 \ kg/m^3$$

나. 단위 잔골재량을 구하시오.

① 단위 골재량의 절대 용적 $= 1 - \left(\dfrac{단위수량}{1000} + \dfrac{단위 \ 시멘트량}{시멘트 \ 비중 \times 1000} + \dfrac{공기량}{100} \right)$

$$= 1 - \left(\dfrac{173}{1000} + \dfrac{360.417}{3.14 \times 1000} + \dfrac{1}{100} \right) = 0.702 \ m^3$$

② 단위 잔골재량의 절대 용석 = 단위 골재량의 절대 용적 × 잔골재율
$$= 360.417 \times 0.39 = 0.274 m^3$$

③ 단위 잔골재량 = 단위 잔골재량의 절대 용적 × 잔골재 비중 × 1000
$$= 0.274 \times 2.60 \times 1000 = 712.4 \ kg$$

다. 단위 굵은 골재량을 구하시오.

① 단위 굵은 골재량의 절대 용적 = 단위 골재량의 절대 용적 - 단위 잔골재량의 절대 용적
$$= 0.702 - 0.274 = 0.428 \ m^3$$

② 단위 굵은 골재량 = 단위 굵은 골재량의 절대 용적 × 굵은 골재비중 × 1000
$$= 0.428 \times 2.65 \times 1000 = 1134.2 \ kg$$

문제 7

노반의 CBR 시험결과를 보고 다음 물음에 답하시오.

(단, 소수점 둘째자리에서 반올림하시오.)

번호	관입량(mm)	시험하중(kN)	표준하중강도(MN/m2)	표준하중(kN)
1	2.5	3.8	6.9	13.4
2	5.0	6.4	10.3	19.9

풀이　가. $CBR_{2.5}$을 구하시오.

$$CBR_{2.5} = \dfrac{시험하중}{표준하중} \times 100 = \dfrac{3.8}{13.4} \times 100 = 28.4 \ \%$$

나. $CBR_{5.0}$을 구하시오.

$$CBR_{5.0} = \frac{\text{시험하중}}{\text{표준하중}} \times 100 = \frac{6.4}{19.9} \times 100 = 32.2\,\%$$

문제 8

흙의 입도시험을 실시하여 작성한 입경가적 곡선에서 $D_{10} = 0.02\,mm$, $D_{30} = 0.04\,mm$, $D_{60} = 0.12\,mm$를 얻었을 때 아래 물음에 답하시오.

풀이 가. 균등계수를 구하시오.

$$C_u = \frac{D_{60}}{D_{10}} = \frac{0.12}{0.02} = 6$$

나. 곡률계수를 구하시오.

$$C_g = \frac{D_{30}^2}{D_{10} \times D_{60}} = \frac{0.04^2}{0.02 \times 0.12} = 0.67$$

핵심 필답형 기출문제 해설 (11)

문제 1

흙의 전단강도를 결정하기 위해 일반적으로 사용되는 실내 시험 방법을 3가지만 쓰시오.

풀이
① 직접 전단 시험
② 일축 압축 시험
③ 삼축 압축 시험

문제 2

잔골재 밀도 및 흡수율 시험 결과가 다음 표와 같을 때 아래 물음에 답하시오.

〈시험 결과〉
- 표면 건조 포화 상태 시료의 질량 : 500g
- 절대 건조 상태 시료의 질량 : 494.6g
- (물+플라스크)의 질량 : 688.8g
- (물+플라스크+시료)의 질량 : 998.6g
- 시험 온도에서 물의 밀도 : 1g/cm^3

풀이
가. 표면 건조 포화 상태의 밀도를 구하시오.

$$표면 건조 포화 상태의 밀도 = \frac{m}{B+m-C} \times \rho_w$$

$$= \frac{500}{688.5+500-998.6} \times 1$$

$$= 2.63\,(g/cm^3)$$

나. 흡수율을 구하시오.

$$흡수율 = \frac{m-A}{A} \times 100$$

$$= \frac{500-494.6}{494.6} \times 100$$

$$= 1.09(\%)$$

문제 3

흙의 습윤 단위 무게가 1.9t/m³이고, 함수비는 25%이다. 이 흙의 비중이 2.65라 할 때 다음 물음에 답하시오.

풀이   가. 흙의 건조 단위 무게(rd)를 구하시오.

$$rd = \frac{rt}{1 + \dfrac{w}{100}} = \frac{1.9}{1 + \dfrac{25}{100}} = \frac{1.9}{1.25} = 1.52\,(t/m^3)$$

나. 간극비(e)를 구하시오.

$$e = \frac{Gs}{rd} \times rw - 1 = \frac{2.65}{1.52} \times 1 - 1 = 0.74$$

다. 간극률(n)을 구하시오.

$$n = \frac{e}{1+e} \times 100 = \frac{0.74}{1+0.74} \times 100 = \frac{0.74}{1.74} \times 100 = 42.53\,(\%)$$

라. 포화 단위 무게($rsat$)를 구하시오.

$$rsat = \frac{Gs + e}{1 + e} \times rw = \frac{2.65 + 0.74}{1 + 0.74} \times 1 = 1.95\,(t/m^3)$$

마. 포화도(s)를 구하시오.

$$s \times e = w \times Gs \text{에서 } s = \frac{w \times Gs}{e} = \frac{25 \times 2.65}{0.74} = 89.53\,(\%)$$

문제 4

아스팔트 시험에 대한 다음 물음에 답하시오.

풀이   가. 아스팔트의 굳기 정도를 측정하여 아스팔트를 분류함으로써 사용 목적 또는 기상 조건 등에 알맞은 아스팔트를 선정하기 위해 실시하는 시험은?

　　　아스팔트의 침입도 시험

나. 아스팔트의 늘어나는 능력을 알기 위해 실시하는 시험은?

　　　아스팔트의 신도 시험

문제 5

자연 상태의 함수비가 30.4%인 불교란 점토 시료를 채취하여 애터버그 한계 시험을 한 결과 액성한계 37.2%, 소성한계 19.2%이었다. 아래 물음에 답하시오.

풀이　가. 소성지수(Ip)를 구하시오.

$$Ip = W_L - W_p = 37.2 - 19.2 = 18(\%)$$

나. 컨시스턴시지수(Ic)를 구하시오.

$$Ic = \frac{W_L - W_n}{Ip} = \frac{37.2 - 30.4}{18} = \frac{6.8}{18} = 0.38$$

다. 액성지수(I_L)를 구하시오.

$$I_L = \frac{W_n - W_p}{I_p} = \frac{30.4 - 19.2}{18} = \frac{11.2}{18} = 0.62$$

라. 압축지수(C_C)를 구하시오.

$$C_C = 0.009(W_L - 10) = 0.009(37.2 - 10) = 0.24$$

문제 6

콘크리트 슬럼프 시험에 대한 다음 물음에 답하시오.

풀이　가. 슬럼프 콘(Slump cone)의 윗면의 안지름은 몇 mm인가?

　　100mm

나. 슬럼프 콘에 시료를 채우고 벗길 때까지의 전 작업 시간은 몇 분 이내로 하여야 하는가?

　　3분

다. 슬럼프 콘을 벗기는 작업 시간은 몇 초 정도로 끝내야 하는가?

　　2~5초

문제 7

흙의 일축 압축 시험에서 일축 압축 강도가 $3.4kg/cm^2$, 파괴면과 수평면의 각도가 55°였을 때 다음 물음에 답하시오.

풀이 가. 이 흙의 내부 마찰각(ϕ)을 구하시오.

$$\theta = 45^o + \frac{\phi}{2}$$

$$\phi = 2\theta - 90^\circ = 2 \times 55^\circ - 90^\circ = 110^\circ - 90^\circ = 20^\circ$$

나. 이 흙의 점착력(c)을 구하시오.

$$c = \frac{q_u}{2\tan(45 + \frac{\phi}{2})} = \frac{3.4}{2\tan(45^\circ + \frac{20^\circ}{2})} = \frac{3.4}{2 \times \tan 55^\circ}$$

$$= \frac{3.4}{2 \times 1.428} = \frac{3.4}{2.856} = 1.19(kg/cm^2)$$

문제 8

다음은 콘크리트의 시방 배합표이다. 현장에서 골재의 상태를 조사하니 잔골재의 표면수량 5%, 굵은 골재의 표면수량 2%, 잔골재 중 5mm 체에 남는 양 3%, 굵은 골재 중 5mm 체를 통과하는 양 4%이었다. 시방배합을 현장배합으고 수정하시오.

〈시방 배합표〉

굵은 골재의 최대치수(mm)	슬럼프(mm)	물-시멘트비	잔골재율(%)
25	100	45	39.5

단위량(kg/m^3)			
물(W)	시멘트(C)	잔골재(S)	굵은 골재(G)
179	398	699	1089

풀이 1. 입도에 의한 조정

$$S + G = 699 + 1089 = 1788 \quad \text{--------- (1)}$$

$$0.97s + 0.04G = 699 \quad \text{--------- (2)}$$

(1)번식에 0.97을 곱하여 (2)식과 연립하면,

$$0.97S + 0.97G = 1734.36$$

$$-) \underline{\quad 0.97S + 0.04G = \quad 699 \quad}$$

$$0 \ + 0.93G = 1035.36$$

$$\therefore G = \frac{1035.36}{0.93} = 1113.29\,(kg)\,\text{---------}\ (3)$$

(3)번 값을 (1)식에 대입하면,

$$S + 1113.29 = 1788$$

$$\therefore S = 1788 - 1113.29 = 674.71\,(kg)$$

잔골재 : 674.71(kg)

굵은 골재 : 1113.29(kg)

2. 표면수량 조정

① 잔골재 표면수량 : 674.71 ✕0.05 = 33.74(kg)

② 굵은 골재 표면수량 : 1113.29 ✕ 0.02 = 22.27(kg)

3. 현장배합으로 수정

① 단위 수량

179-(33.74 + 22.27)=122.99(kg)

② 단위 잔골재

674.71 + 33.74 = 708.45(kg)

③ 단위 굵은 골재

1113.09 + 22.27 = 1135.56(kg)

콘크리트 표준시방서 변경 및 KS 규격 변경에 따른 예상문제

1. 슬럼프 플로로 품질을 지정하는 경우 KS F 2594의 규정에 따라 시험하고 슬럼프 플로 값이 700mm 인 경우 슬럼프 플로 허용오차는 얼마인가?

$\pm$ 100mm

해설 슬럼프 플로의 허용차(mm)

슬럼프 플로	슬럼프 플로의 허용차
500	$\pm$ 75
600	$\pm$ 100
700	$\pm$ 100

2. 잔골재의 물리적 품질 기준으로 절대건조밀도와 흡수율은 얼마인가?
   1) 잔골재의 절대건조밀도는 0.0025 g/mm^3 이상
   2) 잔골재의 흡수율은 3.0% 이하

3. 굵은골재 내구성 시험에 대한 내용이다. 물음에 답하시오.
   1) 내구성 시험 용액 : 황산나트륨
   2) 평가 횟수 : 5회
   3) 손실질량 표준 : 12% 이하

4. 잔골재의 유해물 함유량중 염화물(NaCl) 환산량은 질량 백분율로 얼마 이하이어야 하는가?

0.04 이하

해설 잔골재의 유해물 함유량 한도(질량백분율)

종　류	최대값
점토 덩어리	1.0
0.08 mm체 통과량 콘크리트의 표면이 마모작용을 받는 경우 기타의 경우	3.0 5.0
석탄, 갈탄 등으로 밀도 2.0 g/cm^{3}의 액체에 뜨는 것 콘크리트의 외관이 중요한 경우 기타의 경우	0.5 1.0
염화물(NaCl 환산량)	0.04

5. 콘크리트 표준 시방서에 의한 다음 조건에서의 배합강도(MPa)는 얼마인가?

(단, f_{ck} = 27 MPa, 30회 이상 압축강도 시험에 의한 표준편차 s = 2.7 MPa)

풀이 $f_{ck} \leq 35\mathrm{MPa}$ 인 경우이므로

- $f_{cr} = f_{ck} + 1.34s \,(\mathrm{MPa}) = 27 + 1.34 \times 2.7 = 30.62 \fallingdotseq 31.0\,\mathrm{MPa}$

- $f_{cr} = (f_{ck} - 3.5) + 2.33s \quad (\mathrm{MPa})$
  $= (27 - 3.5) + 2.33 \times 2.7 = 29.79 \fallingdotseq 30.0\,\mathrm{MPa}$

- 두 값 중 큰 값을 배합강도로 한다. $\therefore$ 31.0 (MPa)

6. 기존설계강도(f_{ck})가 40 MPa이고, 30회 이상의 충분한 압축강도 시험을 거쳐 4.0 MPa의 표준편차를 얻었다. 이 콘크리트의 배합강도(f_{cr})를 구하시오.

풀이 $f_{ck} > 35\mathrm{MPa}$ 인 경우이므로

- $f_{cr} = f_{ck} + 1.34s = 40 + 1.34 \times 4 = 45.36\,(\mathrm{MPa})$

- $f_{cr} = 0.9f_{ck} + 2.33s = 0.9 \times 40 + 2.33 \times 4 = 45.32\,(\mathrm{MPa})$

- 두 값 중 큰 값을 배합강도로 한다. $\therefore$ 45.36 (MPa)

해설 배합강도 결정

배합강도는 설계기준압축강도 35MPa 이하의 경우와, 35MPa 초과의 경우로 나누어 계산하고 각 두 식에 의한 값 중 큰 값으로 정하여야 한다.

 □ $f_{ck} \leq 35\,\mathrm{MPa}$인 경우

$$f_{cr} = f_{ck} + 1.34s\,(\mathrm{MPa})$$

$$f_{cr} = (f_{ck} - 3.5) + 2.33s\,(\mathrm{MPa})$$

 □ $f_{ck} > 35\,(\mathrm{MPa})$인 경우

$$f_{cr} = f_{ck} + 1.34s\,(\mathrm{MPa})$$

$$f_{cr} = 0.9f_{ck} + 2.33s\,(\mathrm{MPa})$$

여기서, s : 압축강도의 표준편차 (MPa)

7. 표준편차를 알지 못하거나 시험횟수가 14회 이하인 경우 배합강도에 대한 물음에 답하시오.

설계기준강도 $f_{ck}\,(MPa)$	배합강도 $f_{cr}\,(MPa)$
21 미만	$f_{ck} + (\ 7\ )$
21 이상 35 이하	$f_{ck} + (\ 8.5\ )$
35 초과	$f_{ck} + (\ 10\ )$

8. 콘크리트용 각 재료의 측정 단위로 계량 허용오차는 얼마인가?

재료의 종류	측정 단위	1회 계량분량의 한계허용오차(%)
시 멘 트	질량	(-1, +2)
골 재	질량 또는 부피	(± 3)
물	질량	(-2, +1)
혼 화 재[주1]	질량	(± 2)
혼 화 제	질량 또는 부피	(± 3)

주) 고로슬래그 미분말의 계량오차의 최대치는 ±1%로 한다.

9. 콘크리트 다짐시 개소당 다짐시간은 얼마인가?

시멘트풀이 표면 상부로 약간 부상하기까지 한다.

> 1개소당 진동 시간은 다짐할 때 시멘트풀이
> 표면 상부로 약간 부상하기까지 한다.

10. 압축강도에 의한 콘크리트의 품질 검사시 구조물의 중요도와 공사의 규모에 따라 몇 m^3 마다 실시하는가?

$100m^3$

해설 압축강도에 의한 콘크리트의 품질 검사

종류	항목	시험·검사 방법	시기 및 횟수[1]	판정기준	
				$f_{ck} \leq 35$ MPa	$f_{ck} > 35$ MPa
설계기준압축 강도로부터 배합을 정한 경우	압축강도 (일반적인 경우 재령 28일)	KS F 2405의 방법[1]	1회/일, 또는 구조물의 중요도와 공사의 규모에 따라 100 m^3 마다 1회, 배합이 변경될 때마다	① 연속 3회 시험값의 평균이 설계기준압축강도 이상 ② 1회 시험값이 (설계기준압축강도- 3.5MPa) 이상	① 연속 3회 시험값의 평균이 설계기준압축강도 이상 ② 1회 시험값이 설계기준압축강도의 90 % 이상
그 밖의 경우				압축강도의 평균치가 소요의 물-결합재비에 대응하는 압축강도 이상일 것.	

주 1) 1회의 시험값은 공시체 3개의 압축강도 시험값의 평균값임

11. 보, 슬래브 및 트러스 등에서 그의 정상적 위치 또는 형상으로부터 처짐을 고려하여 상향으로 들어 올리는 것 또는 들어 올린 크기를 무엇이라 하는가?

솟음(camber)

12. 경량골재 콘크리트는 설계기준압축강도의 범위와 기건 단위질량은 얼마인가?

   1) 설계기준압축강도의 범위 : 15 MPa 이상, 24 MPa 이하

   2) 기건 단위질량의 범위 : 1,400~2,000 kg/m^3

13. 수밀콘크리트의 연속 타설 시간 간격은 외기온도가 25 ℃를 넘었을 경우에는 (   )시간, 25 ℃ 이하일 경우에는 (   ) 시간을 넘어서는 안 된다. (   )안 값은 얼마인가?

   1.5 , 2

14. 해양콘크리트 구조물에 쓰이는 콘크리트의 설계기준강도는 몇 MPa 이상으로 하여야 하는가?

   30 MPa 이상

15. 모르타르 및 콘크리트의 길이변화 시험 방법(KS F 2424)에 규정되어 있는 길이 변화측정 방법을 3가지만 쓰시오

   ① 콤퍼레이터 방법   ② 콘택트게이지 방법   ③ 다이얼게이지 방법

16. 재령28일 모르타르 공시체(4×4×16cm)에 50kN의 하중이 재하 할 때 공시체가 파괴 되었다면 이 모르타르의 압축강도는 얼마인가?

   풀이 압축강도$(f_c) = \dfrac{P(N)}{A(mm^2)} = \dfrac{50 \times 1000}{40 \times 40} = 31.25 \ N/mm^2 = 31.25 \, MPa$

   ※ SI 단위 체계로 변경 kgf/cm^2 ⇒ N/mm^2(MPa)

17. 지름이 15cm, 높이 30cm인 원주형 공시체의 인장강도를 측정하기 위하여 쪼갬인장강도 시험으로 콘크리트에 하중을 가하여 공시체가 100 kN에 파괴되었다면 이때 콘크리트의 인장강도는?

   풀이 인장강도$(f_{sp}) = \dfrac{2P}{\pi dl} = \dfrac{2 \times 100,000}{3.14 \times 150 \times 300} = 1.4 \ (MPa)$

   여기서, P: 시험기에 나타난 최대하중(N)
   l: 시험체의 길이(mm)
   d: 시험체의 지름(mm)

   ※ SI 단위 체계로 변경 kgf/cm^2 ⇒ N/mm^2(MPa)

18. 콘크리트의 휨강도 시험에서 최대하중 34.2kN에서 공시체가 파괴되었다. 이 콘리트 공시체의 휨강도는 얼마인가? (단, 150×150×530mm 공시체이고 지간은 450mm이고, 공시체가 인장쪽 표면 지간방향중심선의 3등분점 사이에서 파괴되었다.)

풀이 $휨강도(f_b) = \dfrac{P\,l}{bd^2} = \dfrac{34.2 \times 1000 \times 450}{150 \times 150^2} = 4.56 \ MPa$

$(P : N, \quad l, b, d : mm, \ f_b : MPa, 1kN : 1000N)$

※ SI 단위 체계로 변경 kgf/cm2 ⇒ N/mm² (MPa)

19. 체가름 시험 결과 잔골재 조립률 2.65, 굵은 골재 조립률 7.38이며 잔골재 대 굵은 골재비를 1 : 1.6 으로 할 때 혼합골재의 조립률은?

풀이 $f_a = \dfrac{p}{p+q} \cdot f_s + \dfrac{q}{p+q} \cdot f_g = \dfrac{1}{1+1.6} \cdot 2.65 + \dfrac{1.6}{1+1.6} \cdot 7.38 = 5.56$

20. 시멘트 모르타르의 압축강도를 측정하기 위하여 표준 모르타르를 제작하고자 할 때 시멘트를 1500 g 사용할 경우 표준사의 소요량은?

풀이 모르타르 제작시 시멘트 : 모래의 비는 1 : 3

표준사의 소요량 = 1500 × 3 = 4500 g

> 압축강도 및 휨강도용 모르타르 제작 시 시멘트 : 모래의 비는 1 : 3비가 되게 한다.
> (인장강도에 대한 규정 없음)
>
> $-.압축강도(MPa) = \dfrac{최대하중(N)}{시험체의 단면적(mm^2)}$
>
> $-.휨강도(MPa) = \dfrac{1.5\,F_f\,l}{b^3}$

21. 조립률 2.5, 표면건조포화상태 밀도 2.7 g/cm³, 절대건조상태 밀도 2.6 , 단위 용적 질량 1,600 kg/m³인 잔골재의 실적률은?

풀이 골재의 실적률 : $G = \dfrac{T}{d_D} \times 100(\%)$

$G = \dfrac{T}{d_D \times 1000} \times 100(\%) = \dfrac{1600}{(2.6)(1000)} \times 100(\%) = 61.5\%$

22. 배합설계에서 잔골재의 절대용적이 320ℓ, 굵은골재의 절대용적이 560ℓ일 때, 잔골재율은 얼마인가?

풀이 잔골재율$(S/a) = \dfrac{S_V}{S_V + G_V} \times 100 = \dfrac{320}{320 + 560} \times 100 = 36.4\,\%$

23. 배합설계시 단위 수량이 166kg/m³이고, 물-결합재비가 50%라면 단위 시멘트량은 얼마인가? (단, 혼화재는 사용하지 않는다.)

풀이 물-결합재비 : $\dfrac{W}{B} = \dfrac{W}{C} = 50\%$ $\therefore C = \dfrac{W}{0.5} = \dfrac{166}{0.5} = 332\,\mathrm{kg/m^3}$

   ※ 물-시멘트비(W/C) ⇒ 물-결합재비(W/B)로 변경

24. 설계기준강도(f_{ck})가 30MPa이고 표준편차를 알지 못한 경우 배합강도는 얼마인가?

풀이 $f_{ck} + 8.5 = 30 + 8.5 = 38.5\,\mathrm{MPa}$

25. 수밀콘크리트의 물-결합재비의 표준은 몇 %이하로 하는가?

   수밀콘크리트 물-결합재비는 50%를 기준

콘크리트 시험방법 개정 안내[KS규정]

○ 규정 : KS F 2405 콘크리트 압축 강도 시험방법
○ 개정내용
   콘크리트 압축강도 시험방법의 재하속도가
   [0.6±0.4MPa/s]에서 [0.6±0.2MPa/s]로 개정되었습니다.

○ 규정 : KS F 2402 콘크리트의 슬럼프 시험방법
○ 개정내용
   슬럼프 콘을 들어 올리는 시간은 높이 300mm에서 3.5±1.5초 로 개정되었습니다.
                                                    (2~5초)

부 록

건설재료시험 공식 정리

건설재료시험 양식

건설재료시험 공식 정리

1. 토성 시험

흙의 구성	
1. 공극비(e)	$e = \dfrac{공극의\ 부피}{흙\ 입자만의\ 부피} = \dfrac{V_V}{V_S}$
2. 공극률(n)	$n = \dfrac{공극의\ 부피}{흙\ 전체부피} \times 100 = \dfrac{V_V}{V} \times 100\ (\%)$
3. e, n의 관계	$e = \dfrac{n}{100-n}\ ,\qquad n = \dfrac{e}{1+e} \times 100\ (\%)$
4. 포화도(S)	$S = \dfrac{공극속의\ 물\ 부피}{공극의\ 부피} \times 100 = \dfrac{V_W}{V_V} \times 100\ (\%)$
5. 함수비(w)	$w = \dfrac{물의\ 무게}{흙\ 입자만의\ 무게} \times 100 = \dfrac{W_W}{W_S} \times 100\ (\%)$
6. 함수율(w')	$w' = \dfrac{W_W}{W} \times 100\ (\%)$
7. w , w' 관계	$w = \dfrac{100\,w'}{100-w'}\ (\%)\ ,\qquad w' = \dfrac{100w}{100+w}\ (\%)$
8. W_S , W_W의 관계	$W_S = \dfrac{100 \cdot W}{100+w}\ ,\qquad W_W = \dfrac{w \cdot W}{100+w}$
9. 흙입자의 비중(G_S)	$G_S = \dfrac{흙\ 입자만의\ 단위\ 무게}{물의\ 단위\ 무게} = \dfrac{\gamma_s}{\gamma_w} = \dfrac{W_s}{V_s} \cdot \dfrac{1}{\gamma_w}$
10. e, S, w, G_S 관계	$S \cdot e = G_S \cdot w$
11. 습윤단위 무게(γ_t)	$\gamma_t = \dfrac{W}{V} = \dfrac{W_S + W_W}{V_S + V_V} = \dfrac{G_S + \dfrac{S \cdot e}{100}}{1+e} \gamma_w\ (g/cm^3)$
12. 건조단위 무게(γ_d)	$\gamma_d = \dfrac{W_S}{V} = \dfrac{G_S}{1+e} \gamma_w = \dfrac{\gamma_t}{1+\dfrac{w}{100}}\ (g/cm^3)$
13. 포화단위 무게(γ_{sat})	$\gamma_{sat} = \dfrac{G_S + e}{1+e} \gamma_w\ (g/cm^3)$
14. 수중단위 무게(γ_{sub})	$\gamma_{sub} = \dfrac{G_S + e}{1+e}\ \gamma_w - \gamma_w = \gamma_{sat} - \gamma_w$
15. e, S, w, γ_w, G_S 관계	$e = \dfrac{\gamma_w}{\gamma_d} \cdot G_s - 1$

흙의 연경도	
1. 소성지수(I_p)	$I_P = w_L - w_P$
2. 액성지수(I_L)	$I_L = \dfrac{w_n - w_p}{I_p} = \dfrac{w_n - w_p}{w_L - w_P}$
3. 수축지수(I_s)	$I_s = w_p - w_s$
4. 연경지수(I_c)	$I_C = \dfrac{w_l - w_n}{I_P} = \dfrac{w_l - w_n}{w_l - w_p}$
5. I_c, I_L의 관계	$I_C + I_L = 1$
6. 유동지수(I_f)	$I_f = \dfrac{w_1 - w_2}{\log N_2 - \log N_1}$
7. 터프니스지수(I_t)	$I_t = \dfrac{I_p}{I_f}$
8. 흙의 활성도(AC)	$A_C = \dfrac{I_P}{2\mu \text{ 이하의 점토 함유율}\,(\%)}$
9. 압축지수의 추정	$C_C{}' = 0.007(w_L - 10)$
	$C_C = 1.3\,C_C{}' = 0.009(w_L - 10)$

흙의 분류	
1. 균등계수(C_U)	$C_U = \dfrac{D_{60}}{D_{10}}$
2. 곡률계수(C_g)	$C_g = \dfrac{(D_{30})^2}{D_{10} \cdot D_{60}}$
3. 군지수(GI)	$GI = 0.2\,a + 0.005ac + 0.01bd$

흙의 입도 시험	
1. 전시료의 노건조무게	$W_S = \dfrac{100\,W}{100 + w}$
2. 잔유율(P_r)	$P_r = \dfrac{W_{sr}}{W_s} \times 100 \;(\%)$
3. 가적 잔유율($P_r{}'$)	$P_r{}' = \Sigma\,P_r$
4. 가적 통과율(P')	$P' = 100 - P_r{}'$

흙의 비중 시험	
1. W_a의 결정	$W_a = \dfrac{T\,℃에서의\ 물의\ 비중}{T'\,℃에서의\ 물의\ 비중} \times (Wa' - W_f) + W_f$
2. 온도 $T'\,℃$의 물에 대한 $T\,℃$의 흙 입자 비중	$G_T(T℃/T'℃) = \dfrac{W_S}{W_S + (W_a - W_b)}$
3. 기준이 되는 온도가 지정되지 않을 때	$G_S(T/15℃) = K \cdot G_T(T℃/T'℃)$

흙의 수축한계 시험	
1. 수축한계(w_s)	$w_s = w - \left\{ \dfrac{(V - V_s)\gamma_w}{W_s} \times 100 \right\} = \left(\dfrac{1}{R} - \dfrac{1}{G_s} \right) \times 100\ \%$
2. 수축비(R)	$R = \dfrac{C}{w - w_s} = \dfrac{W_s}{V_s \cdot r_w}$
3. 비중의 근사값(G_S)	$G_S = \dfrac{1}{\dfrac{1}{R} - \dfrac{\omega_s}{100}}, \quad R = \dfrac{W_S}{V_S \cdot \gamma_w}$

2. 노상토 지지력비 시험

노상토 지지력비 시험	
1. 팽창비	$\gamma_e = \dfrac{다이얼게이지\ 최후\ 읽음 - 최초\ 읽음}{공시체\ 최초\ 높이\,(mm)} \times 100(\%)$
2. 흡수팽창시험 후 시험체의 부피	$V_2 = V_1 \times \left(1 + \dfrac{r_e}{100}\right)\ (cm^3)$
3. 흡수팽창시험 후 시험체에 대한 건조단위 무게	$\gamma_d' = \dfrac{\gamma_d}{1 + \dfrac{\gamma_e}{100}} = \dfrac{100\gamma_d}{100 + \gamma_e}\ (g/cm^3)$
4. 흡수팽창시험 후 시험체에 대한 습윤단위 무게	$\gamma_t = \dfrac{W_3 - W_1}{V}\ (cm^3)$
5. 흡수팽창시험 후 시험체에 대한 평균 함수비	$w_a' = \left(\dfrac{\gamma_t}{\gamma_d'} - 1\right) \times 100\ (\%)$
6. 노상토 지지력비	$CBR = \dfrac{시험하중}{표준하중} \times 100 = \dfrac{시험단위하중}{표준단위하중} \times 100(\%)$

평판재하 시험	
1. 지지력 계수(K)	$K = \dfrac{q}{y}$
2. 지하판 크기에 따른 관계	$K_{75} = \dfrac{1}{2.2} \times K_{30}$, $\qquad K_{75} = \dfrac{1}{1.5} \times K_{40}$

3. 흙의 다짐시험

흙의 다짐 시험	
1. 다짐도(C_d)	$C_d = \dfrac{\gamma_d}{\gamma_{dmax}} \times 100$
2. 상대밀도(D_r)	$Dr = \dfrac{e_{\max} - e}{e_{\max} - e_{\min}} \times 100 = \dfrac{\gamma_d - \gamma_{dmin}}{\gamma_{dmax} - \gamma_{dmin}} \times \dfrac{\gamma_{dmax}}{\gamma_d} \times 100\,(\%)$
3. 다짐에너지(E_C)	$E_C = \dfrac{W_R \cdot H \cdot N_B \cdot N_L}{V}\,(kg.cm/cm^3)$

4. 흙의 전단 시험

흙의 전단 시험	
1. 전단강도	$T_f = C + \sigma\tan\phi$
2. 전단응력(T_f)	1면전단 시험 : $T_f = \dfrac{S}{A}$
	2면전단 시험 : $T_f = \dfrac{S}{2A}$
3. 일축압축과 점착력	$C_U = \dfrac{q_u}{2} tan\left(45 - \dfrac{\phi}{2}\right)$ $\quad q_u = 2 \cdot C_u \cdot \tan\left(45 + \dfrac{\phi}{2}\right)$
4. 내부마찰각(ϕ)	$\theta = 45° + \dfrac{\phi}{2},\quad \phi = 2\theta - 90°$
5. 표준관입(N)와 일축압축 강도와의 관계	$q_u = \dfrac{N}{8}$
6. 예민비(S_t)	$S_t = \dfrac{q_u}{q_{ur}}$

5. 흙의 압밀 시험

흙의 압밀 시험	
1, 압축 계수 : a_v	$a_v = \dfrac{e_1 - e_2}{P_1 - P_2} = \dfrac{\Delta e}{\Delta P}(P-e)$
2. 체적 변화 계수 : m_v	$m_v = \dfrac{\dfrac{\Delta V}{V}}{\Delta P} = \dfrac{e_1 - e_2}{1+e}\dfrac{1}{P_2 - P_1} = \dfrac{a_v}{1+e}$
3. 압축 지수 : C_C	$C_C = \dfrac{e_1 - e_2}{\log P_2 - \log P_1} = \dfrac{e_1 - e_2}{\log \dfrac{P_2}{P_1}}$
4. $\sqrt{t}$ 법 압밀계수(C_v)	$C_v = \dfrac{0.848 H^2}{t_{90}}$
5. $\log t$법 압밀계수(C_v)	$C_v = \dfrac{0.197 H^2}{t_{50}}$

6. 골재시험

골재 체가름 시험	
1. 조립률(FM)	$FM = \dfrac{10개체 \ 가적 \ 잔유율의 \ 합}{100}$
2. 혼합골재 조립률(f_a)	$f_a = \dfrac{p}{p+q} \cdot f_s + \dfrac{q}{p+q} \cdot f_g$

굵은골재 밀도 및 흡수율 시험		
1. 표면건조 포화상태 밀도	$\dfrac{B}{B-C} \times \rho_w$	A : 절대건조상태 시료의 질량(g)
2. 절대건조 상태 밀도	$\dfrac{A}{B-C} \times \rho_w$	B : 표면건조포화상태 질량(g)
3. 진 밀도	$\dfrac{A}{A-C} \times \rho_w$	C : 시료의 수중 질량(g)
4. 흡수율	$\dfrac{B-A}{A} \times 100(\%)$	
5. 무더기 평균밀도(G)	$\dfrac{1}{\dfrac{P_1}{100 G_1} + \dfrac{P_2}{100 G_2} + \dfrac{P_3}{100 G_3} + \cdots + \dfrac{P_n}{100 G_n}}$	
6. 무더기 평균 흡수율(A)	$\dfrac{P_1 A_1}{100} + \dfrac{P_2 A_2}{100} + \cdots + \dfrac{P_n A_n}{100}$	

잔골재 밀도 및 흡수율 시험		
1. 표면건조포화상태의 밀도	$\dfrac{m}{B+m-C}\times\rho_w$	m : 표면건조포화상태시료의 질량
2. 절대건조 상태의 밀도	$\dfrac{A}{B+m-C}\times\rho_w$	C : 시료와 물로 검정된 용량을 나타낸 눈금까지 채운플라스크 질량(g)
3. 진밀도	$\dfrac{A}{B+A-C}\times\rho_w$	B : 검정된 용량을 나타낸 눈금까지 물을 채운 플라스크 질량(g)
4. 흡수율	$\dfrac{m-A}{A}\times100(\%)$	A : 절대건조상태의 시료 질량(g)
5. 표면수율	$\dfrac{습윤상태-표면건조포화상태}{표면건조포화상태}\times100\,(\%)$	
6. 유효흡수율	$\dfrac{표면건조포화상태-기건상태}{기건상태}\times100\,(\%)$	
7. 흡수율	$\dfrac{표면건조포화상태-노건조상태}{노건조상태}\times100\,(\%)$	
8. 전함수율	$\dfrac{습윤상태-노건조상태}{노건조상태}\times100\,(\%)$	

7. 시멘트 및 콘크리트 시험

시멘트 비중 시험	
1. 시멘트 비중	$\dfrac{시멘트의\ 무게\,(g)}{비중병\ 눈금차\,(ml)}$

시멘트 모르타르 압축강도 시험	
1. 흐름값	$\dfrac{시험\ 후\ 퍼진\ 모르타르의\ 평균\ 지름}{흐름\ 몰드의\ 밑\ 지름}\times100(\%)$
2. 압축강도	$\dfrac{최대하중}{단면적}\ (N/mm^2)$

블리딩 시험	
블리딩량	$\dfrac{V}{A}(cm^3/cm^2,\ ml/cm^2)$

콘크리트 압축강도 시험	
압축강도(f_c)	$\dfrac{P}{A}\ (N/mm^2)$

콘크리트 인장강도 시험	
인장강도(f_{sp})	$\dfrac{2P}{\pi dl}\ (N/mm^2,\ MPa)$

콘크리트 휨강도 시험	
휨강도(f_b)	$\dfrac{Pl}{bd^2}\ (N/mm^2,\ MPa)$

콘크리트 공기 함유량 시험	
콘크리트 공기량(A)	$A_1 - G$

콘크리트 압축강도 추정을 위한 반발 경도 시험		
1. 수성 반발 경도(R_0)	$R_0 = R + \Delta R$	R_0 : 수정 빈빌경도 R : 측정반발경도 ΔR : 보정값
2. 압축강도(F)	$F = 13R_0 - 184\ (kgf/cm^2)$ $F = 1.27R_0 - 18.0\ (MPa)$	

콘크리트 시방 배합	
1. 골재량 체적	$S_V + G_V =$ $1m^3 - \left\{ \dfrac{C(kg)}{1000 \times C_g} + \dfrac{W(kg)}{1000} + \dfrac{A(\%)}{100} + \dfrac{혼화재량(kg)}{1000 \times 혼화재 비중} \right\}(m^3)$
2. 잔골재 부피	$S_V = (S_V + G_V) \times S/a\ (m^3)$
3. 굵은골재 부피	$G_V = (S_V + G_V) - S_V\ (m^3)$
4. 잔골재량	$S = S_V \times S_g \times 1000\ (kg)$
5. 굵은골재 량	$G = G_V \times G_g \times 1000\ (kg)$

건설재료시험 양식

체분석(입경가적곡선)

체 눈 (mm)	잔류흙 무게 (g)	잔류율 (%)	가적잔유율 (%)	가적통과율 (%)	보정가적통과율 (%)

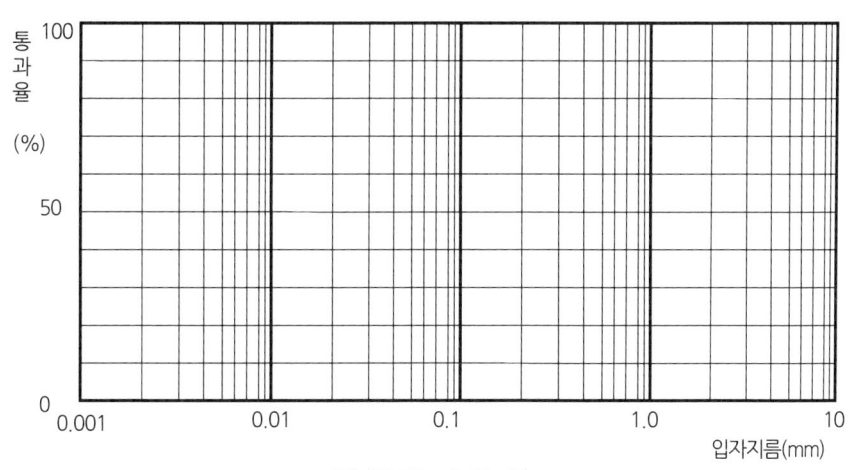

입 경 가 적 곡 선

흙의 액성한계 시험

낙하횟수 (회)					
함 수 비 (%)					

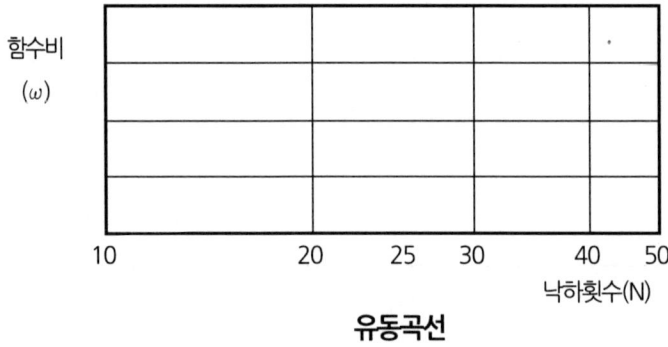

유동곡선

계산란)

다짐시험

시 험 번 호	1	2	3	4	5	6
몰 드 무 게 (g)						
(시료+몰드)무게 (g)						
함 수 비 (%)						
습윤시료의 무게 (gf)						
습 윤 밀 도 (gf/cm^3)						
건 조 밀 도 (gf/cm^3)						

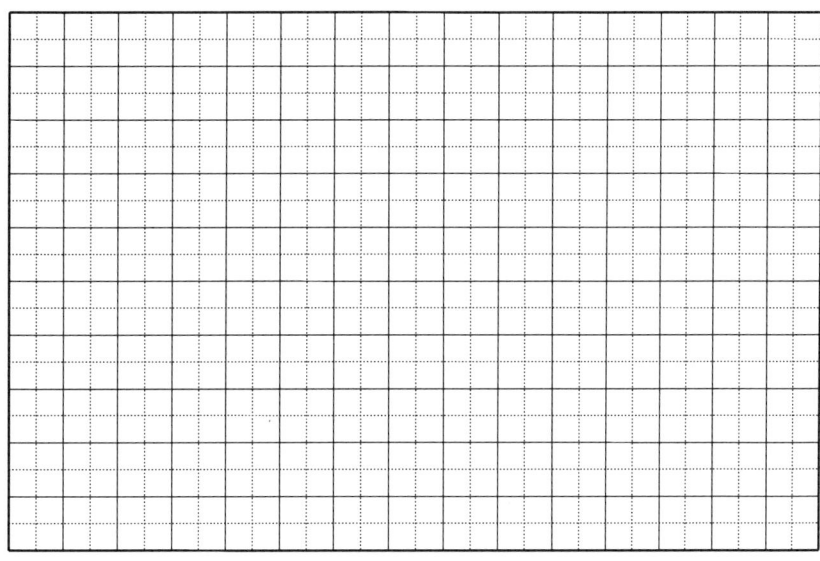

다짐 곡선

계산란)

노상토 지지력비 시험

시험횟수(회)	1	2	3	4	5
함수비 (%)					
건조밀도 (gf/cm³)					

다짐회수(회)	10회	25회	55회
시험하중2.5mm에 대하여			
건조밀도 (gf/cm³)			

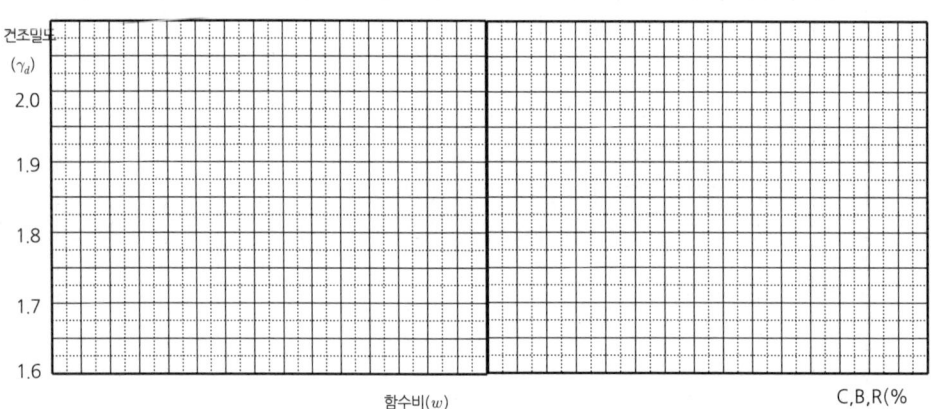

계산란)

현장밀도시험 (들밀도시험)

번호	측정요소	결과	산 출 근 거
1	(시험전 모래+용기)무게(g)		
2	(시험후 모래+용기)무게(g)		
3	사용된 모래무게(g)		
4	깔때기속의 모래무게(g)		
5	구멍속의 모래무게(g)		
6	(용기+(시료팬)+흙)무게(g)		
7	용기+(시료팬)무게(g)		
8	흙의(구멍속)무게(g)		
9	(젖은흙+함수캔)무게(g)		
10	(마른흙+함수캔)무게(g)		
11	함수캔 무게(g)		
12	물 무게(g)		
13	마른흙의 무게(g)		
14	함수비(%)		
15	모래의 단위중량 (g/cm^3)		
16	습윤 밀도 (g/cm^3)		
17	건조 밀도 (g/cm^3)		

골재 체가름 시험

체(mm)	잔유량(g)	잔유율(%)	가적잔유율(%)	가적통과율(%)
PAN				
계				

계산란)

　1) 성과표 작성

$$① \ 잔유율 = \frac{각체의 \ 잔류량}{총시료량} \times 100 \ (\%)$$

$$② \ 가적잔유율 = \Sigma 잔유율 (\%)$$

$$③ \ 가적통과율 = 100 - 가적잔유율 \ (\%)$$

　2) 조립률(FM)

$$FM =$$

　3) 사용여부 결정

모 눈 종 이

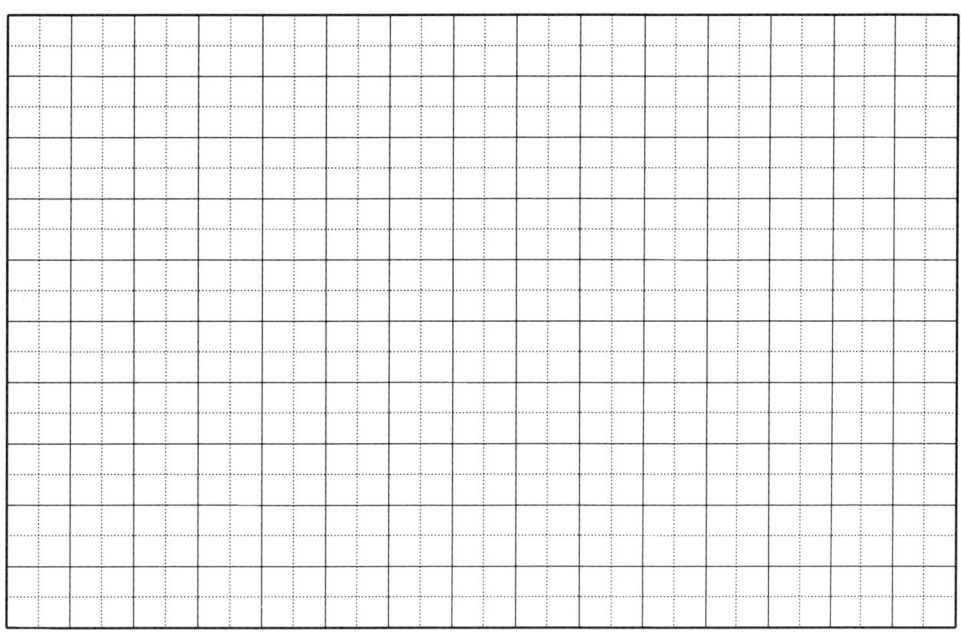

세미 로그 용지

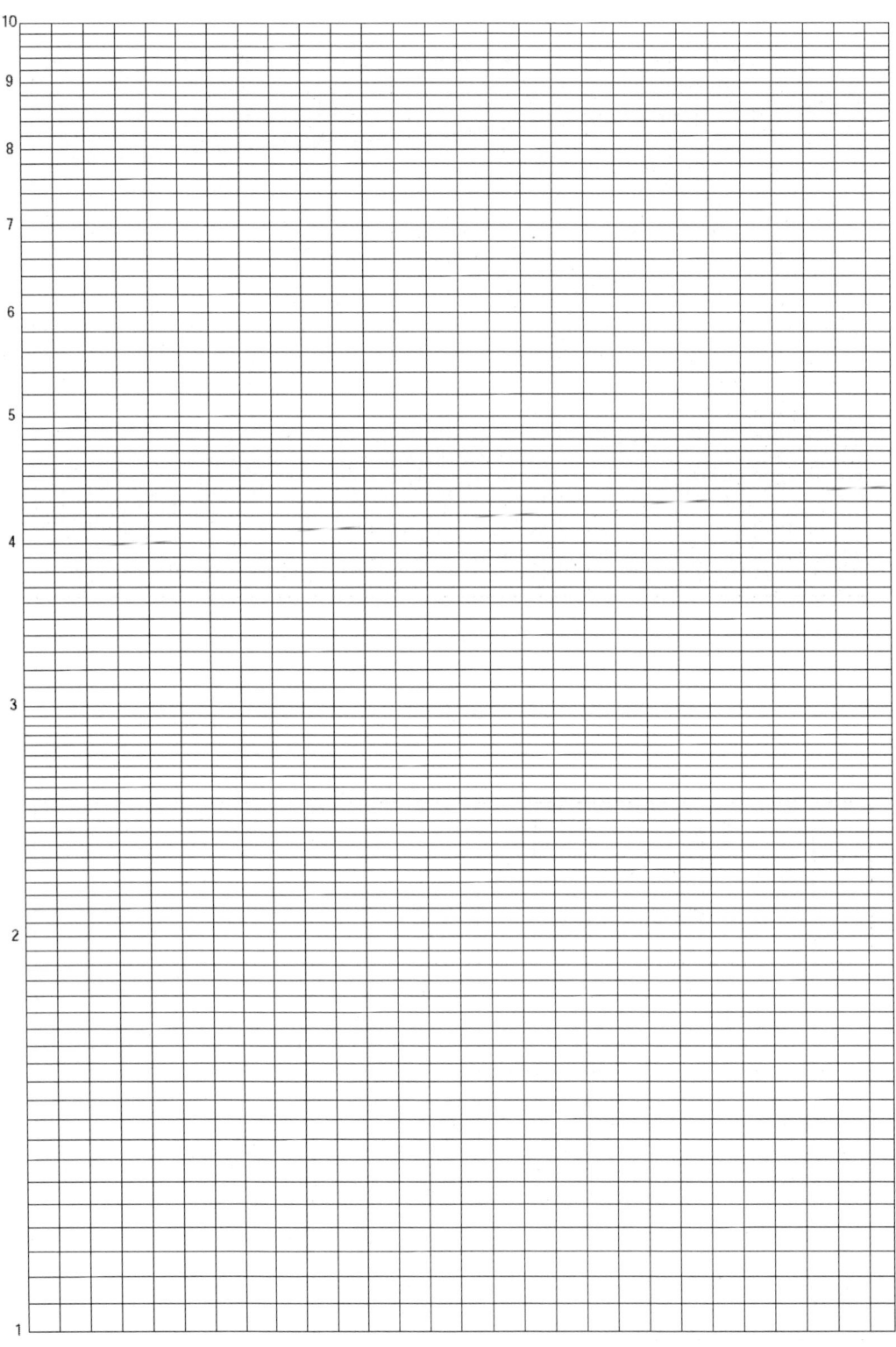

건설재료시험기능사(실기)

2007년 2월 15일 초판발행
2026년 1월 10일 개정증보12판인쇄
2026년 1월 15일 개정증보12판발행

편 저 : 박 종 삼
발행인 : 성 대 준
발행처 : 도서출판 금호
　　　　서울시 성동구 성수이로 118
　　　　전화 : 02)498-4816   FAX : 02)462-1426
　　　　등록 : 제303-2004-000005호

정가 20.000원